“十三五”职业教育系列教材

电子产品设计与制作

主　编　董成波

副主编　欧祖常　温亮泉

参　编　房毅卓　罗海军　萧明光

　　　　钟柱前　梁珠芳

主　审　刘炽辉

机 械 工 业 出 版 社

本书是按项目任务方式开发的教材，全书由“可调式直流稳压电源设计与制作”“流水灯电路设计与制作”“声光控楼道灯控制电路设计与制作”及“远近光灯控制电路设计与制作”四个项目构成。四个项目设计由易到难，学生在完成四个项目的过程中，以循序渐进的方式学习电路设计与制板、元器件识别与检测、电路组装与调试等相关知识与技能。

本书适合作为中等职业学校电子技术应用、机电技术应用专业的教材，也可作为从事电子产品设计与制作的相关技术人员的自学用书或企业培训教材。

图书在版编目（CIP）数据

电子产品设计与制作/董成波主编. —北京：机械工业出版社，2017. 8（2025. 1 重印）

“十三五”职业教育系列教材

ISBN 978-7-111-58030-0

Ⅰ. ①电… Ⅱ. ①董… Ⅲ. ①电子工业-产品-设计-中等专业学校-教材②电子工业-产品-生产工艺-中等专业学校-教材 Ⅳ. ①TN602②TN605

中国版本图书馆 CIP 数据核字（2017）第 229472 号

机械工业出版社（北京市百万庄大街 22 号 邮政编码 100037）
策划编辑：赵红梅 责任编辑：赵红梅 韩 静 责任校对：王 欣
封面设计：张 静 责任印制：常天培
固安县铭成印刷有限公司印刷
2025 年 1 月第 1 版第 8 次印刷
184mm×260mm · 11. 25 印张 · 273 千字
标准书号：ISBN 978-7-111-58030-0
定价：39. 00 元

电话服务	网络服务
客服电话：010-88361066	机 工 官 网：www. cmpbook. com
010-88379833	机 工 官 博：weibo. com/cmp1952
010-68326294	金 书 网：www. golden-book. com
封底无防伪标均为盗版	机工教育服务网：www. cmpedu. com

前言

本书是广州市市级精品课程——“电子产品设计与制作”的教材，遵照《广东省中等职业学校电子技术应用专业教学指导方案》，在工学结合课程理念的指导下，按理论实践一体化课程类型进行开发设计，突显了课程的职业性、实践性和开放性。在设计中遵循“以工作需求为目标选取内容，以工作过程为主线进行教学组织，以实际工作为场景实施教学，以真实项目为载体，以企业需求为依据”的理念，遵循行动导向原则实施教学，实现“教、学、做”合一，注重学生职业技能的培养和职业能力的养成。

本书的总体编写思路：以四个项目（实际电子产品）为载体，以循序渐进的方式学习电子产品设计与制作的相关知识和技能。如第一个项目是制作一个可调式直流稳压电源，这个任务比较简单，只用到十多个常用的电子元器件，但它是一个完整的电子产品，教材内容围绕着完成这个项目的整个过程呈现：先进行电路设计，然后制作电路板，接着进行电路组装与调试、最后检验出厂。学生在完成这个项目的过程中可以学习电路设计与制板、元器件识别与检测、电路组装与调试、仪器仪表使用等相关知识与技能。这是一个入门级的项目，旨在让学生对电子产品设计与制作有一个整体上的认识，并学到一些初步的知识和技能。接下来的三个项目难度逐步增大，学习的知识、技能将更深更广。本书力求通过四个项目的学习，使学生具备从事电子产品设计与制作相关岗位的能力。

本书中，在一些关键技能点处设有二维码，学生在实施任务的过程中如有困难，可用手机扫码观看相应视频、动画等资源进行学习。另外，配套教材还开发了仿真教学软件、技能点录像等丰富的多媒体课程资源，学生可登录配套的精品课程网站进行网上学习。

本书总学时为108学时，各项目参考学时数见下面的学时分配表：

项　目	项目内容	学时分配
项目1	可调式直流稳压电源设计与制作	40
项目2	流水灯电路设计与制作	30
项目3	声光控楼道灯控制电路设计与制作	24
项目4(拓展)	远近光灯控制电路设计与制作	14

注：对于电子类专业学生，四个项目应全部修完，而对于制冷、电机、机电等专业学生，第四个项目可作为选修项目。

为了和本书使用的Protel DXP 2004电路设计软件保持一致，本书中元器件的文字符号和图形符号均不再按国家标准予以修改，以便于读者对照阅读。

本书由董成波任主编，欧祖常、温亮泉任副主编，房毅卓、罗海军、萧明光、钟柱前、梁珠芳参与编写。全书由广东技术师范学院刘炽辉主审。

编写过程中参考了一些书籍及网络资料，在此对原作者表示衷心的感谢，并承诺仅供教学使用。由于编者水平有限，书中难免有不足之处，恳请读者批评指正。

编　者

目录

项目1

可调式直流稳压电源设计与制作

项目描述

根据电路图纸要求设计并制作一个 1.2～32V 连续可调的直流稳压电源。要求电路板的尺寸不能超过 90mm×70mm，产品性能稳定，使用方便。

可调式直流稳压电源实物图如图 1-1 所示。

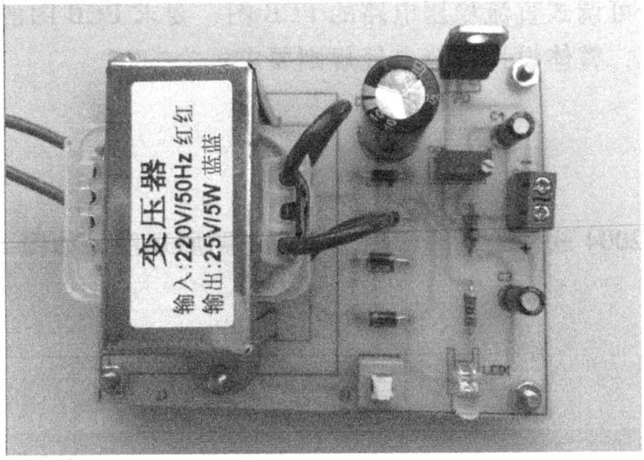

图 1-1　可调式直流稳压电源实物图

项目目标

根据参考电路设计并制作一个 1.2～32V 连续可调的直流稳压电源。在完成项目的过程中，学会近 10 个常见元器件的电子产品设计及制作的相关知识和技能。项目完成后，应能独立设计制作简单的电子产品。

总体思路

本项目由四个具体的任务组成，完成四个任务即完成了整个电子产品的设计与制作。

1）任务 1 进行电路设计。

用 Protel DXP 2004 电路设计软件设计可调式直流稳压电源电路，并根据实际生产需求设计 PCB 图。

2）任务 2 进行制板。

根据任务 1 设计的 PCB 图，用制板设备制作电路板。

3）任务 3 进行电路组装。

根据电子产品装配要求装配电路板。

4）任务 4 进行电路调试、检验。

装配好电路板后，对电路板进行整体调试及维修，并进行出厂前的质量检验，达到客户需求及电子产品相关技术要求才可出厂。

任务 1　可调式直流稳压电源电路 PCB 图的设计

任务描述

生活中，人们离不开各种电子产品，如各类家用电器等，大家有没有考虑过这些电子产品是怎样做出来的呢？其实，所有电子产品首先都要进行电路图的设计与电路板的制作。现在就让我们来设计一个可调式直流稳压电路的 PCB 图，要求 PCB 图的尺寸为 90mm×70mm，元件的摆放位置要合理，整体设计符合电气规则要求。

任务目标

1. 总目标

1）用 Protel DXP 2004 软件绘制直流稳压电源电路原理图，如图 1-2 所示。

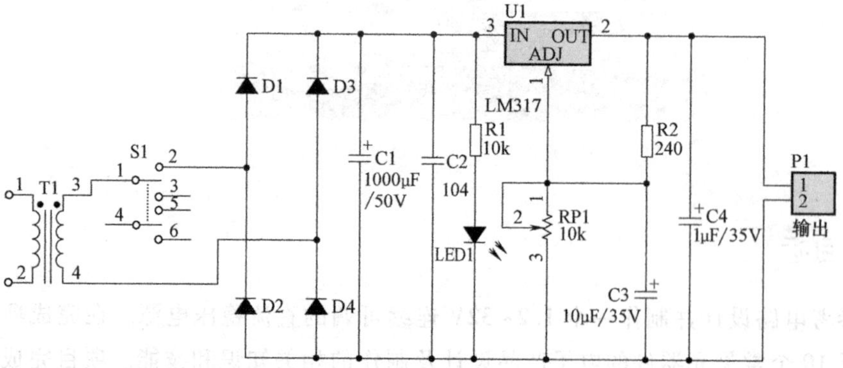

图 1-2　直流稳压电源电路原理图

2）根据电气规则，设计直流稳压电源电路的 PCB 图，如图 1-3 所示。

2. 具体目标

知识方面：

1）了解 Protel DXP 2004 软件的作用、特点。

2）能正确叙述电路原理图绘制的步骤及一些操作要点。

3）能正确叙述 PCB 图设计的步骤、规则及一些操作要点。

技能方面：

1）能正确绘制可调式直流稳压电源的电路原理图。

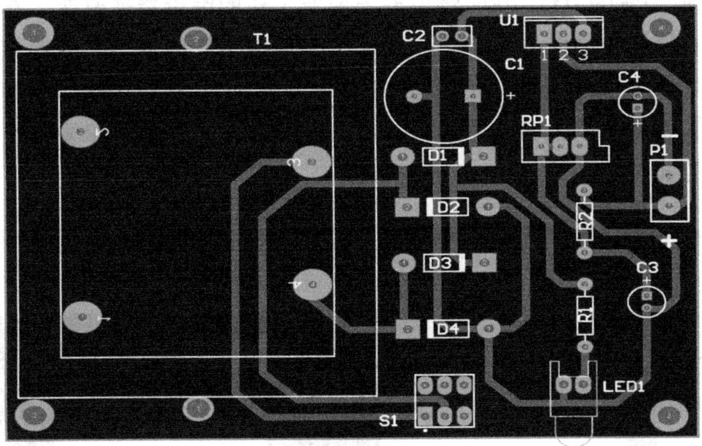

图 1-3　直流稳压电源电路 PCB 图

2）能正确绘制可调式直流稳压电源的 PCB 图。

任务导学

1. 知识链接：Protel DXP 2004 软件功能介绍

Protel DXP 2004 是一款 Windows NT/XP 的全 32 位电子设计系统。Protel DXP 2004 提供一套完全集成的设计，这些工具能让用户很容易地将其概念设计形成最终的电路板设计。所有的 Protel DXP 2004 工具都需要在一个单一应用环境——设计资源管理器（The Design Explorer）中运行。它为用户提供了一个怎样建立原理图、怎样从 PCB 图更新设计信息以及产生输出文件的预览等功能。

启动 Protel DXP 2004，将显示最常用的初始任务，如图 1-4 所示。在用户建立了自己的设计文件夹后，用户就能在各编辑器之间进行转换了，例如，在原理图编辑器和 PCB 图编

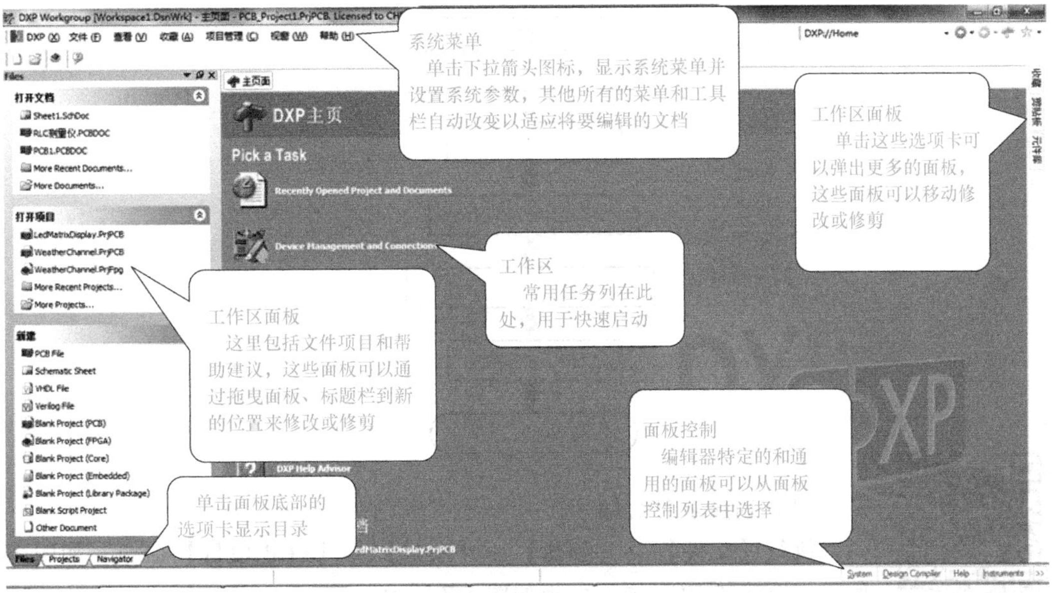

图 1-4　Protel DXP 2004 软件初始界面

辑器之间相互转换。Protel DXP 2004 将根据当前所工作的编辑器来改变工具栏和菜单。在软件界面的右下角有面板控制中心，用来开启或关闭各种工作面板，它的功能与系统菜单中的【查看】菜单相似。当用户不小心将系统的工作面板调乱时，可以执行【查看】→【桌面布局】→【Default】命令来恢复初始界面。图 1-5 展示了当几个文件和编辑器同时打开并且在窗口进行平铺时的面板。

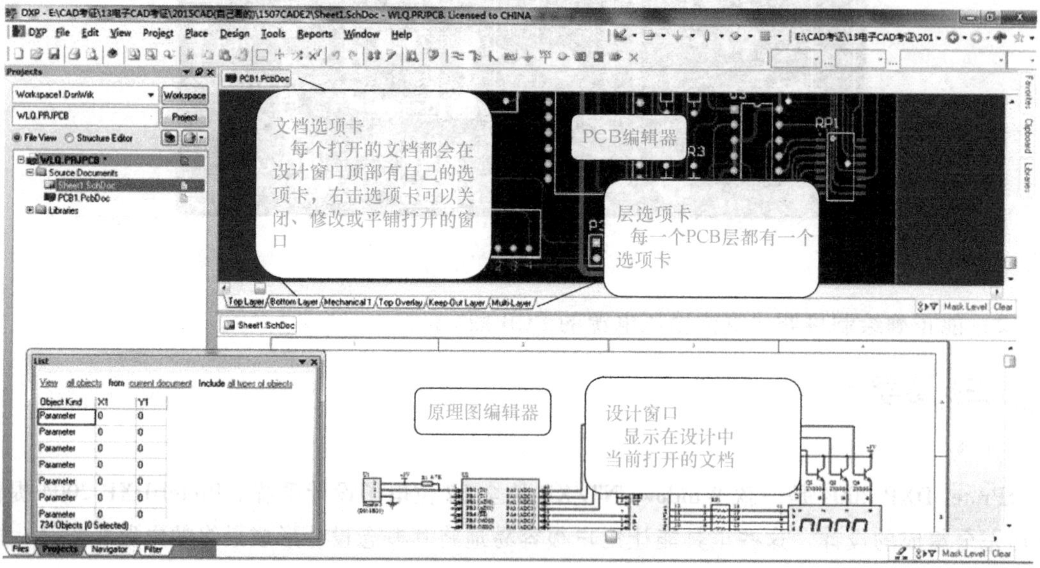

图 1-5　Protel DXP 2004 多个界面平铺时的面板

2. 知识链接：直流稳压电源电路原理图绘制指引

直流稳压电源电路原理图设计流程：

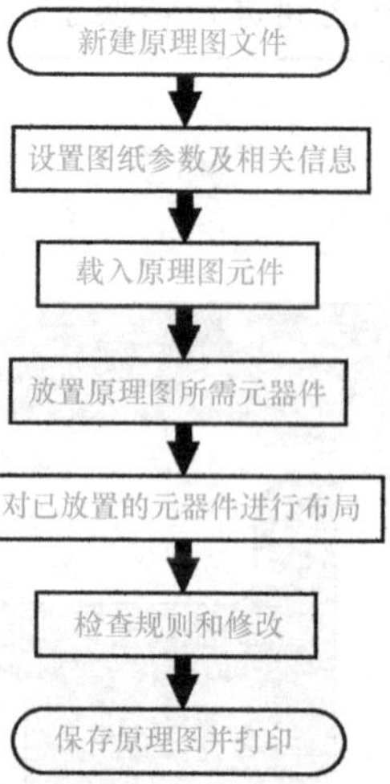

（1）创建项目文件

执行【文件】→【创建】→【项目】→【PCB 项目】命令，如图 1-6 所示。新建的 PCB 项目面板如图 1-7 所示。

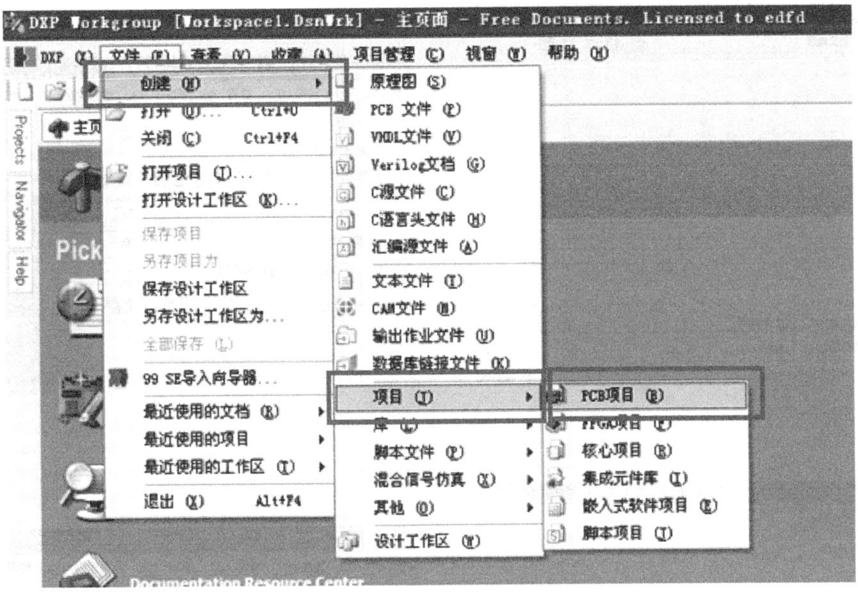

图 1-6　【PCB 项目】命令栏

(2) 保存项目

1) 在菜单栏上，执行【文件】→【保存项目】命令，弹出保存对话框，如图 1-8 所示。

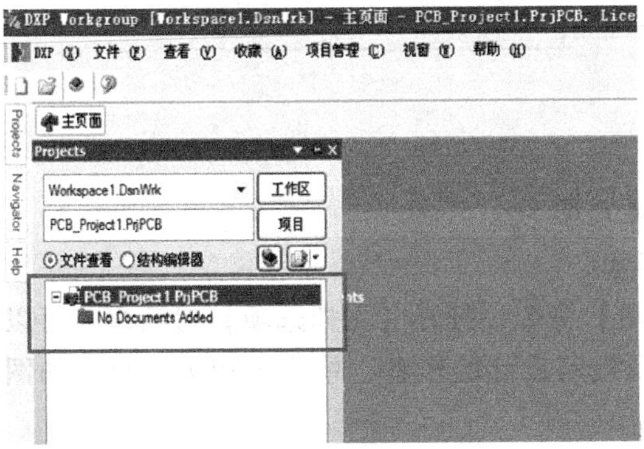

图 1-7　新建的 PCB 项目面板

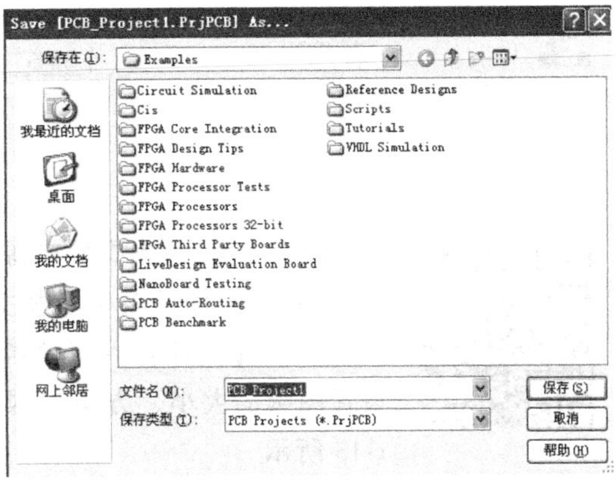

图 1-8　保存项目对话框

2) 在【文件名】文本框中输入“直流电源”，为项目重新命名，如图 1-9 所示。然后将默认的保存路径“C:\ Program Files \ Altium2004 \ Examples”改为“D:\ 直流电源”，单击【保存】按钮，如图 1-10 所示。

(3) 在项目中新建原理图文件并保存

1) 执行【文件】→【创建】→【原理图】命令，新建原理图文件。

2) 执行【文件】→【全部保存】命令，保存文件和文件相关的链接关系。

3) 在弹出的保存对话框中，在【文件名】文本框中输入“直流电源”，为文件重新命名，然后单击【保存】按钮，如图 1-11 和图 1-12 所示。

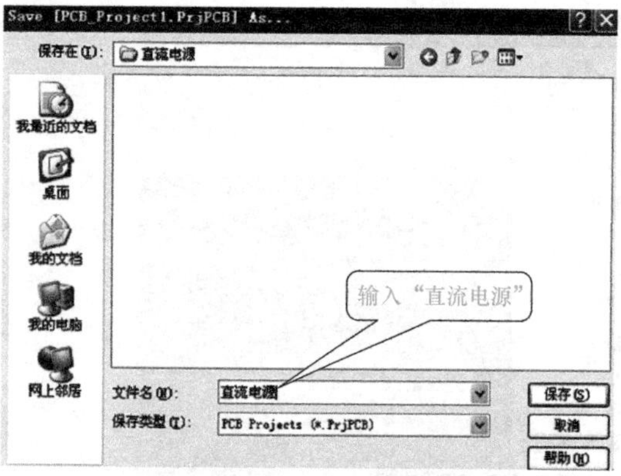

图 1-9 项目重命名对话框

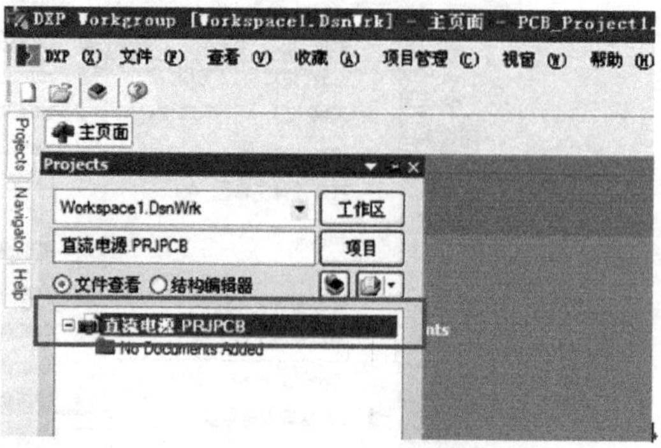

图 1-10 保存项目面板

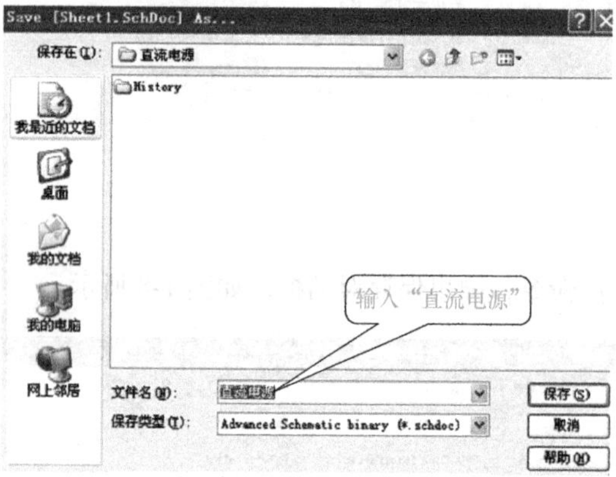

图 1-11 原理图文件重新命名对话框

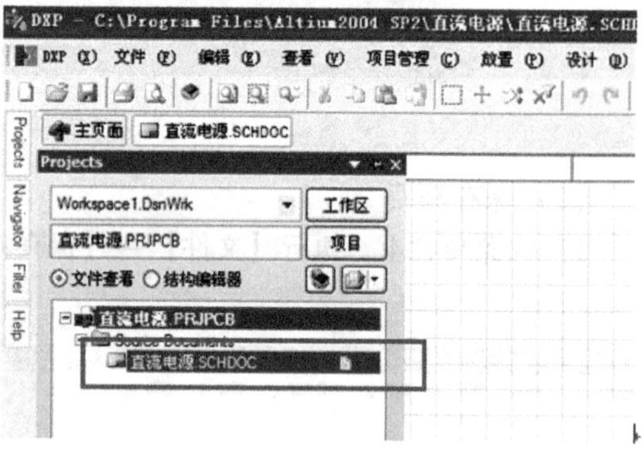

图 1-12 保存原理图文件面板

（4）绘制直流稳压电源的原理图

1）设置图纸参数及相关信息。

执行【设计】→【文档选项】命令，打开【文档选项】对话框，可以设置图纸的大小、方向、网格及电路设计的作者、单位等相关信息，如图 1-13 所示。

网格参数分为网格（图纸网格）和电气网格，网格设置合理与否关系到原理图设计的效率与质量。网格的默认单位为“mil”（1mil = 0.0254mm）。

操作说明：

① 图纸网格。

捕获网格：当进行放置元件、拖动元件、布线等操作时，光标在图纸上移动一次的最小距离。如果不选中该复选项，则光标移动一次的最小距离为一个像素点。

可视网格：图纸上显示的可见网格距离，如果不选中该复选项，则不显示网格。

② 电气网格。

自动寻找电气节点的半径范围，是指以光标为圆心，以电气网格值为半径，向周围搜索电气节点，如果在该范围内找到电气节点，光标将自动移到该节点上。如果不选中该复选项，则无此功能，通常情况下，电气网格值比捕获网格值略小。

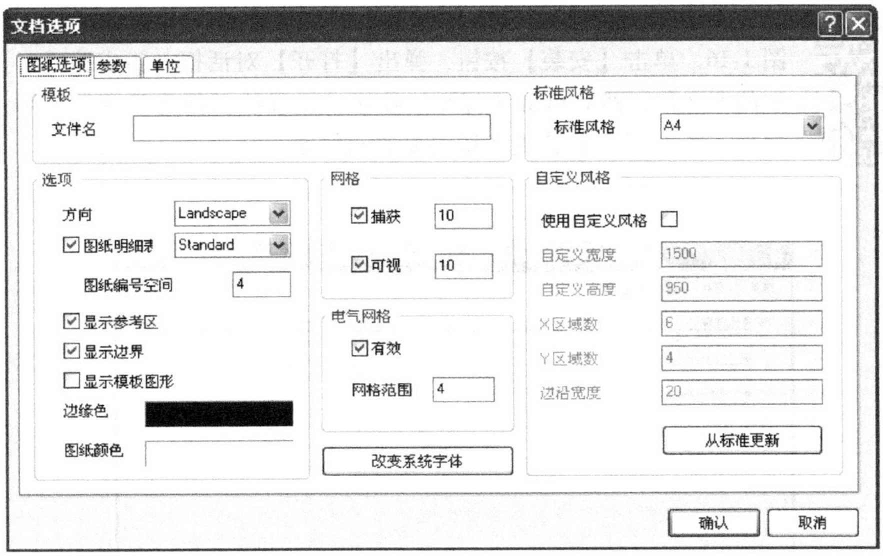

图 1-13 【文档选项】对话框

2）加载和卸载元件库。

在图 1-14 所示的原理图面板上单击【元件库】按钮，弹出如图 1-15 所示的元件库面板，该列表中显示的是已经加载的元件。

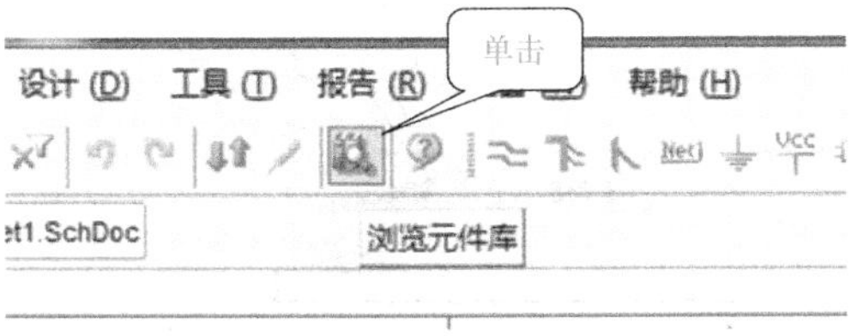

图 1-14 原理图面板

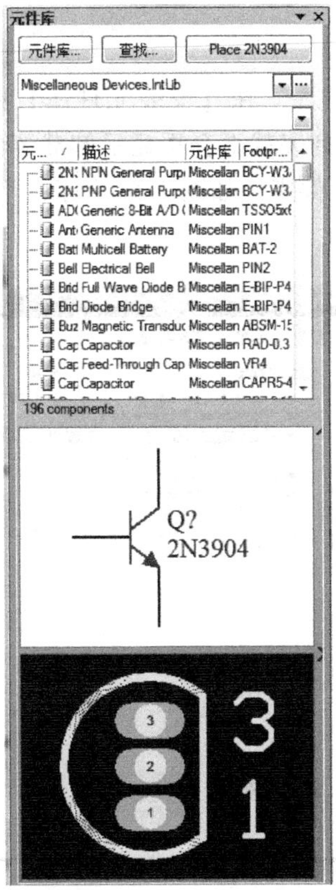

图 1-15 元件库面板

① 加载元件库。在图 1-15 给出的面板上单击【元件库】按钮，弹出图 1-16，单击【安装】按钮，弹出【打开】对话框，指定路径，选择要添加的库文件，然后单击【打开】按钮，加载的元件将显示在可用元件库列表里。图 1-16 是直流电源所需要的元件库。

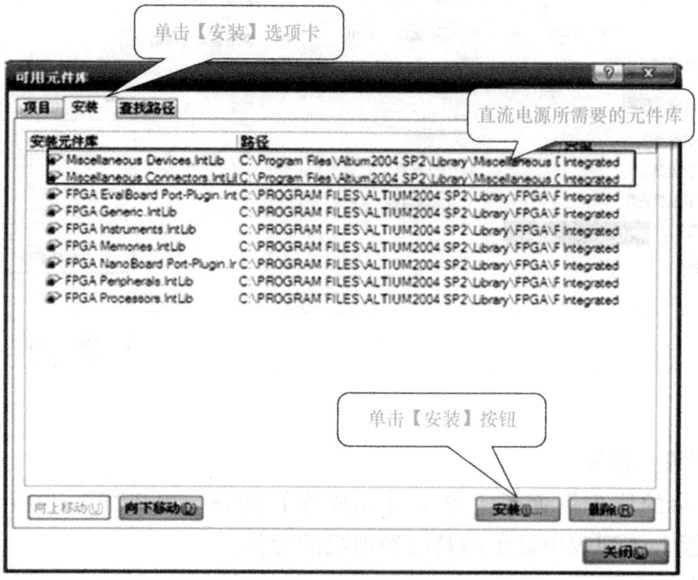

图 1-16　【可用元件库】对话框

② 卸载元件库。在【安装元件库】列表中选择要卸载的元件库，单击【删除】按钮，【可用元件库】列表就不会再显示卸载了的元件库。这里把多余的元件库删掉，只剩下直流电源所需要的元件库，如图 1-17 所示。

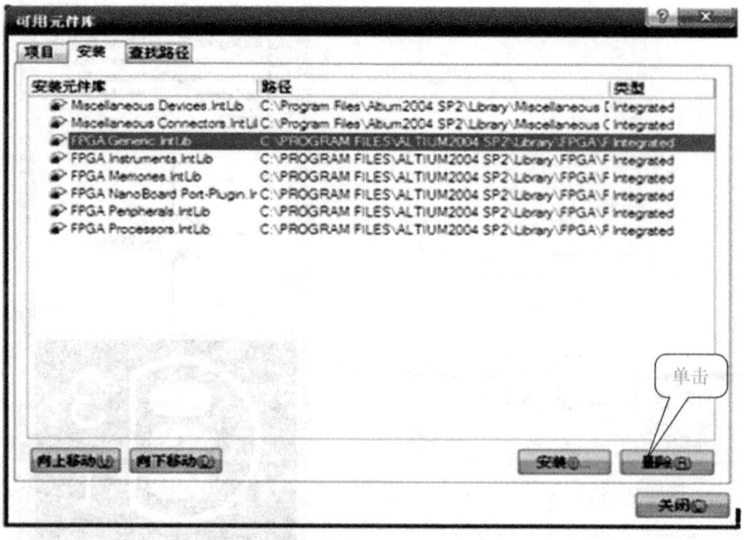

图 1-17　删除元件库

3）放置第一个元件（变压器 T1）。

① 通过元件库面板放置元件。在元件库面板中找到元件所在的库，这里选择“Miscellaneous Devices. IntLib”，在元件库列表中选中所需要的元件，单击元件放置按钮（Place +元件名），此时屏幕上会出现一个随鼠标指针移动的元件符号，将它移动到绘图区适当的位置后单击即可，也可以直接在元件列表中双击所选择的元件将其放入到电路图中，图 1-18 所示为放置第一个元件变压器 T1。

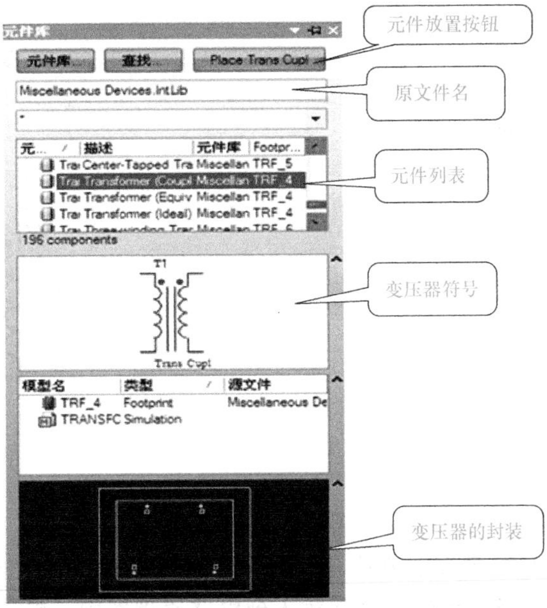

图 1-18　放置变压器 T1 对话框

② 设置元件属性。在放置元件过程中，还未在绘图区单击定位时，按键盘上的<Tab>键，如图 1-19 所示，把“T?”改成“T1”，然后单击【确认】按钮。回到绘图区，单击可确定元件放置的位置，右击可取消继续放置元件。按键盘上的<Page Up>键可放大原理图，按<Page Down>键可缩小原理图。

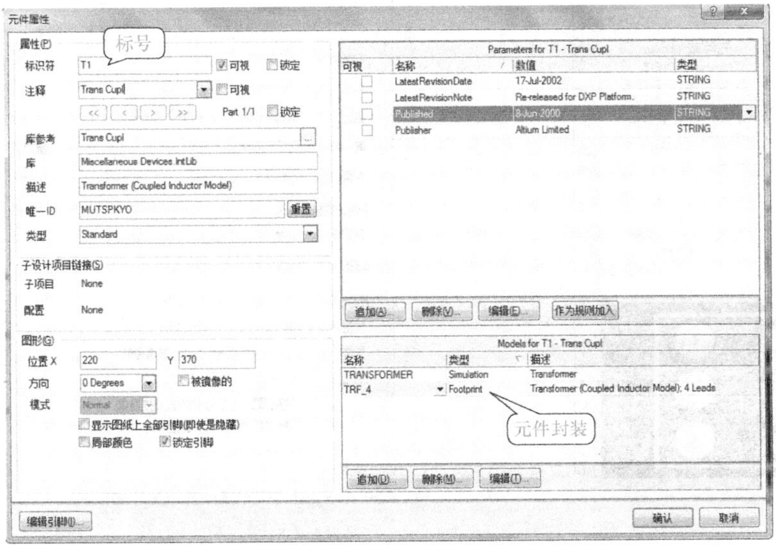

图 1-19　【元件属性】对话框

③ 放置说明文字。单击菜单栏上的【放置】→【文本字符串】命令，按键盘上的<Tab>键，出现如图 1-20 所示的【注释】对话框，在文本处输入“～220V”，单击【确认】按钮，并将文字放在变压器的左边，最后单击确认放置文字的位置。用同样的方法放置“～30V”，如图 1-21 所示。

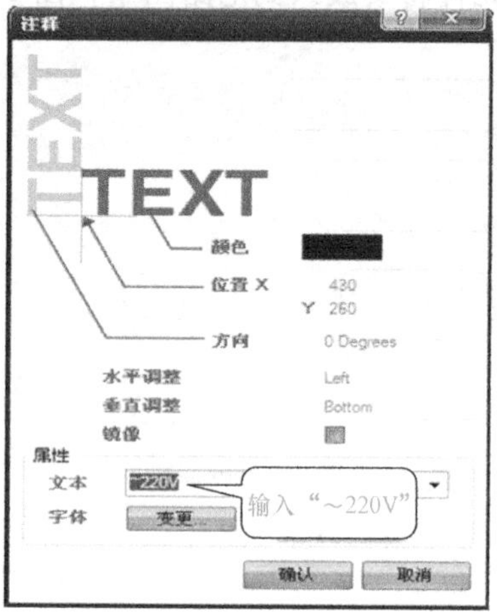

图 1-20 【注释】对话框

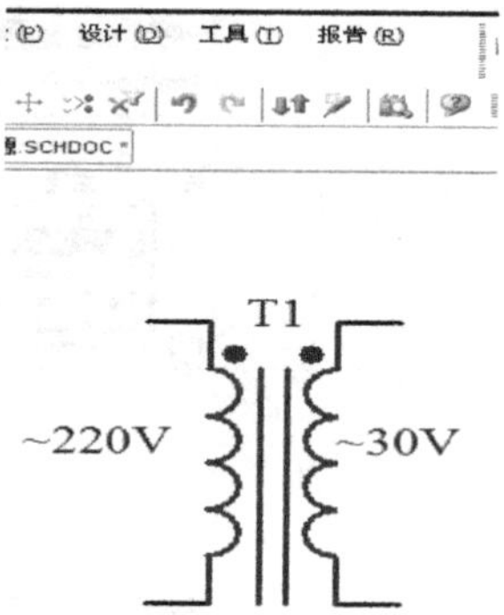

图 1-21 放置文本

4）放置第二个元件（开关 S1）。

单击元件库，如图 1-22 所示，在带通配符的元件名称处输入“SW”，找到 SW-SPST，双击所选择的元件，将其放入到电路原理图中，然后在放置元件的过程中，按键盘上的<Tab>键修改 S1 的属性，如图 1-23 所示。回到绘图区，在变压器的右边单击确定开关 S1 放置的位置。

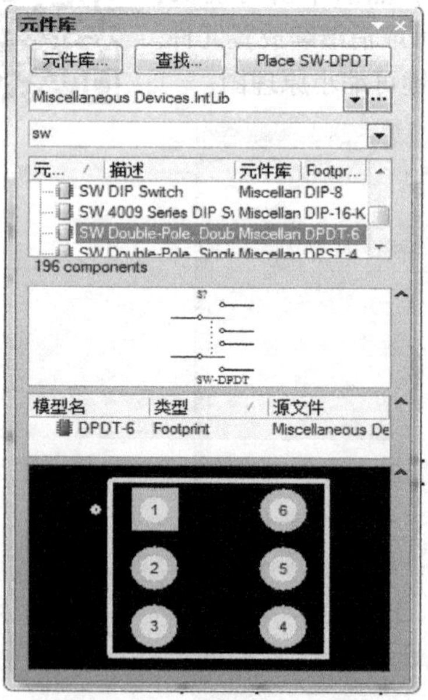

图 1-22 在元件库中寻找开关

图 1-23 修改“开关”的属性

5）放置四个二极管 D1～D4。

① 选取对象。单击二极管符号选定对象，被选对象周围会出现一个虚线矩形框和四个绿色小矩形框标志，如图 1-24 所示。

② 移动对象。选取要移动的对象，将光标指向该对象，按住鼠标左键不松手拖到新的位置即可。

③ 旋转对象。选取对象，按<Space>键一次，该对象逆时针旋转 90°，如图 1-25 所示。

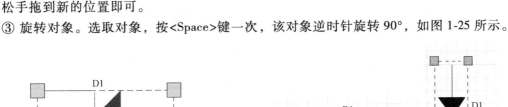

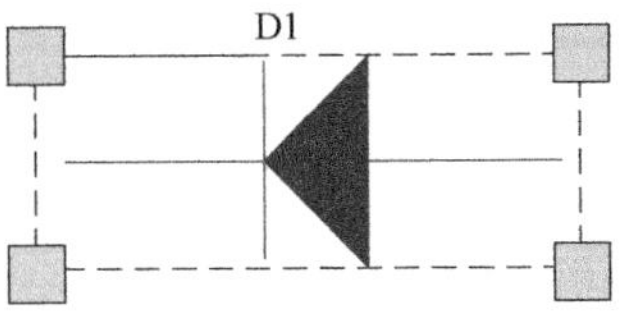

图 1-24　选中二极管

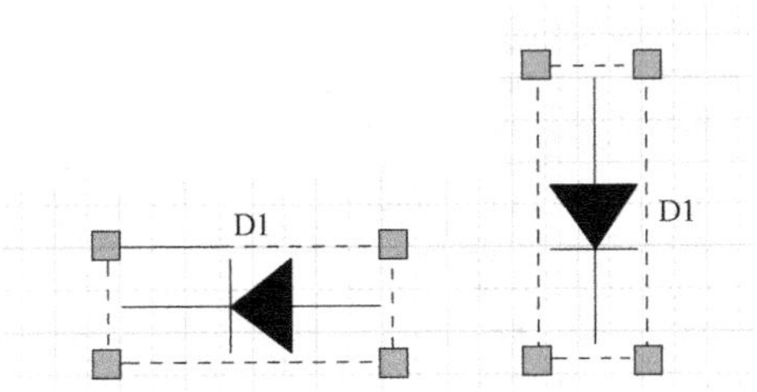

图 1-25　旋转对象

④ 删除对象。选中要删除的对象，按键盘上的<Delete>键或执行【编辑】→【清除】命令，即可删除不需要的元件。

⑤ 放置四个二极管。单击元件库，在带通配符的元件名称处输入“D＊”找到 Diode 1N4001。如图 1-26 所示，双击所选择的元件将其放入到电路图中，然后在放置元件的过程中，还未在绘图区单击定位时，按键盘上的<Tab>键，修改 D1 的属性。回到绘图区，在绘图区单击，放置第一个二极管 D1，再单击放置二极管 D2，用同样的方法放置 D3 和 D4，如图 1-27 所示。

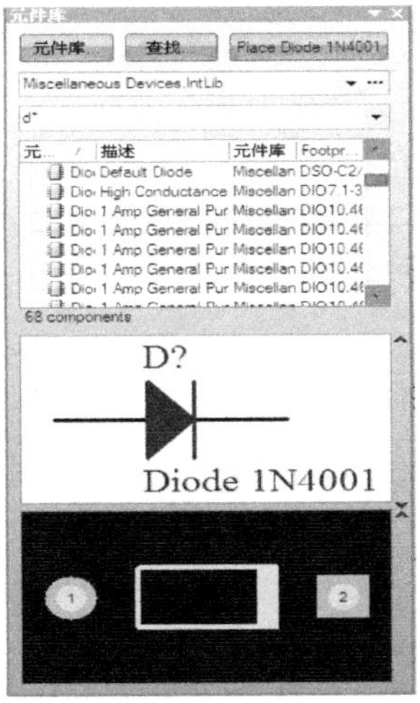

图 1-26　放置二极管 D1

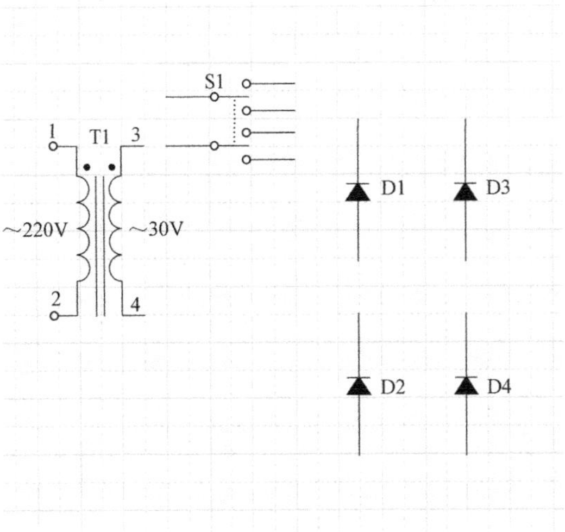

图 1-27　放置二极管 D2、D3 、D4

6）放置电容 C1、C2、C3、C4。

单击元件库，在带通配符的元件名称处输入“CAP＊”找到 Cap Pol1，双击所选择的元件将其放入到电路图中，然后在放置元件的过程中，还未在绘图区单击定位时，按键盘上的<Tab>键，修改 C1 属性中的标识符、注释、Value

放置 C1　　放置 C2、C4、C5

及 Footprint。回到绘图区，在绘图区单击，放置第一个电容 C1，再单击放置 C2，用同样的方法放置 C3 和 C4。电容 C1 的属性修改如图 1-28 所示。

电容 C2 属性的修改如图 1-29 所示 。由于 C2 默认的库封装跟实际的封装不一致，所以要对 C2 的封装进行修改，如图 1-30 至图 1-32 所示，把 C2 的封装改成“CAPR2. 54-5. 1×3. 2”。

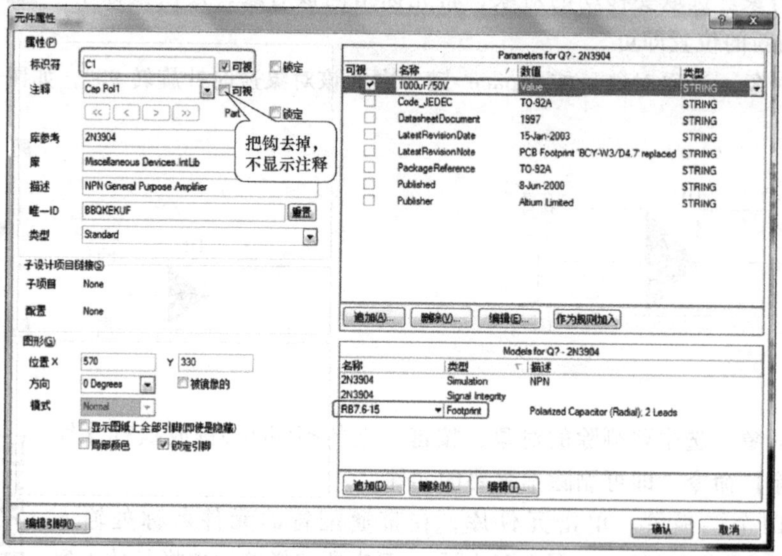

图 1-28　修改电容 C1 的属性

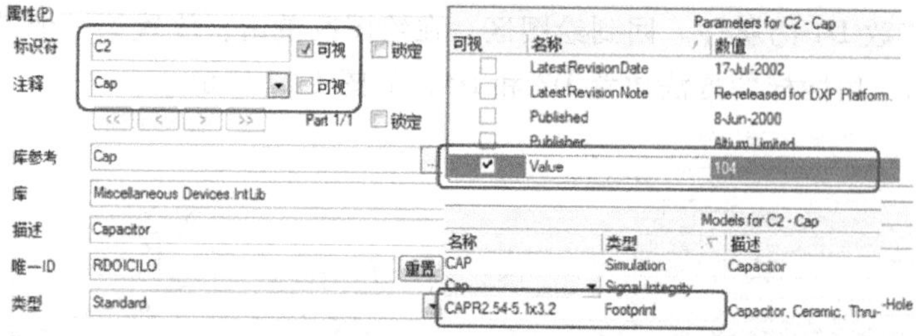

图 1-29　修改电容 C2 的属性

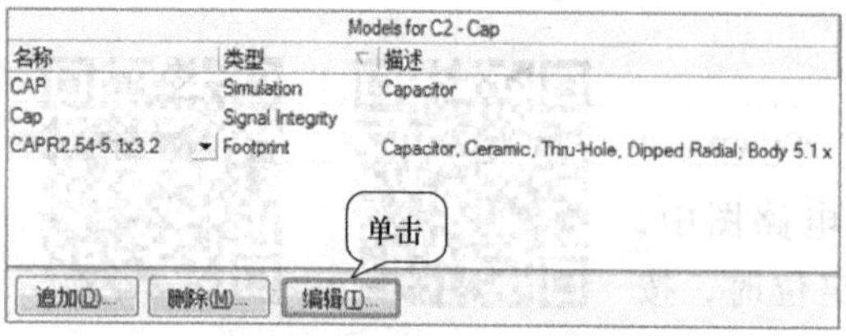

图 1-30　编辑电容 C2 的封装

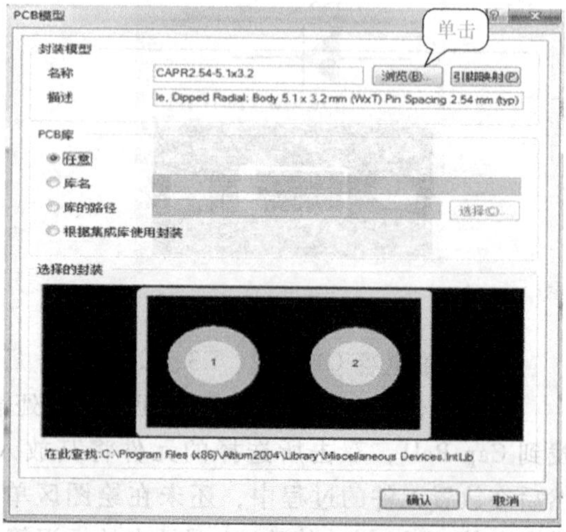

图 1-31　浏览电容 C2 的封装

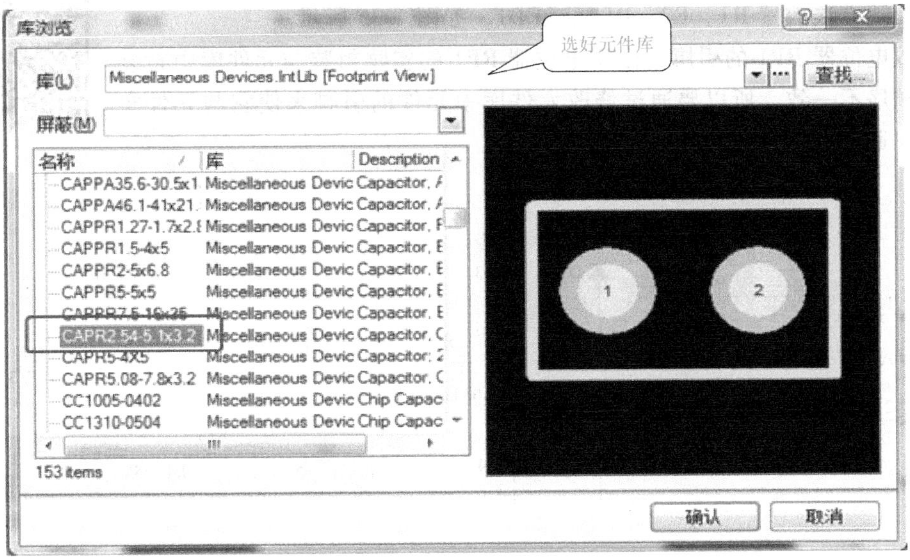

图 1-32　更改电容 C2 的封装

用同样的方法把 C3 和 C4 的封装改成“CAPPR2-5×6.8”，如图 1-33、图 1-34 所示。

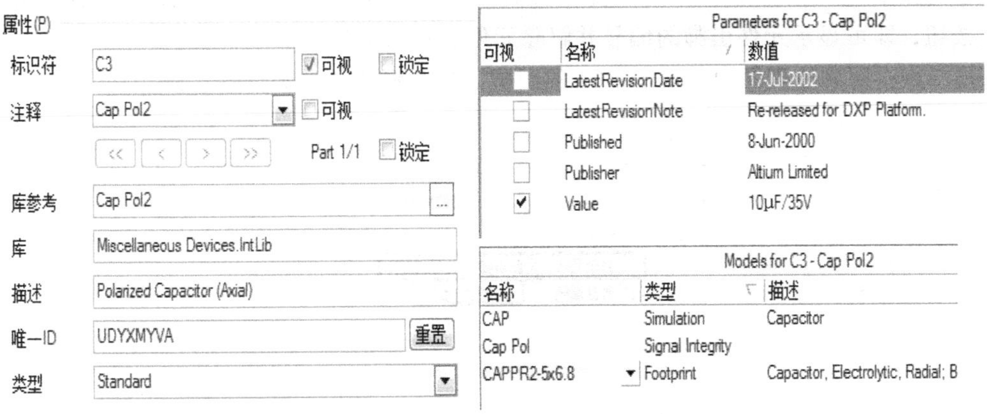

图 1-33　修改电容 C3 的属性

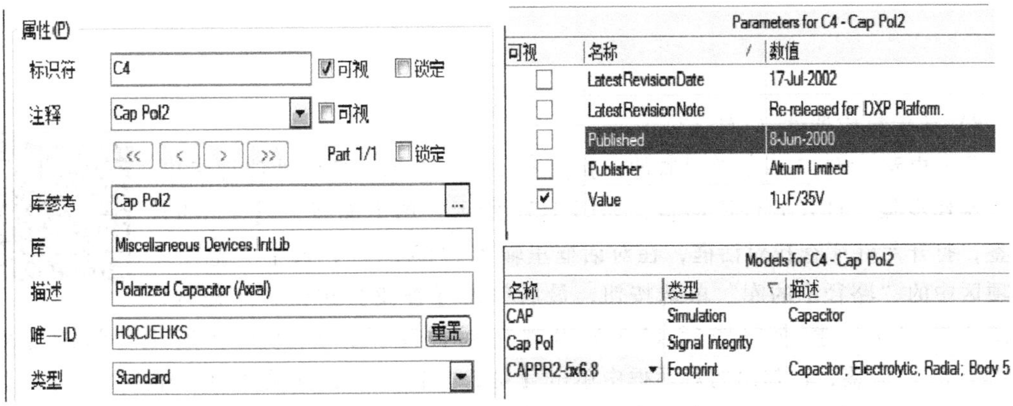

图 1-34　修改电容 C4 的属性

7）放置 R1、R2、RP1、LED1。

用上述方法放置 R1、R2、RP1、LED1，如图 1-35 所示。

修改电位器 RP1 的引脚：由于电位器 RP1 的实物封装与元件库中封装的引脚顺序不一致，所以要通过修改元件库中元件的引脚来使它与元件实物相符，避免出错。

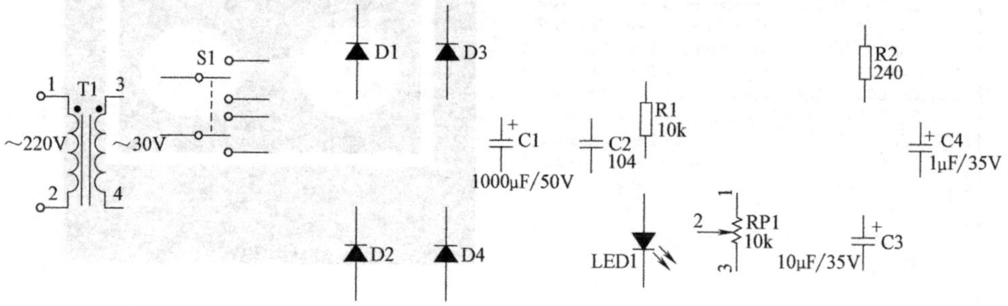

图 1-35　放置 R1、R2、RP1、LED1

第一步：双击元件 RP1，在弹出的元件属性对话框中，选中【锁定引脚】复选框，取消选中【显示图纸上全部引脚（即使是隐藏）】复选框，如图 1-36 所示，然后单击【确认】按钮，即可显示元件引脚的编号并解除元件引脚的锁定。

第二步：回到原理图中，双击 RP1 的引脚，把 2 和 3 的引脚位置互换。

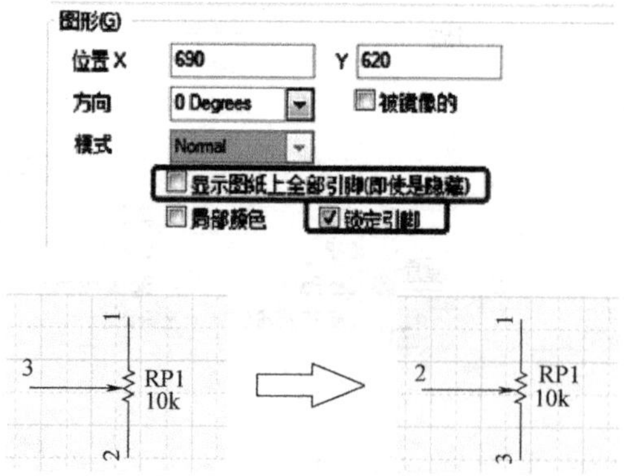

图 1-36　调换 RP1 元件引脚顺序

8）放置集成器件（LM317）。

集成电路 LM317 不是常用器件，我们可以同元件库的搜索功能搜索出来。操作步骤：打开元件库面板，如图 1-37 所示，单击面板上【Search】标签，打开元件库查找对话框，在对话框里输入“LM317”，选中“范围”选项区中的“路径中的库”单选按钮，最后单击【查找】按钮开始搜索，如图 1-38 所示。搜索完毕后 LM317 出现在元件库里，如图 1-39 所示。单击【Place LM317BT】标签，在弹出的对话框中单击【是】按钮后在放置元件的过程中，还未在绘图区单击定位时，按键盘上的<Tab>键，修改 U1 的属性，如图 1-40 所示。

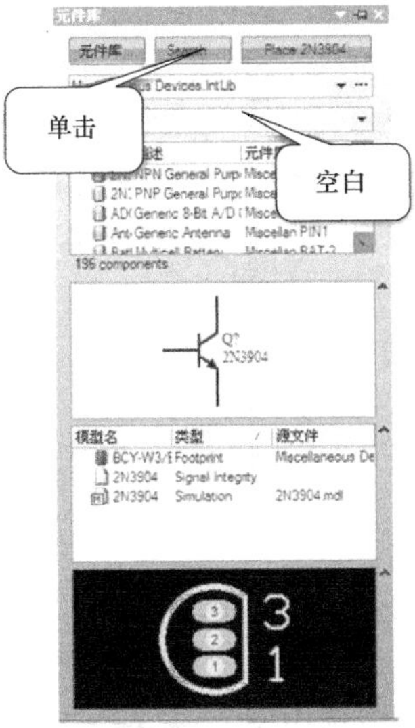

图 1-37　元件库搜索面板

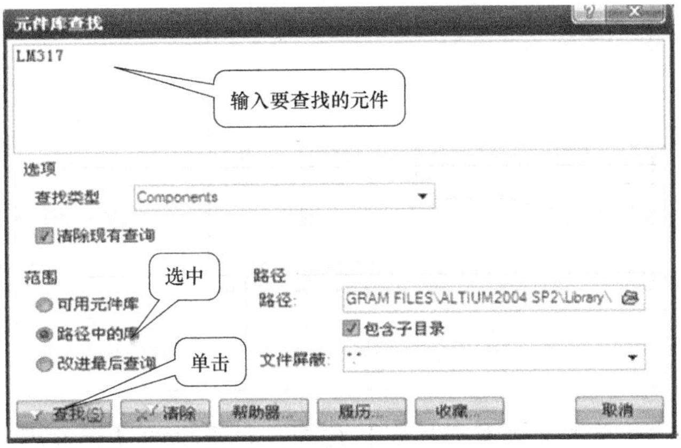

图 1-38　【元件库查找】对话框

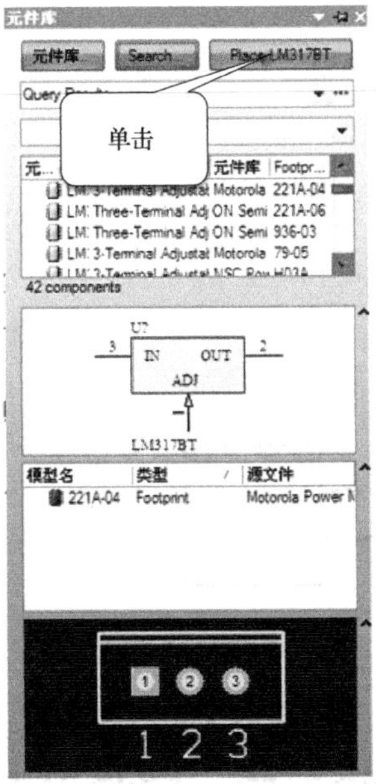

图 1-39　搜索结果

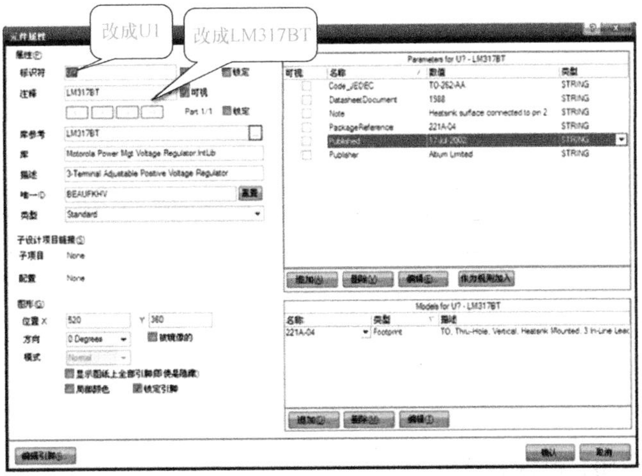

图 1-40　修改器件 U1 属性

9）放置电源端口和电源输出端口。

① 执行【放置】→【电源端口】命令，在放置元件的过程中，还未在绘图区单击定位时，按键盘上的<Tab>键，修改属性，如图 1-41 所示，修改后如图 1-42 所示。

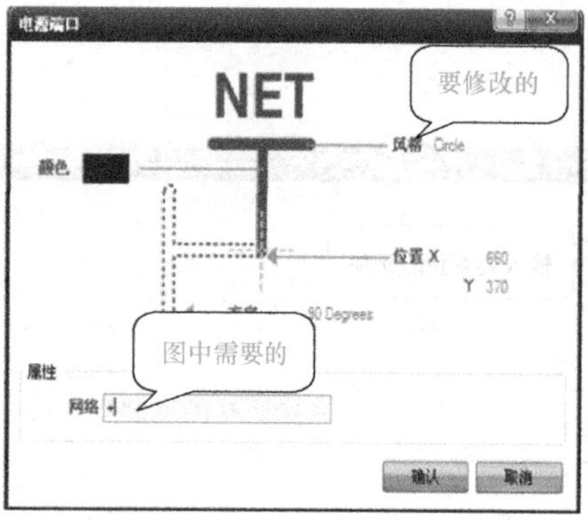

图 1-41　修改端口属性

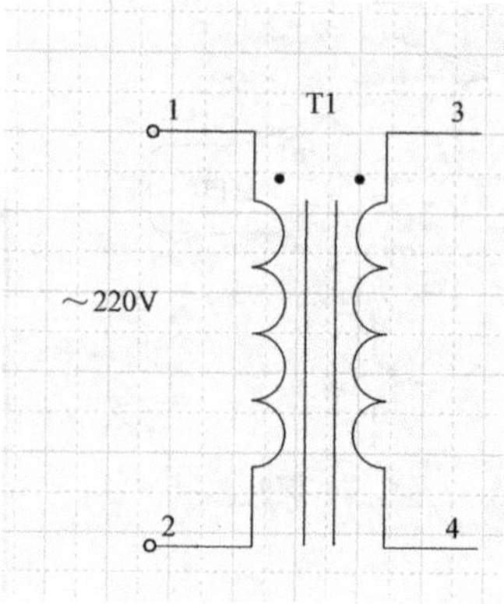

图 1-42　修改属性后

② 单击【浏览元件库】按钮，在弹出的【元件库】对话框中选中图 1-43 所示的元件库，并输入“header 2”，电源的输出端口就会出现。单击 Place Header 2 按钮把电源输出端口放到原理图上，如图 1-44 所示。

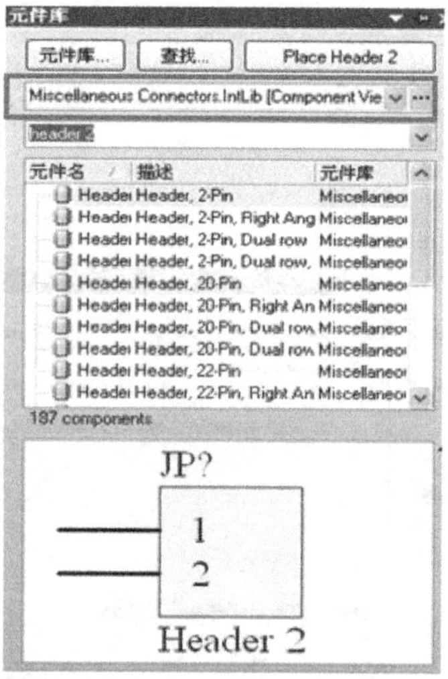

图 1-43　【元件库】对话框

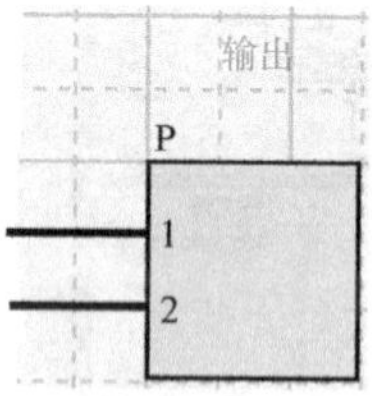

图 1-44　放置电源端口

10）绘制导线。

① 执行【放置】→【导线】命令，此时光标变成十字光标。

② 在绘图区单击确定导线起点，移动鼠标，再次单击则确定导线转折点或终点，右击结束绘制导线状态。导线的属性设置方法与前面元件的设置方法一样，导线设置对话框如图 1-45 所示。

调整元件位置　　绘制导线

11）放置电气节点。

导线连接为“T”字形时，系统会自动添加电气节点；导线连接为“+”字形时，则根据需要手动添加电气节点。执行【放置】→【手动放置节点】命令，在绘图区要放置节点的地方单击即可放置节点，右击则取消放置节点，如图 1-46 所示。

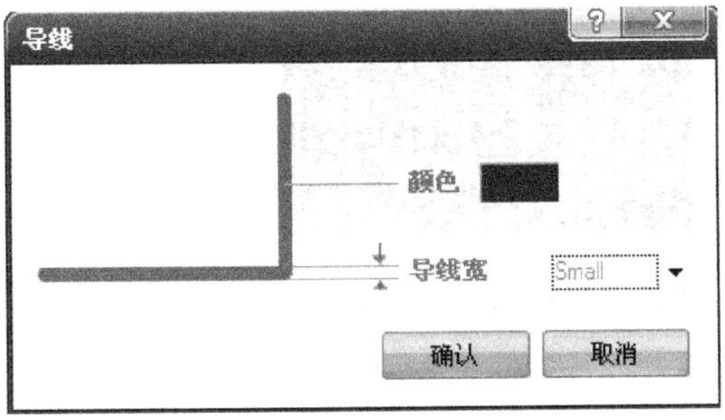

图 1-45　【导线】对话框

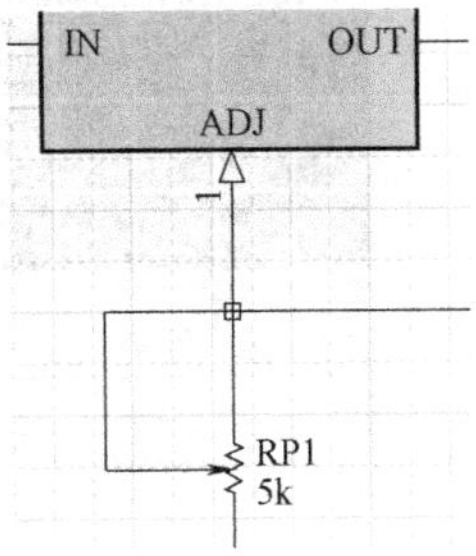

图 1-46　手动放置节点

12）生成网络表。

执行【设计】→【设计项目的网络表】→【Protel】命令完成网络表的生成，如图 1-47 所示。

3. 知识链接：PCB 图设计制作指引

（1）新建 PCB 文件

在项目下创建 PCB 文件，执行【文件】→【创建】→【PCB 文件】命令并保存为“直流电源”，如图 1-48 所示。

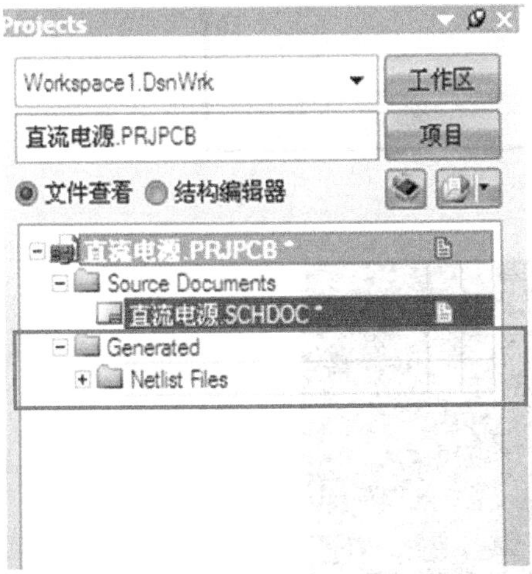

图 1-47　网络表生成面板

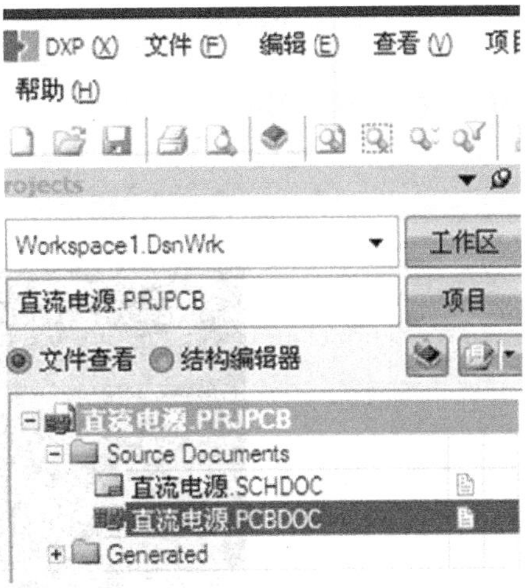

图 1-48　创建名为“直流电源”的 PCB 文件面板

（2）定物理边界和电气边界

将 PCB 编辑器的当前层置于【Keep-Out Layer】层，按键盘上的<Q>键把网格的单位“mil”变成“mm”，显示在文档的左下角，如图 1-49 所示。为了方便计算直线的长度，这里把网格的单位改成“1mm”，执行【设计】→【PCB 板选择项】命令，弹出图 1-50 所示的对话框，按图中所示进行设置，然后单击【确认】按钮。执行【放置】→【描画工具】→【直线】命令，绘制一个 90mm×70mm 的电气边界，如图 1-51 所示。

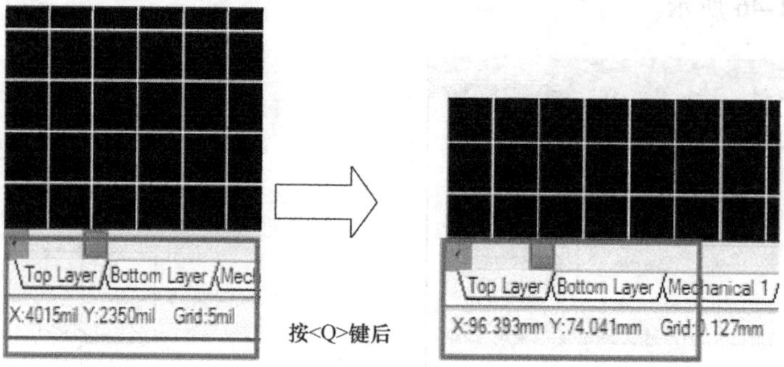

图 1-49　将网格单位“mil”改为“mm”

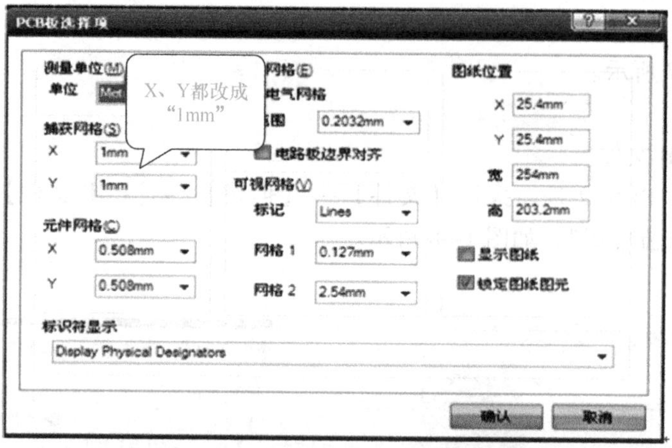

图 1-50　【PCB 板选择项】对话框

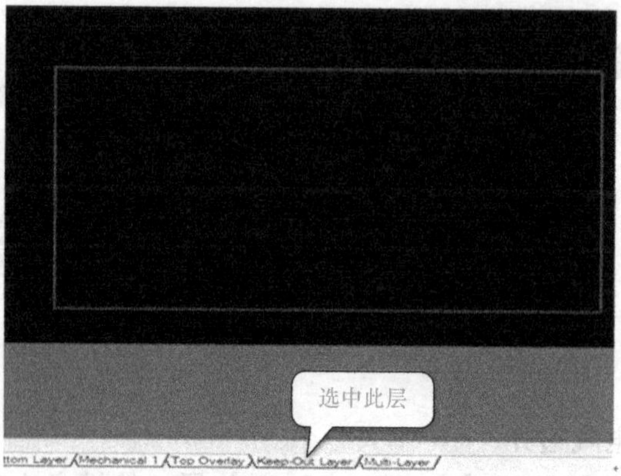

图 1-51　设置 90mm×70mm 的电气边界

（3）网络表及元件

在 PCB 编辑状态下，执行【设计】→【Import Changes From 直流电源 . Prjpcb】命令导入项目网络表，弹出工程变化订单对话框。然后单击该对话框中的【变化生效】按钮后，生成 PCB 图，如图 1-52 所示。

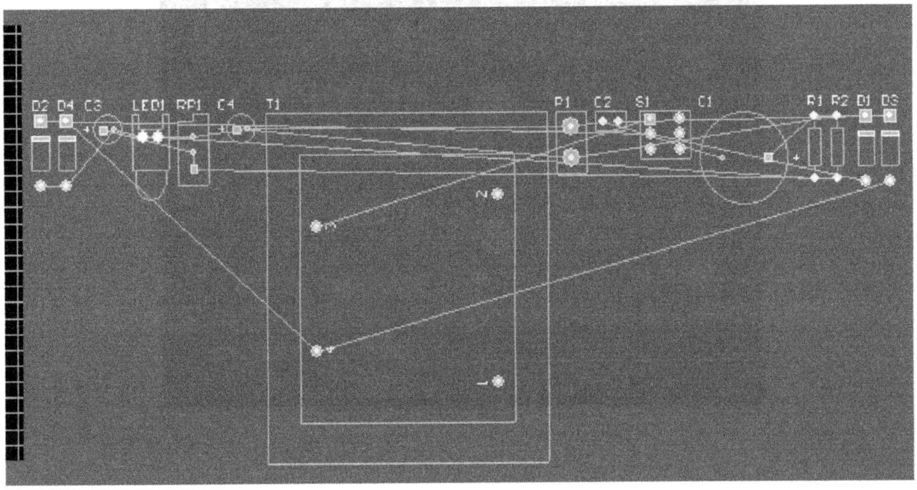

图 1-52　生成的 PCB 图

（4）元件布局及调整

① 执行【工具】→【放置元件】→【自动布局】命令，弹出【自动布局】对话框，如图 1-53 所示。完成布局后如图 1-54 所示。

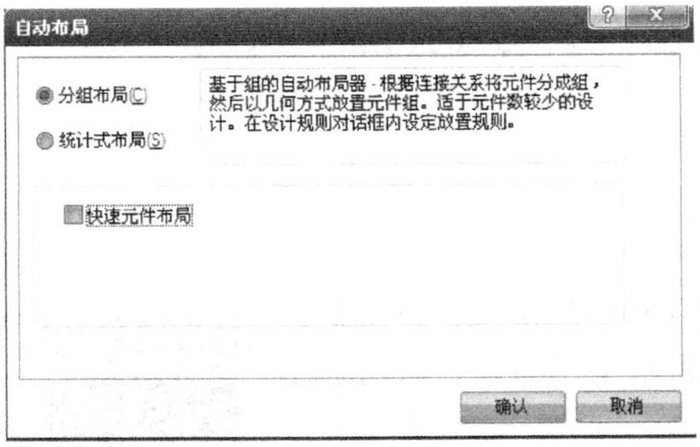

图 1-53　【自动布局】对话框

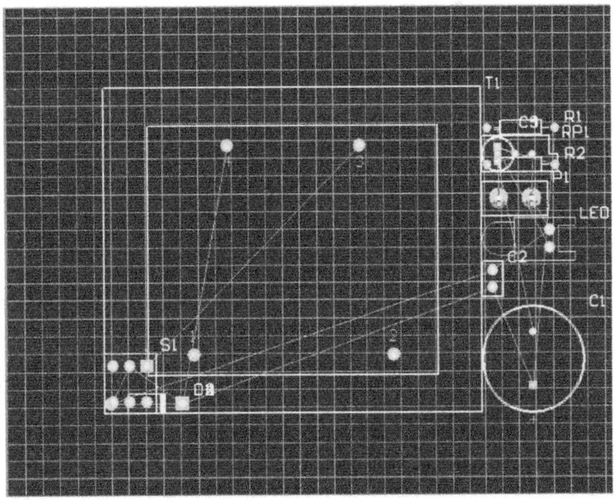

图 1-54　完成元件自动布局的 PCB 图

② 手工调整布局。

当元器件自动布局不能满足要求时，就要手工调整布局，以符合电气原则和使用的要求，如图 1-55 所示。

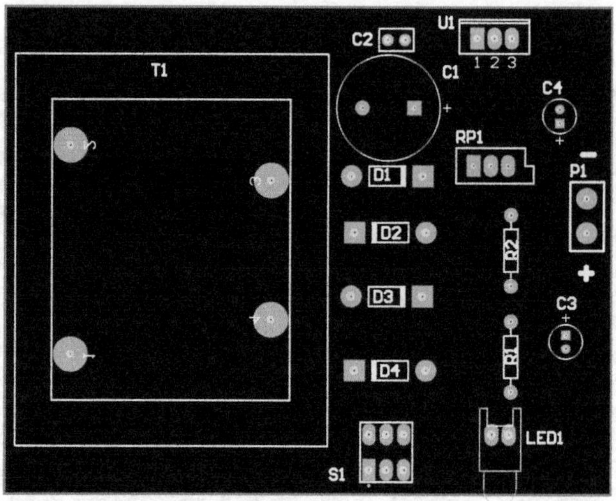

图 1-55 手工调整布局的 PCB 图

(5) PCB 布线

① 执行【设计】→【规则】命令，弹出对话框，如图 1-56 所示。

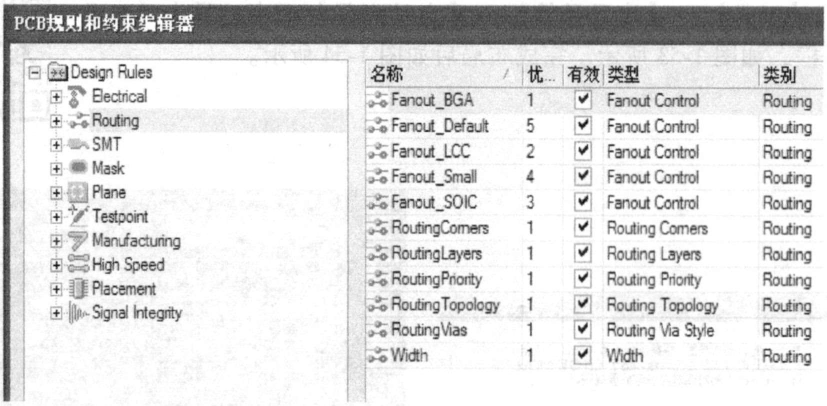

图 1-56 【PCB 规则和约束编辑器】对话框

② 展开【Routing】结点，再单击【Routing Layers】结点，弹出如图 1-57 所示的对话框，这里要制作的是单面板，顶层不用布线，取消选中“Top Layer”复选框。

③ 设置布线的宽度。单击【Routing】→【Width】结点，弹出图 1-58 所示的对话框，按要求修改后单击【确定】按钮。

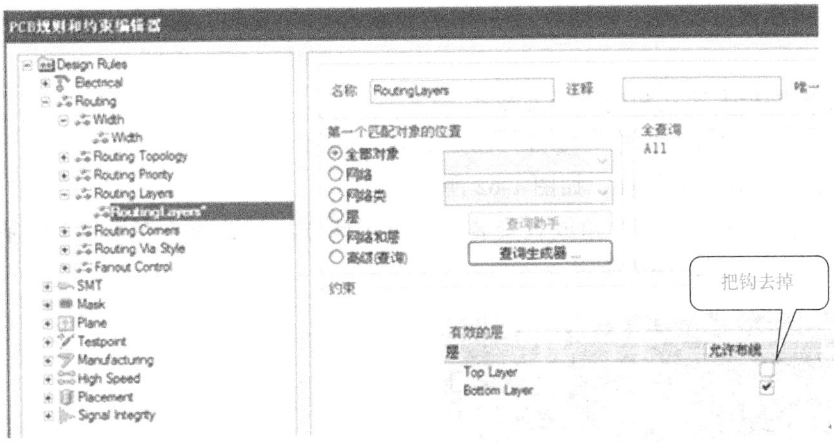

图 1-57　设置 Routing Layers

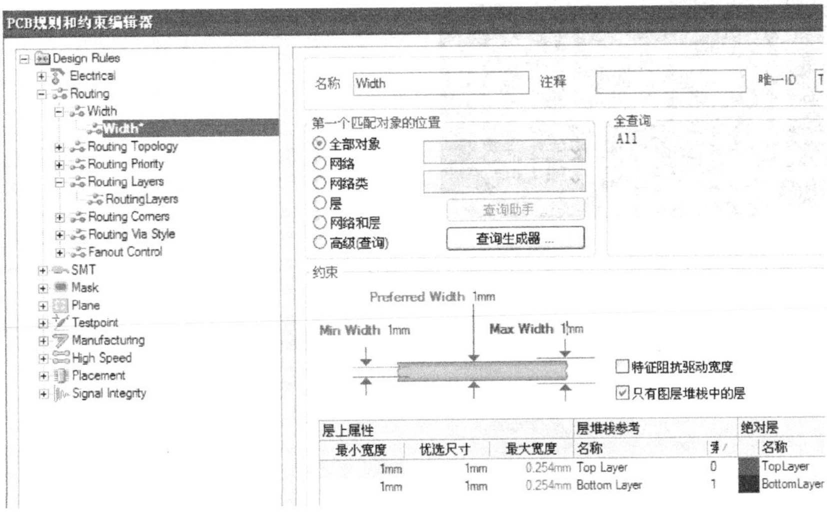

图 1-58　设置布线宽度

④ 自动布线。执行【自动布线】→【全部对象】命令，然后单击【Route All】按钮完成自动布线，得到图 1-59 所示的结果。

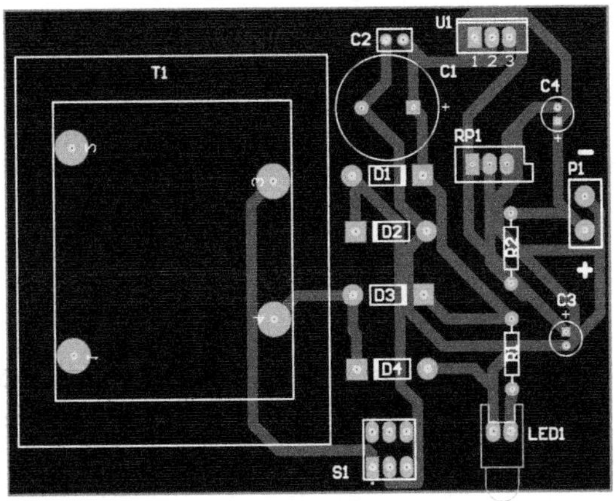

图 1-59　完成自动布线后的 PCB 图

⑤ 手动调整部分导线。根据导线布线的要求和电气规则，需要手动调整布线，如图1-60所示。

⑥ 绘制电路板安装孔和变压器安装孔。

第一步：单击“放置焊盘”按钮，如图 1-61 所示。

第二步：设置焊盘的属性，如图 1-62 所示。

第三步：在 PCB 图的四个角放置安装孔，再用此方法放置两个变压器安装孔，最终完成 PCB 图的设计，如图 1-63 所示。

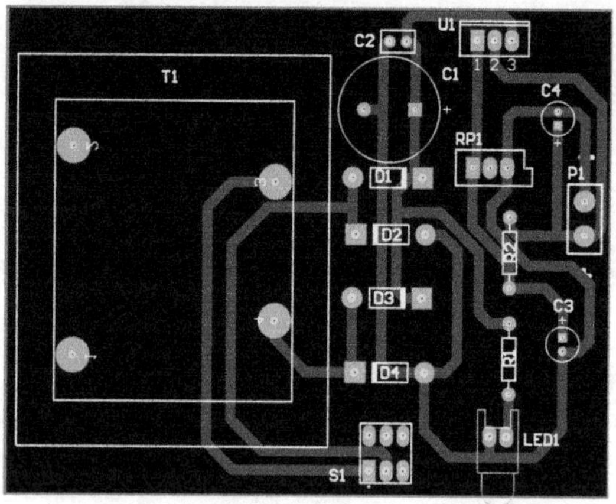

图 1-60　完成手动调整布线的 PCB 图

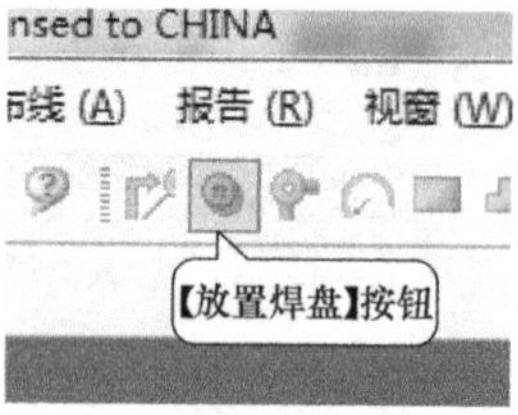

图 1-61　选择放置电路板安装孔工具

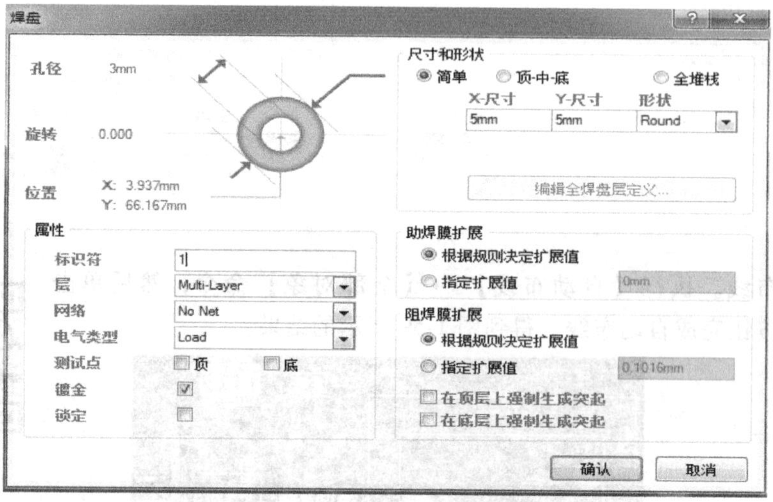

图 1-62　设置焊盘属性

小词典：PCB

印制电路板，旧称印刷电路板、印刷线路板，简称印制板，英文简称 PCB（Printed Circuit Board）或 PWB（Printed Wiring Board），如图 1-64 所示。它是以绝缘板为基材，切成一定尺寸，其上至少附有一个导电图形，并布有孔（如元件孔、紧固孔、金属化孔等），用来代替以往装置电子元器件的底盘，并实现电子元器件之间的相互连接。由于这种板是采用电子印刷术制作的，故被称为“印刷”电路板。但是在印制电路板上并没有“印制元件”而仅有丝印及布线。

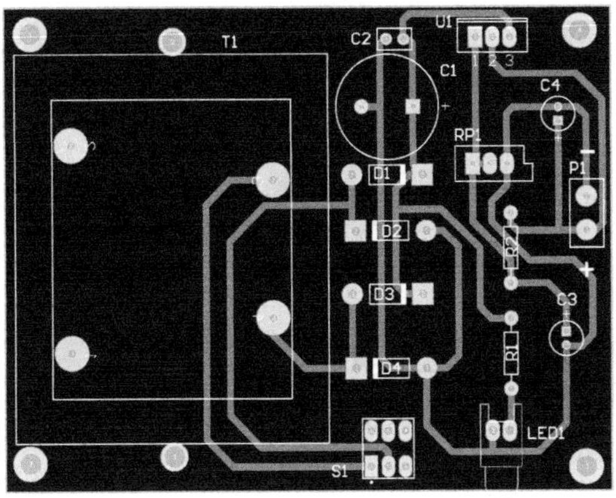

图 1-63　放置好安装孔的 PCB 图

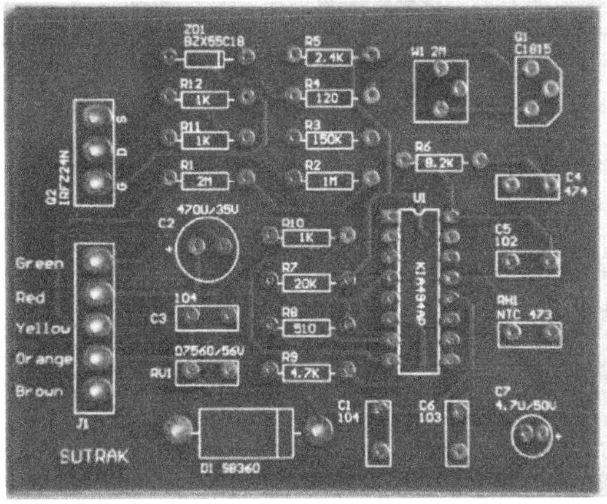

图 1-64　印制电路板

任务 2　可调式直流稳压电源 PCB 的制作

任务描述

根据设计的 PCB 图，用快速制板设备制作可调式直流稳压电源 PCB。要求 PCB 尺寸为 90mm×70mm，板面整洁，线路清晰、完好，无断线。

任务目标

1. 总目标

根据设计的 PCB 图制作出成品的电路板。

2. 具体目标

知识方面：

1）能正确叙述 PCB 制板的步骤。

2）能正确叙述简易热转印制板的操作方法。

3）能正确叙述简易热转印制板设备的维护要求及方法。

4）对腐蚀液环保处理有清楚的认识。

技能方面：

1）使用热转印工具将所设计的 PCB 图转印到覆铜板上。

2）采用制板方法制作出符合质量要求的电路板。

3）学会制作电路板的丝印元器件的符号、标号、参数等。

任务导学

知识链接：快速制板操作指引

简单热转印制板工艺流程如图 1-65 所示。

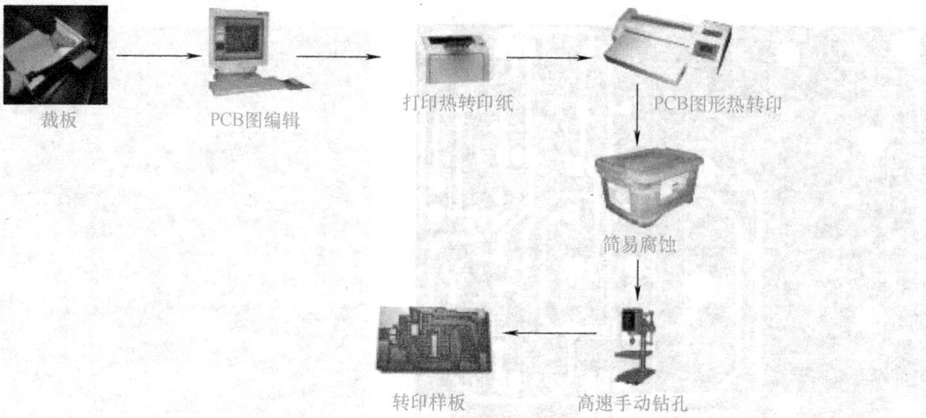

图 1-65　简单热转印制板工艺流程

操作步骤：裁板下料→PCB 文件编辑输出→激光打印热转印纸→单面转印覆铜板→线路蚀刻→钻孔及检修。

（1）裁板

板材准备又称下料，在进行 PCB 制作前，应根据设计好的 PCB 图大小来确定所需 PCB 基板的尺寸规格，可根据具体需要进行裁板，如图 1-66 所示。

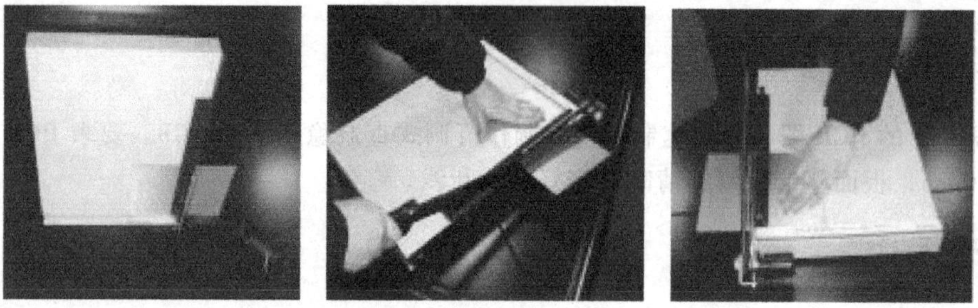

图 1-66　人工裁板

（2）打印

先进行打印设置，执行【文件】→【页面设定】命令，在弹出的对话框中单击【高级】按钮，如图 1-67 所示。

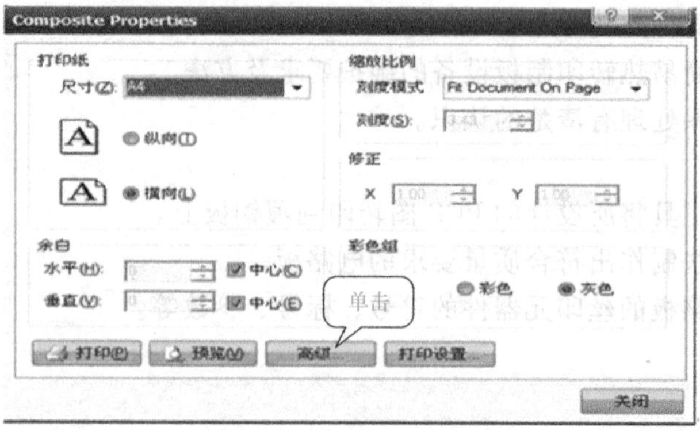

图 1-67　打印设置对话框

弹出图 1-68 所示的对话框。

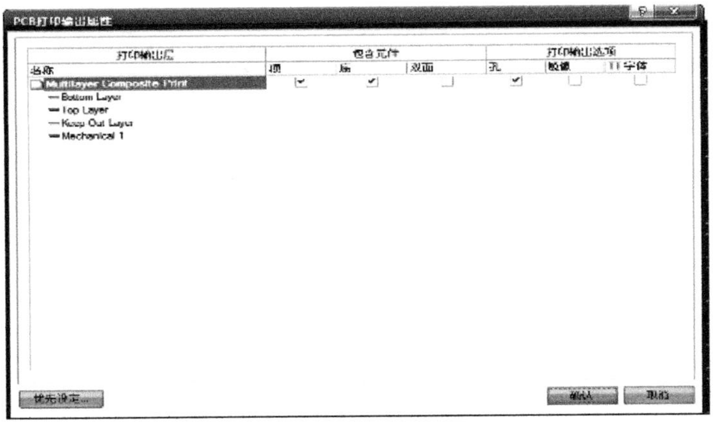

图 1-68　【PCB 打印输出属性】对话框

右击“Top Layer”层，如图 1-69 所示，在弹出的快捷菜单中单击【删除】命令，将“Top Layer”层去掉，用同样的方法删除其他层只剩下“Bottom Layer”和“Keep-Out Layer”层。

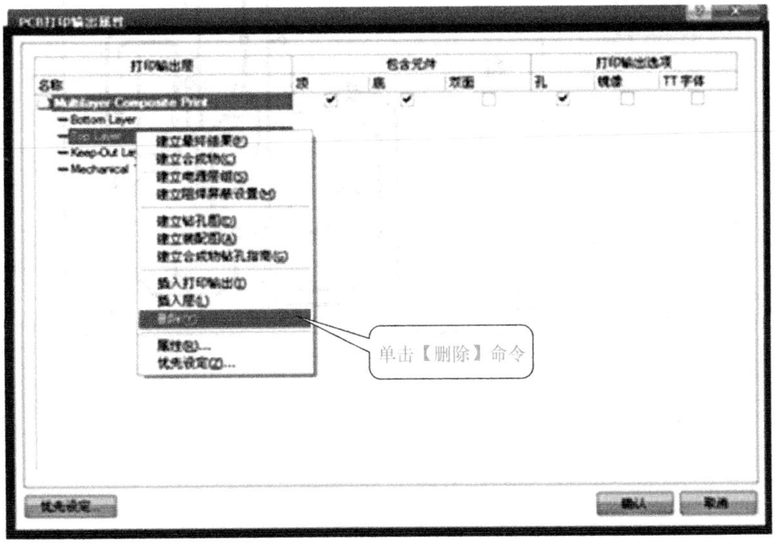

图 1-69　单击【删除】命令把“Top Layer”层删掉

最后结果如图 1-70 所示。

设置好后开始打印，执行【文件】→【打印预览】命令，如图 1-71 所示。

单击【打印】按钮完成 PCB 图的打印。

(3) 空白覆铜板预处理

空白覆铜板预处理这一步至关重要，是电路板制作成败的关键。将单面覆铜板按需要裁好并将边缘突起的毛刺用砂纸或砂轮打磨光滑，最好是将覆铜板倾斜 45°，防止割手。用腐蚀过电路板后剩下的废液倒入塑料盒（如果没有就临时配一些，浓度要低，因为我们主要用它来预处理铜皮，如果浓度太高将铜皮都腐蚀掉就不好了），放入覆铜板，铜皮面向上，

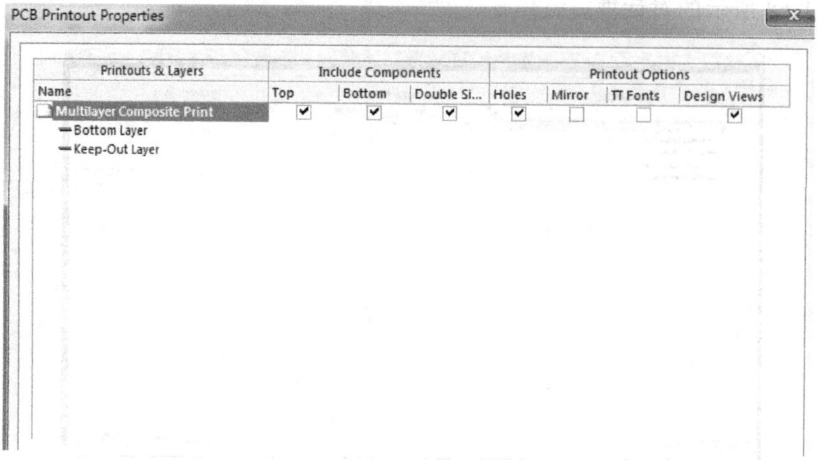

图 1-70 “Bottom Layer” 和 “Keep-Out Layer” 层对话框

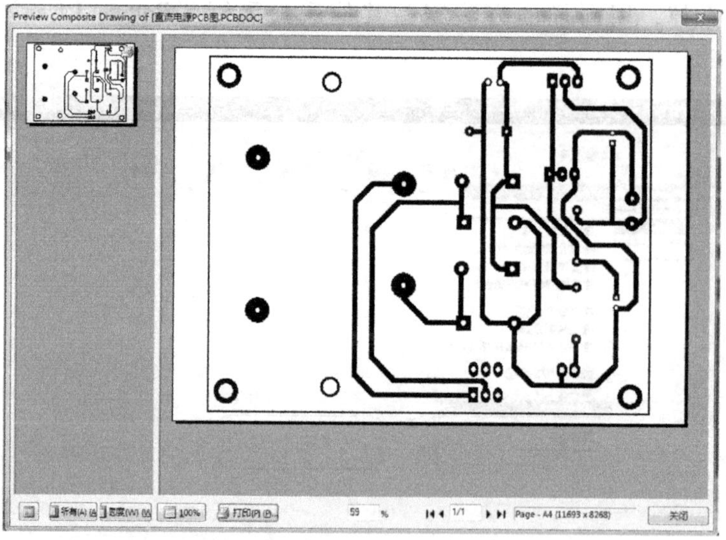

图 1-71 打印预览

用刷子不断地来回刷洗，将油垢和杂质通通刷掉，与此同时，由于药水的作用会形成新的均匀的薄氧化层——在显微镜下观察，能看到上面有很多细密的小孔，这正是我们所需要的，因为它会加强碳粉的附着性，在与热转印纸争夺油墨时有优势。最后取出覆铜板，用水清洗后用干净柔软的布擦干。

（4）预热

通常，最好的预热方法就是把覆铜板置于热转印机的铁皮隔热罩上边，因为热转印机（见图 1-72）预热一般需要 10min 左右的时间，刚好达到转印机设定的温度时覆铜板也得到了预热。否则，如果覆铜板没有得到良好的预热，其吸附油墨能力很差，在揭开转印纸的一刻，碳粉不能完全从转印纸转印到覆铜板上，造成转印失败，浪费材料。

（5）加热转印

将打印好电路图的转印纸墨面对着铜皮一面贴在一起。转印纸在需要钻孔的地方（焊盘或通孔）留小孔，这样在电路板腐蚀后会形成小坑，便于钻孔时精确定位，防止钻头随便移动。要剪掉多余的转印纸，留少量的边就行了。在覆铜板进入热转印机的方向两边都贴上胶布，用于固定转印纸，避免热转印机运转中的转印纸与覆铜板移位，而造成电路板制作失败。要选用耐热、取材又方便的薄胶布。热转印机转印前要预热（将热转印机的温度控制旋钮调到180℃左右比较合适，大家可根据熟练程度适当调整）。一般在热转印机里过3~5遍即可，根据热转印机的温度自行选择次数。注意：热转印机的温度一定要达到指定的温度，才能把覆铜板放进去，否则会造成转印不成功。

刚转印完成的覆铜板还很烫，不要用手去触碰，以防烫伤；并且此时也不能马上去揭开转印纸。应先让它自然冷却，然后撕掉胶布，再从转印纸的一角小心翼翼地揭掉转印纸。检查线路是否完整，有无断线等，注意手不能碰线路，以免破坏线路。拿覆铜板时，手尽量抓取覆铜板的边。

（6）覆铜板的腐蚀

将40%三氯化铁和60%的温水倒入腐蚀箱（见图1-73）搅拌均匀，注意混合液体能刚好淹没覆铜板即可，不用太多，以免造成浪费。转印成功后的覆铜板将铜皮面向上，放入腐蚀箱，并不断均匀摇动，边摇边观察，直到覆铜板多余的被铜腐蚀掉为止。注意：覆铜板多余的铜能否快速被腐蚀掉的诀窍就在于不断地摇动，因为摇动使得空气中的氧气可以更多地进入混合液体中，加速腐蚀。注意：腐蚀液体对人体有危害，在制作电路板的过程中要时刻小心。

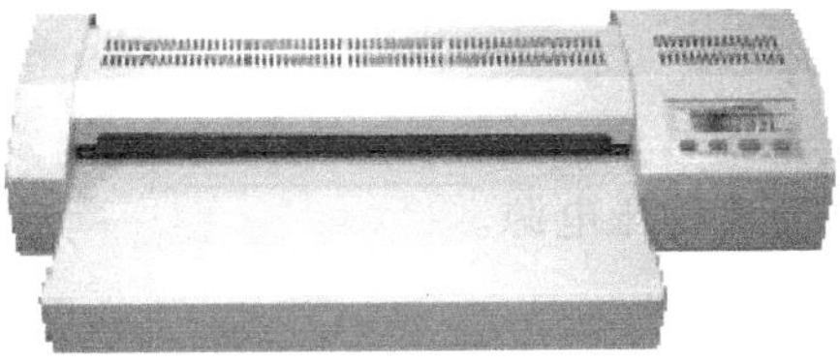

图1-72　热转印机

图1-73　腐蚀箱

环保小贴士：

腐蚀液体未经处理随意排放会对人们的生活用水和居住环境造成污染，甚至危害人们的健康，因此每次实训完后应集中存放，最后统一送专业的污水处理厂处理。

（7）电路板钻孔及后续处理

从腐蚀箱取出的电路板，先用湿的细砂纸擦掉表面的碳粉；然后用水洗干净，用柔软的布擦干即可。接着对电路板进行磨边处理，最后就是钻孔，根据元件引脚的大小一般会选用直径为0.7~1.4mm的麻花钻针。钻头夹一般要多备几只，因为操作过程中需要频繁更换钻针，这个小夹子比较容易损坏。在焊接元件前，可以对铜箔进行涂锡处理，从而形成保护层，防止氧化。

（8）制作电路板的图形符号、标号和参数等

如果是单面电路板，还可以在电路板没有铜导线的一面印上元器件图形符号、标号、参数的丝印，方便电路安装。制作电路板的元器件图形符号、标号和参数等的丝印方法和覆铜板转印线路的方法差不多。首先，在打印设置里选择顶层丝印层（Top Overlayer），将其他层删掉，并按 1：1 的比例打印在热转印纸上；其次，将热转印纸有碳粉的一面对准电路板没有铜导线的一面，并用高温胶纸贴好；最后，将其放入热转印机进行转印即可。转印后的效果如图 1-74 所示。

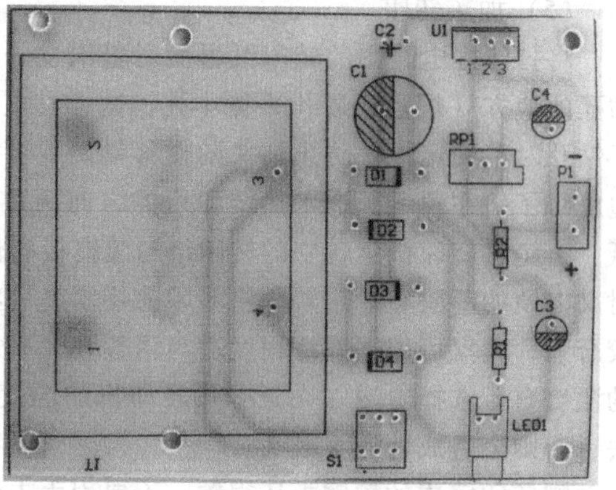

图 1-74　转印丝印后的效果图

任务 3　可调式直流稳压电源电路组装

任务描述

根据电路图纸，采购相关元器件，对元器件进行质量检测后，根据图纸要求装配电路。在满足装配工艺要求的前提下，应使元器件排列整齐、美观、合理，方便操作使用。

任务目标

1. 总目标

根据电子产品工艺要求装配出一个完整的可调式直流稳压电源。

2. 具体目标

知识方面：

1）能正确叙述电路所需元器件的作用、标识方式、识别方法及质量判断的要点。

2）能正确叙述电子元器件的采购方法及注意事项。

3）能正确叙述安装工艺要求及安装注意事项。

4）能正确叙述万用表的性能特点及使用要点。

5）能正确叙述电烙铁等常用工具的用途、结构原理及使用要点。

技能方面：

1）能按要求采购到所需的元器件。

2）能正确识别、识读电路所用到的电子元器件，并能进行常规检测（如测量电阻值、晶体管极性）及质量判断。

3）能根据电路图独立完成电路的装配。

4）能正确使用电烙铁、吸锡器等常用电路装配工具，并能进行维护、维修。

5）能正确使用万用表进行相关的测量，并能进行一般性的维护、维修。

任务导学

1. 知识链接：元器件采购及管理知识

元器件的采购者首先要掌握电子元器件的型号、封装等的基本知识，还能在保证质量的基础上通过货比三家采购到物美价廉的商品。需要少量的元器件能够进行网上选购或到电子市场现场选购等。采购到的元器件要妥善管理、保存，以方便使用，并保证元器件的质量，否则会造成浪费、损失。

大单电子元器件的采购工作流程如下：

（1）询价准备

1）计划整理。采购代理机构根据政府采购执行计划，结合采购员的急需程度和采购物品的规模，编制月度询价采购计划。

2）组织询价。由采购人的代表和有关专家三人以上组成，其中专家人数不得少于成员总数的2/3，以随机方式确定。询价名单在成交结果确定前应当保密。

3）编制询价文件。根据政府采购的有关法规和项目特殊要求，在采购执行计划要求的采购时限内拟定具体采购项目的采购方案、编制询价文件。

4）询价文件确认。询价文件在定稿前需经采购人确认。

5）收集信息。根据采购物品或服务等特点，通过查阅供应商信息库和市场调查等途径进一步了解价格信息和其他市场动态。

6）确定被询价的供应商名单。询价通过随机方式从符合相应资格条件的供应商名单中确定不少于三家的供应商，并向其发出询价通知书让其报价。

（2）询价

1）询价时间告知市招标办、资金管理部门等有关部门。

2）递交报价函。被询价供应商在询价文件限定的时限内递交报价函，工作人员应对供应商的报价函的密封情况进行审查。

3）询价准备会。在询价之前召开询价预备会，确定询价组长，宣布询价步骤，强调询价工作纪律，介绍总体目标、工作安排、分工、询价文件，确定成交供应商的方法和标准。

4）询价。询价组所有成员集中开启供应商的报价函，做报价记录并签名确认，根据符合采购需求、质量和服务相等且报价最低的原则，按照询价文件所列的确定成交供应商的方法和标准，确定一至二名成交候选人并排列顺序。

5）询价报告。必须有完整的询价报告，经所有成员及监督员签字后，方为有效。

（3）确定成交人

1）采购人根据询价的书面谈判报告和推荐的成交候选人的排列顺序确定成交人。当确定的成交人放弃成交、因不可抗力提出不能履行合同时，采购人可以依序确定其他候选人为成交人。采购人也可以授权询价直接确定成交人。

2）成交通知。成交人确定后，由采购人向成交人发出《成交通知书》，同时将成交结果通知所有未成交的供应商。

3）编写采购报告。应于询价活动结束后 20 日内，就询价组成、采购过程、采购结果等有关情况，编写采购报告。

（4）电子元器件的管理知识

你知道人一生当中用多少时间在找东西吗？有人做过调查，是人生 1/20 的时间。即一年 365 天，平均有 18 天在找东西。时间很宝贵，如果物品都分门别类地放好，找起来就很方便了。在元器件管理方面，如果管理好就可以节省很多时间，大大提高工作效率。元器件的管理要做到“5S”，即整理（SEIRI）、整顿（SEITON）、清扫（SEISO）、清洁（SEIKETSU）、素养（SHITSUKE），因为这五个单词的第一个字母都是“S”，所以统称为“5S”。

整理：区分必需品和非必需品，现场不放置的为非必需品。将工作场所任何物品区分成有用的和没用的，除去没用的物品留下有用的。目的是腾出空间，减少误用、误差，营造清爽的工作环境。

整顿：把留下来的有用物品，根据使用状态分门别类，按规定位置摆放整齐，同时要做到先进先出，并加以明确标示。目的是减少寻找物品的时间，物品摆放一目了然（哪些物品在库少，哪些物品在库多），材料物品入出有序，工作场所整齐有序。

清扫：将岗位保持无垃圾、无灰尘、干净整洁的状态。目的是减少工业伤害，创造良好清新的作业环境，保持身心健康。

清洁：将整理、整顿、清扫贯彻到底，并且制度化。目的是让“5S”的成果保持下去，保持优美的环境，树立贯彻“5S”的信心。

素养：对于规定的事，大家都要遵守并执行。目的是遵守规定，营造团队精神。

2. 知识链接：万用表的结构、原理及使用

（1）指针式万用表

指针式万用表种类很多，面板布置不尽相同，但其面板上都有刻度盘、机械调零螺钉、转换开关、欧姆表“调零”旋钮和表笔插孔。图 1-75 是 MF47 型指针式万用表的面板图。

转换开关是用来选择万用表所测量的项目和量程的。它周围均标有“V”“Ω”（或“R”）“mA”“V”等符号，分别表示交流电压档、电阻档、直流毫安档、直流电压档。“mA”“V”范围内的数值为量程，“Ω”（或“R”）范围内的数值为倍率。在测量交流电压、直流电流和直流电压时，应在标有相应符号的标度尺上读数。例如，当选择旋钮旋到欧姆区的“×10”档时，测得的电阻值等于指针在刻度线上的读数×10。测量前如发现指针偏离刻度线左端的零点时，可转动机械调零螺钉进行调整。

（2）数字式万用表

数字式万用表的种类也很多，其面板设置大致相同，都有显示窗、电源开关、转换开关和表笔插孔（型号不同，插孔的作用有可能不同）。图 1-76 是 LD9808A 型数字式万用表的面板图。

转换开关周围的“Ω”“DCA”“ACA”“ACV”“DCV”符号分别表示电阻档、直流电流档、交流电流档、交流电压档和直流电压档，其周围的数值均为量程。各档测量数据均由显示窗以数字显示出来。测量时，应将电源开关置于“ON”位置。

（3）万用表的结构原理与使用

1）万用表的分类、基本结构及工作原理。

① 分类：万用表分为指针式万用表和数字式万用表。

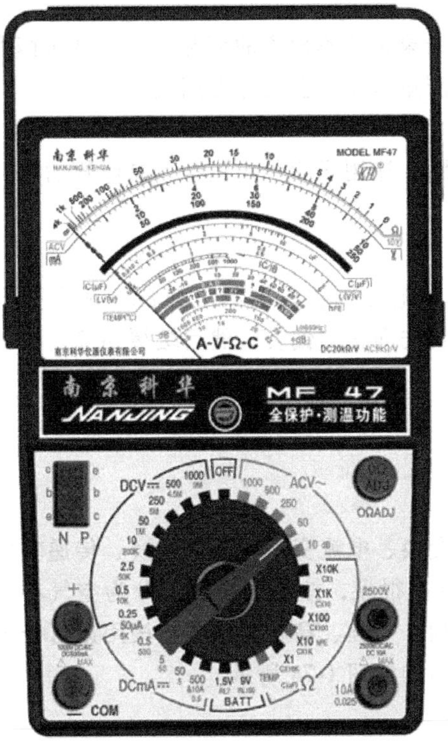

图 1-75　MF47 型指针式万用表

图 1-76　LD9808A 型数字式万用表

② 基本结构：万用表从外观上由万用表表笔及万用表表体组成；万用表从结构上由转换开关、测量电路、模-数转换电路和显示部分组成。

③ 工作原理：万用表的基本原理是利用一只灵敏的磁电式直流电流表做表头，当微小电流通过表头时，就会有电流指示。但表头不能通过大电流，所以，必须在表头上并联或串联一些电阻进行分流或降压，从而测出电路中的电流、电压和电阻。而万用表是比较精密的仪器，如果使用不当，不仅会造成测量不准确，还极易造成损坏。

2）使用万用表的注意事项。

① 在测电流、电压时，不能带电换量程。

② 选择量程时，要先选大的，后选小的，尽量使被测值接近于量程。

③ 测电阻时，不能带电测量。因为测量电阻时，万用表由内部电池供电，如果带电测量则相当于接入一个额外的电源，可能损坏表头。

④ 使用完毕，应使转换开关在交流电压最大档或空档上。

⑤ 注意在欧姆表改换量程时，需要进行欧姆调零，无需机械调零。

3）万用表欧姆档的使用（电阻、电位器和电感器）。

使用万用表欧姆档测量电阻时，应选择合适的量程，尽可能使测量值位于刻度盘中央。注意：万用表的电阻档由于内阻比较小，如果用电阻档测电压，就会烧坏内部元件；又由于电阻档内部所用的电阻功率小，加上表头此时的满偏电流也很小，如果用电阻档测电流，则可能烧坏内部一些电阻和表头。

4）万用表电流档、电压档的使用。

若误用万用表的电压档测量电流，会出现什么结果也测不出来的情况，因为电压档内阻很大，电流值会很小。但是不能用万用表的电流档测量电压，会损坏万用表。

5）万用表的其他功能。

用于判断电阻、交直流电压、交直流电流的通断，还用于测量二极管、晶体管的导通状态以及各极极性。

6）用万用表测量电容器的漏电电阻。

将万用表置于“×1k”档。万用表调零后，两表笔分别接在被测电容器的两个引出极上，测量一般电容器时，表笔不分极性。表头指针首先向正向偏转，然后缓缓回复。表针回复静止时所指的阻值，即该电容器的漏电电阻。

3. 知识链接：元器件的识别与检测

（1）变压器的识别与检测

1）变压器及其分类。

变压器是利用线圈之间的互感作用，进行电压变换、电流变换、阻抗变换、传递功率及信号、隔断直流等的装置（见图 1-77）。变压器的种类很多，按心的材料可分为空气心、磁心、可调磁心及铁心变压器；按工作频率可分为低频、中频、高频变压器；按用途可分为电源调压、脉冲、耦合、线间变压器等。变压器内部结构如图 1-78 所示。

2）变压器的型号命名。

变压器的型号由三部分组成。

第一部分：主称，用字母表示。

第二部分：功率，用数字表示，计量单位用 V · A 或 W 标志。

第三部分：序号，用数字表示。

3）变压器的检测。

① 外观检查。

图 1-77　小型变压器

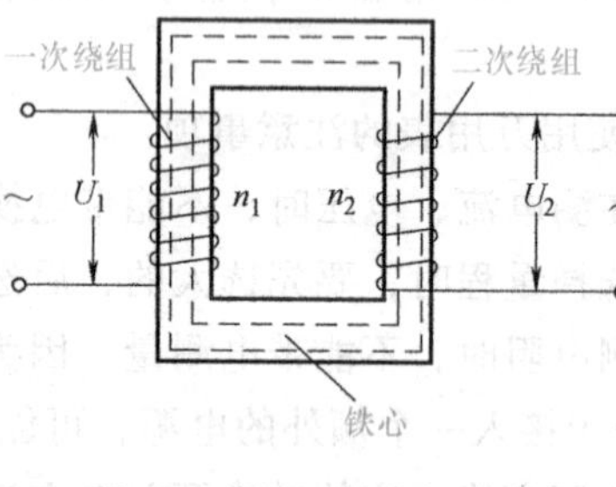

图 1-78　变压器内部结构图

外观检查就是根据变压器外表有无异常情况，推断其质量的好坏，如线圈引线是否断线、脱焊，线圈外层的绝缘材料是否烧焦变色，是否有机械损伤和表面破损，铁心插装及紧固情况是否良好等。

② 测量绝缘电阻。

若无绝缘电阻表，可用万用表 R×10k 档进行估测，即将万用表的一只表笔接变压器的铁心，另一只接变压器每个绕组的引脚，所测阻值应均为无穷大，否则就是绕组与铁心或各绕组之间绝缘不良。

③ 用万用表检查线圈通断。

注意要用低电阻档进行测量，而且调零时一定要准确，并保证表笔与线圈端头接触良好，若测试结果显示阻值为无穷大，说明线圈有断路故障。

④ 检查变压器绕组短路。

万用表不能准确地判断变压器绕组是否存在短路故障，这时可利用一只电源变压器，在其低压绕组两端跨接一个交流电压表，用来指示低压绕组的交流电压值，在此绕组上并联被测变压器绕组。如果电压表指示基本不变，则被测绕组无短路现象；如果电压表读数下跌50%或更多，则说明被测变压器绕组有短路故障。

（2）二极管的识别与检测

晶体二极管又称半导体二极管，简称二极管，实质上是一个 PN 结，从 P 区和 N 区各引出一条引线，然后再封装在一个管壳内，就制成了一个二极管，箭头表示电流的方向。P 区的引出端称为正极，N 区的引出端称为负极，其文字符号为 VD。

1）二极管的分类。

按制造工艺的不同，二极管可分为点接触型、面接触型和平面型三种。

按材料不同还可分为硅管和锗管。

按用途不同可分为检波二极管、整流二极管、稳压二极管、发光二极管和开关二极管等。

二极管外加正向电压呈低阻性而导通，外加反向电压呈高阻性而截止，即晶体二极管具有单向导电性。

2）普通二极管的检测（见图 1-79）。

常用的二极管有 2AP、2CP、2CZ 及 1N4000 系列等。

一般二极管在管壳上注有极性标记，若无标记，可利用二极管的正向电阻小、反向电阻大的特点来判别其极性，同时也可利用这一特点检测二极管的好坏。

① 性能判别。

其测试方法，二极管正、反向电阻值相差越大越好，两者相差越大，就表明二极管的单向导电特性越好。如果二极管的正、反向电阻值很相近，表明二极管已坏；若正、反向电阻都很小或为零，则说明二极管已被击穿，两电极已短路；若正、反向电阻都很大，则说明二极管内部已断路，不能使用。

② 极性判别。

在测试正、反向电阻时，当测得的电阻值较小时，与黑表笔相连的一端是二极管的正极，与红表笔相连的一端是二极管的负极。

二极管的正、反向电阻值与万用表欧姆档选用的量程（R×100、R×1k）不同而相差较大，这属于正常现象。

③ 发光二极管的检测（见图 1-80）。

a. 正负极性的判别。发光二极管大都是透明或半透明的，观察发光二极管内部两个金属片的大小，也可判别二极管的极性。通常金属片大的一端为负极，金属片小的一端为正极。若发光二极管是新的，可从引脚的长短来判断，即引脚长的为正极，引脚短的为负极。也可以通过用万用表的 R×10k 档测量发光二极管的正、反向电阻值来进行正负极性的判别，当万用表的指针大幅度正向偏转时，黑表笔所接的是正极。

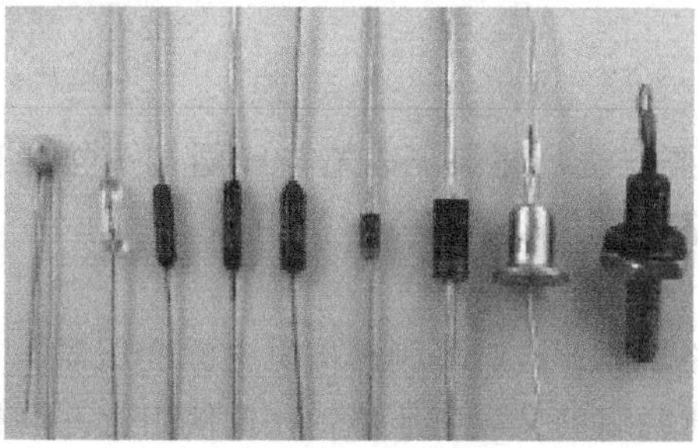

图 1-79　普通二极管

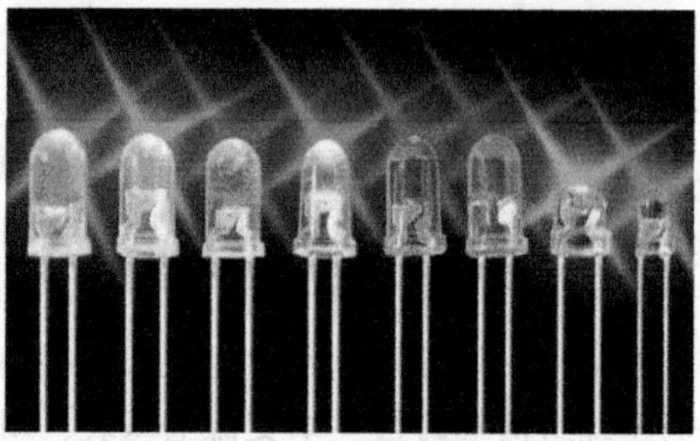

图 1-80　普通发光二极管

b. 性能好坏的判断。用万用表的 R×10k 档测量发光二极管的正、反向电阻时，应具备普通二极管的测量特点，在测量正向电阻值时，管内会发微光。

注意：不能用万用表的 R×1k 档测量发光二极管的正、反向电阻值，否则会发现其正、反向电阻值均接近无穷大，这是因为发光二极管的正向导通电压大于 1.8V，高于万用表 R×1k 档时 1.5V 电压值而不能使其导通。这时可用外接电池的方法判别发光二极管性能的好坏，若二极管能正常发光，则说明该发光二极管完好。

（3）电阻器的识别与检测

1）电阻器的种类。

电阻器的种类繁多，形状各异，功率也各有不同（见图 1-81），分类方法如图 1-82 所示。

色环电阻　　卧式可调电阻　　立式可调电阻

图 1-81　各类电阻器

- 电阻器
  - 非线绕电阻器
    - 金属膜电阻器
    - 碳膜电阻器
  - 线绕电阻器
  - 敏感式电阻器（多为半导体材料）
    - 光敏电阻器
    - 热敏电阻器
    - 力敏电阻器
    - 磁敏电阻器
    - 气敏电阻器
  - 厚膜网络电阻器
  - 电位器
    - 碳膜电位器
    - 金属膜电位器
    - 线绕电位器

图 1-82　电阻器的分类

2）电阻器的型号命名法。

电阻器的型号一般由四部分组成，见表 1-1。

表 1-1　电阻器的型号组成

第一部分:主称		第二部分:材料		第三部分:特征分类			第四部分
符号	意 义	符号	意 义	符号	意 义		
					电阻器	电位器	
R	电阻器	T	碳膜	1	普通	普通	对主称、材料、特征相同,仅尺寸、性能指标略有差别,但基本上不影响互换的产品给同一序号;若尺寸、性能指标的差别很明显时,则在序号后面用大写字母作为代号予以区别
W	电位器	H	合成膜	2	普通	普通	
		S	有机实心	3	超高频	—	
		N	无机实心	4	高阻	—	
		J	金属膜	5	高温	—	
		Y	氧化膜	6	—	—	
		C	沉积膜	7	精密	精密	
		I	玻璃釉膜	8	高压	特种函数	
		P	硼碳膜	9	特殊	特殊	
		U	硅碳膜	G	高功率	—	
		X	线绕	T	可调	—	
		M	压敏	W	—	微调	
		G	光敏	D	—	多圈	
				B	温度补偿用	—	
				C	温度测量用	—	
		R	热敏	P	旁热式	—	
				W	稳压式	—	
				Z	正温度系数	—	

3）色环电阻器的识别。

色标法是指用不同颜色表示元件不同参数的方法。在电阻器上，不同的颜色代表不同的标称值和偏差色。标法可以分为色环法和色点法，其中，最常用的是色环法。色环电阻器中，根据色环的环数多少，又分为四色环表示法和五色环表示法。

四色环电阻器的读法见表 1-2。识读色环时先将电阻器上有金色或银色的一端放于右边，

表 1-2　四色环电阻器的读法

颜色	第 1 环(数值)	第 2 环(数值)	第 3 环(倍率)	第 4 环(偏差)	说明与示例
黑	0	0		±20%	1)偏差色环与阻值色环之间的隔距较大 2)认色环时,从离电阻器端部最近的一环开始算起 例:色环为:黄紫红金 阻值 $= 47 \times 10^2 = 4700\Omega = 4.7k\Omega$,偏差为±5%
棕	1	1	10^1	±1%	
红	2	2	10^2	±2%	
橙	3	3	10^3		
黄	4	4	10^4		
绿	5	5	10^5	±0.5%	
蓝	6	6	10^6	±0.25%	
紫	7	7	10^7	±0.1%	
灰	8	8	10^8	±0.05%	
白	9	9	10^9		
金			10^{-1}	±5%	
银			10^{-2}	±10%	

从左边向右边读，第 1 环代表数值的第 1 位数（即数目字列出在左边的第 1 个数），第 2 环代表数值的第 2 位数（即数目字向右的第 2 个数），第 3 环代表第 3 位数（即数目字的第 3 个数），第 4 环代表电阻值的偏差值，常见的金色的偏差为±5% ，银色的为±10%，当然能选购金色的品种是最好的，但价格会稍高。为便于读者阅读各颜色与数值的关系，将其列成表 1-3，更易明白。至于半可变及可变电阻器的阻值，不会用色环来代表，而是将数值直接印在其外壳上。当阻值过大时，如果用数字列出不容易，常会看错读错，例如 1000000Ω ，即百万欧姆，当写在电路图上时，会妨碍电路图的空间，因此要将其简化，用 k 及 M 字来代替其位数，k 为千位（10^3），M 为百万位（10^6）。例如：100000Ω 可写成 100kΩ ，1000000Ω 可写成 1MΩ 。

例如：4 环电阻，依次为：棕黑黄金，读为 100000Ω = 100kΩ，偏差为±5%。

例如：4 环电阻，依次为：橙白棕银，读为 390Ω，偏差为±10%。

五色环电阻读法见表 1-3。

表 1-3　五色环电阻读法

颜色	第 1 环(数值)	第 2 环(数值)	第 3 环(数值)	第 4 环(倍率)	第 5 环(偏差代号)	说明与示例
黑	0	0	0	10^0		1)偏差色环与阻值色环之间的隔距较大 2)认色环时，从离电阻器端部最近的一环开始算起 例：色环为：黄蓝黄棕棕 阻值 = 464×10 = 4640Ω = 4.64kΩ，偏差为±1%
棕	1	1	1	10^1	±1%　(F)	
红	2	2	2	10^2	±2%　(G)	
橙	3	3	3	10^3		
黄	4	4	4	10^4		
绿	5	5	5	10^5	±0.5%　(D)	
蓝	6	6	6	10^6	±0.25%　(C)	
紫	7	7	7	10^7	±0.10%　(B)	
灰	8	8	8	10^8	±0.05%	
白	9	9	9	10^9	±50%	
金				10^{-1}	±5%　(J)	
银				10^{-2}	±10%　(K)	
无					±20%	

如图 1-83 所示，五色环电阻颜色依次为红黑黑橙棕，读为 200000Ω = 200kΩ，偏差为±1%。

色环速记口诀：棕 1 红 2，橙 3 黄 4，绿 5 蓝 6，紫 7 灰 8，白 9 黑 0

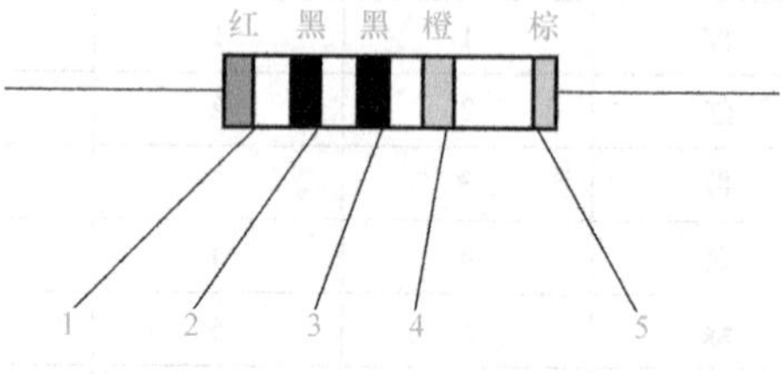

图 1-83　五色环电阻

4）普通电阻器的检测。

使用万用表，根据被测电阻标称的大小选择量程，将两只表笔（不分正负）分别接电阻器的两端引脚，即可测出实际电阻值。然后根据被测电阻器的允许偏差进行比较，若超出偏差范围，则说明该电阻器已变质。

注意：①测试时应将被测电阻器从电路上拆焊下来，或至少要拆焊开一端，以免电路中的其他元器件对测试产生影响；②测试几十 kΩ 以上阻值的电阻器时，手不要触及表笔和电阻器的导电部分，以免造成误差。

（4）电容器的识别与检测

电容器是由绝缘材料（介质）隔开的两个导体构成的，如图1-84所示。电容器也是最常用、最基本的电子元件之一，简称为电容。它是一种储能元件，当两端加上电压以后，极板间的电介质即处于电场之中。电容器储存电荷的能力用电容量 C 表示。在电路中电容器用于调谐、滤波、耦合、旁路、隔直、移相、能量转换和延时等。常用的电容器容量单位有 μF（10^{-6}F）、nF（10^{-9}F）和 pF（10^{-12} F），标注方法与电阻相同。标注中省略单位时，默认单位应为 pF。

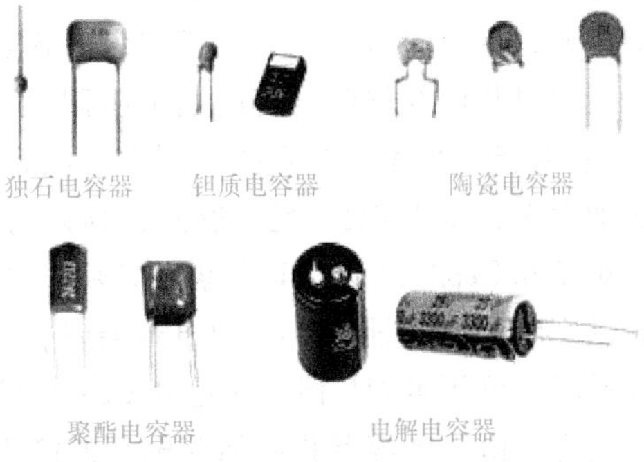

图 1-84　各种常用的电容器

1）电容器的分类。

根据介质的不同，分为陶瓷、云母、纸质、薄膜、电解电容器几种。

① 陶瓷电容器：以高介电常数、低损耗的陶瓷材料作为介质，体积小，自体电感小。

② 云母电容器：以云母片作为介质的电容器，性能优良，具有高稳定性、高精密性等特点。

③ 纸质电容器：纸介电容器的电极用铝箔或锡箔做成，绝缘介质是浸蜡的纸，相叠后卷成圆柱体，外包防潮物质，有时外壳采用密封的铁壳以提高防潮性，具有价格低、容量大的特点。

④ 薄膜电容器：用聚苯乙烯、聚四氟乙烯或涤纶等有机薄膜代替纸介质做成的各种电容器，具有体积小、损耗大、不稳定等特点。

⑤ 电解电容器：以铝、钽、铌、钷等金属氧化膜作为介质的电容器。

电解电容器容量大、体积小，耐高压（但耐压越高，体积也就越大，一般在 500V 以下）。常用于交流旁路和滤波。缺点是容量偏差大，随频率而变动，绝缘电阻小。

电解电容器有正、负极之分。一般，电容器外壳上都标有“+”“-”记号，如无标记则引线长的为“+”端，引线短的为“-”端，使用时应使正极接到直流高电位，注意不要接反，若接反，电解作用会反向进行，导致氧化膜很快变薄，漏电流急剧增大，如果所加的直流电压过大，则电容器很快发热，甚至会引起爆炸。

2）电解电容器极性的判断及绝缘电阻的测量。

在外壳上，一般用“-”表示负极。如果无“-”标志，那么金属外壳就是负极，与金属壳绝缘的焊片或引线就是正极；未经使用的电容器还可以从引脚的长短来判断极性，一般长脚为正极，短脚为负极。

如果无法从外观上来识别正、负极性，可以根据电解电容器正向连接时绝缘电阻大、反向连接时绝缘电阻小的特征判别。用万用表表笔交换来测量电容器的绝缘电阻，测得绝缘电阻大的一次时，黑表笔接的一端就是正极（因为黑表笔与万用表内电池的正极相接），另一端就是负极。

电解电容器绝缘电阻的测量：万用表黑表笔接电容器的正极，红表笔接电容器负极，表针先向 R 为 0 的方向摆去，再向 R 为 ∞ 的方向退回，表针最后停下来所指的阻值就是电容器的正向绝缘电阻。

3）固定电容器的检测。

用普通万用表就可以大致地判断电容器的质量：指针万用表用 R×1k 档或 R×100 档，

黑表笔接电容器的正极，红表笔接电容器的负极，若此时表针迅速向右摆动，然后慢慢退回到接近∞，且电容量较大，则说明该电容器正常；若返回时不到∞，则说明电容器漏电电流大，且指针数即为被测电容的漏电阻阻值（铝电解电容器的漏电阻阻值应超过 200kΩ 才可使用）；若指针根本不向左摆，则说明电容器内部已开路或电解质已干涸而失去容量；若指针摆动很大，接近 0Ω，且不返回，则说明电容器已被击穿，不能使用。

对于 0.01μF 以上的电容器，必须根据容量的大小，分别选择万用表的合适量程才能正确加以判断。如测量 300μF 的电容器时，可选择 R×10k 档或 R×1k 档；测量 0.47~10μF 的电容器时，可用 R×1k 档；测量 0.01~0.47μF 的电容器时，可用 R×10k 档；等等。

注意：由于电容器具有储存电荷的能力，因此，在测量或者触摸大容量电容器时，先应将其两个引脚短接一下（手拿带有绝缘材料柄的螺钉旋具，然后用金属部分将引脚短路），以将电容器中储存的电荷泄放出去，否则，可能会损坏测量仪表或出现电击伤人的意外情况。

（5）三端可调集成稳压器的识别与检测

1）三端可调集成稳压器的特点：

① 使用方便，只需外接两个电阻就可以在一定范围内确定有输出电压。

② 具有全过载保护功能，包括限流、过热和安全区域的保护，即使调节端悬空，所有的保护电路仍有效。

2）三端可调集成稳压器引脚排列。

常见三端可调集成稳压器的引脚排列见图 1-85。

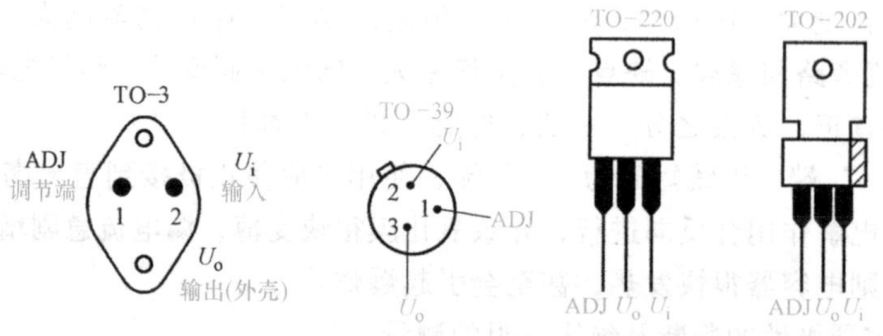

图 1-85　三端可调集成稳压器引脚排列

3）三端可调集成稳压器的检测。

① 电阻法。

用万用表的电阻档测出稳压器各引脚间的电阻值，并与正常值相比较，若相差不大，则说明其性能良好。若引脚间阻值偏离正常值较大，则说明被测稳压器性能不良或已损坏。表 1-4 是用万用表 R×1k 档实测的三端可调集成稳压器 LM317 各引脚间的电阻值，供测试时比较对照参考。

② 在路电压测试法。

测试时，一边调整 RP，一边用万用表直流电压档测量稳压器直流输入、输出端电压值。当 RP 从最小值调到最大值时，输出电压 U_o 应在指标参数给定的标称电压调节范围内变化，若输出电压不变或变化范围与标称电压范围偏差较大，则说明稳压器已经损坏或性能不良。

表 1-4　LM317 各引脚间的电阻值

表笔位置		正常电阻值/kΩ
黑表笔	红表笔	LM317
U_i	ADJ	150
U_o	ADJ	28
ADJ	U_i	24
ADJ	U_o	500
U_i	U_o	7
U_o	U_i	4

4. 知识链接：安装焊接知识及工艺要求

焊接是电子产品组装过程中的重要工艺。焊接质量的好坏，会直接影响电子电路及电子装置的工作性能。优良的焊接质量，可为电路提供良好的稳定性、可靠性；不良焊接方法会导致元器件损坏，给测试带来很大困难，有时还会留下隐患，影响电子设备的可靠性。随着电子产品复杂程度的提高，使用的电子元器件越来越多，有些电子产品（尤其是有些大型电子设备）要使用几百乃至成千上万个元器件，焊点数量也成千上万，而一个不良焊点就会影响整个产品的可靠性。因此，焊接质量是电子产品质量的关键。

焊接的工艺要求为：在印制电路板上所焊接的元器件的焊点大小适中、光滑、圆滑、干净、无毛刺；无漏、假、虚、连焊，引脚加工尺寸及成形符合工艺要求；导线长度、剥线长度符合工艺要求，芯线完好，捻线头镀锡。在这里主要介绍一下采用电烙铁进行手工焊接的方法。

（1）手工焊接工具

1）电烙铁。

电烙铁是焊接的基本工具，主要由烙铁头、烙铁心和手柄组成。烙铁也有很多种类（见图 1-86），分外热式和内热式，按功率分有 20W、25W、30W、45W、75W、100W、200W 等。电烙铁的握法有握笔式和拳握式（见图 1-87）。握笔式一般使用小功率直头电烙铁，适合焊接电路板和中、小焊点；拳握式一般使用大功率弯头电烙铁，适合焊接电路板和大焊点。

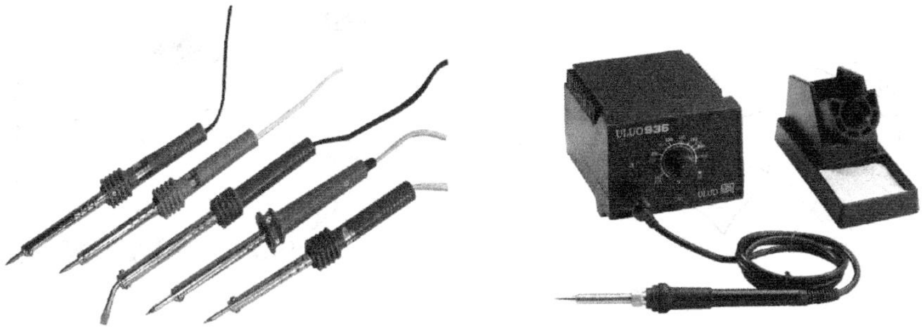

a) 电烙铁　　b) 调温电烙铁台

图 1-86　电烙铁

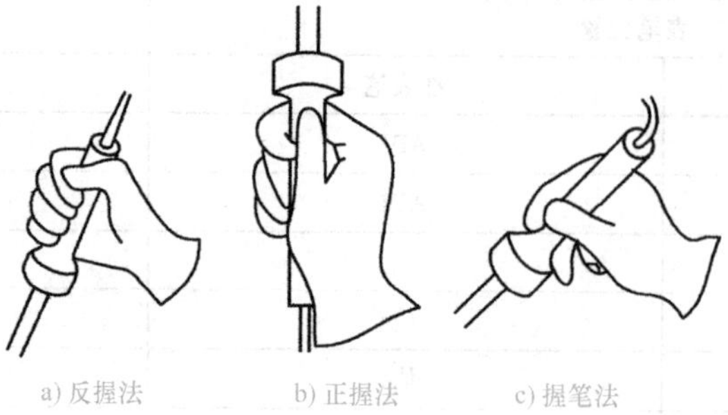

图 1-87 电烙铁的握法示意图

2）焊料。

焊料用来熔合两种或两种以上的金属面，使之成为一个整体。常用的是锡铅合金焊料（也叫焊锡），如图 1-88 所示，不同型号的焊锡锡铅比例不同，锡铅按不同比例配比组成合金后，其熔点和其他物理性能都不同。目前在电路板上焊接元器件时一般选用低熔点空心焊锡丝，空心内装有起焊剂作用的松香粉，熔点为 140℃，外径有 ϕ0.3mm、ϕ0.5mm、ϕ0.8mm、ϕ1mm 等。焊锡丝的拿法如图 1-89 所示。

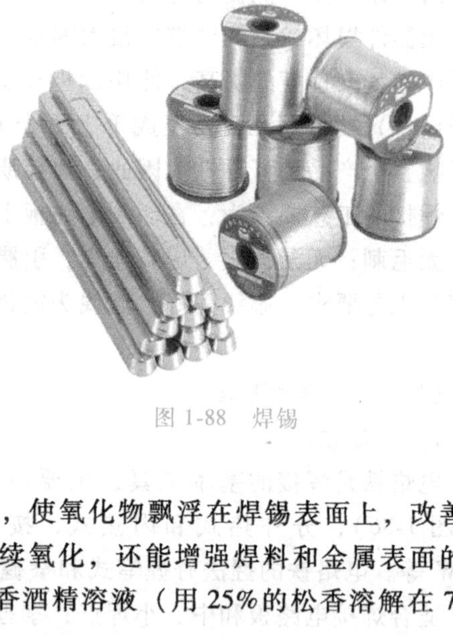

图 1-88 焊锡

3）焊剂。

金属在空气中加热时，表面会生成氧化膜薄层，在焊接时会阻碍焊锡的浸润和接点合金的形成。采用焊剂（见图 1-90）能破坏金属氧化物，使氧化物飘浮在焊锡表面上，改善焊接性能，又能覆盖在焊料表面，防止焊料和金属继续氧化，还能增强焊料和金属表面的活性，增加浸润能力。在电路板焊接时可用松香或松香酒精溶液（用 25%的松香溶解在 75%的酒精）中作为助焊剂。

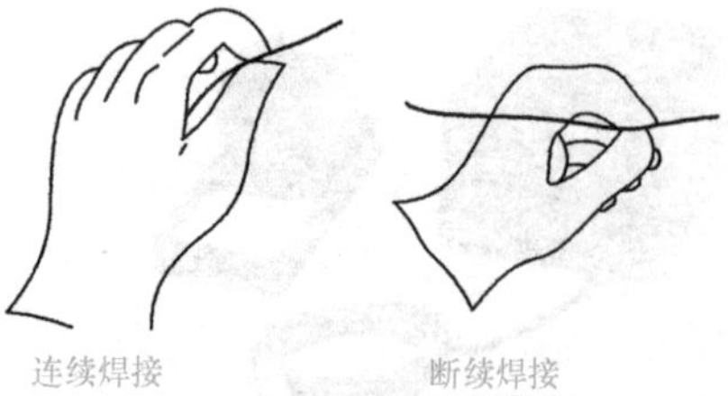

图 1-89 焊锡丝的拿法

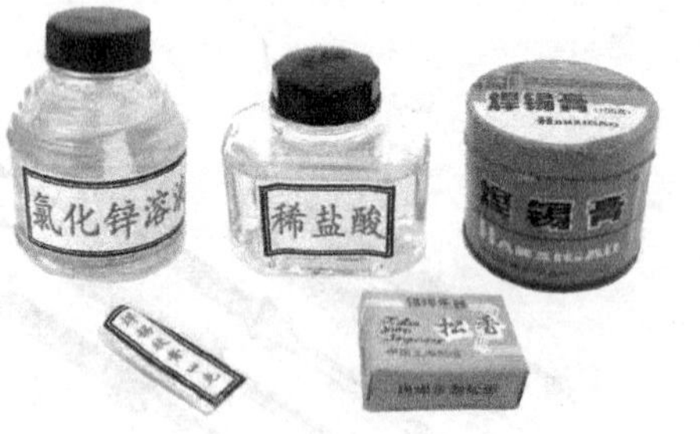

图 1-90 焊剂

（2）手工焊接技术

1）手工焊接操作的基本步骤。

掌握好电烙铁的温度和焊接时间，选择恰当的烙铁头和焊点的接触位置，才可能得到良好的焊点。正确的手工焊接操作过程可以分成五个步骤，如图 1-91 所示。

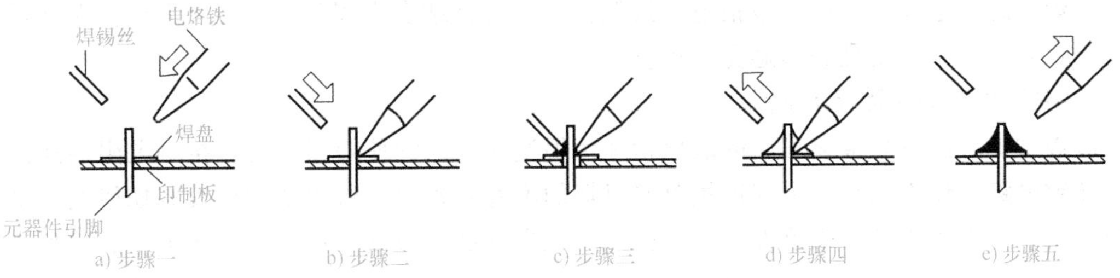

图 1-91 手工焊接步骤

① 基本操作步骤。

步骤一：准备施焊（见图 1-91a）。

左手拿焊（锡）丝，右手握电烙铁，进入备焊状态。要求烙铁头保持干净，无焊渣等氧化物，并在表面镀有一层焊锡。

步骤二：加热焊件（见图 1-91b）。

烙铁头靠在两焊件的连接处，加热整个焊件，时间为 1～2s。对于在印制板上焊接元器件来说，要注意使烙铁头同时接触两个被焊接物。例如，图 1-90b 中的导线与接线柱、元器件引线与焊盘要同时均匀受热。

步骤三：送入焊锡丝（见图 1-91c）。

焊件的焊接面被加热到一定温度时，焊锡丝从电烙铁对面接触焊件。注意：不要把焊锡丝送到电烙铁头上。

步骤四：移开焊锡丝（见图 1-91d）。

当焊锡丝熔化一定量后，立即向左上 45°方向移开焊锡丝。

步骤五：移开电烙铁（见图 1-91e）。

焊锡浸润焊盘和焊件的施焊部位以后，向右上 45°方向移开电烙铁，结束焊接。从步骤三开始到步骤五结束，时间也是 1～2s。

② 锡焊三步操作法。

对于热容量小的焊件，例如印制板上较细导线的连接，可以简化为三步操作。

准备：同前面步骤一。

加热与送丝：烙铁头放在焊件上后即放入焊锡丝。

去丝移电烙铁：焊锡在焊接面上浸润扩散达到预期范围后，立即拿开焊锡丝并移开电烙铁，并注意移去焊锡丝的时间不得滞后于移开电烙铁的时间。

对于吸收低热量的焊件而言，上述整个过程的时间不过 2～4s，各步骤的节奏控制，顺序的准确掌握，动作的熟练协调，都是要通过大量实践并用心体会才能解决的问题。有人总结出了在五步骤操作法中用数秒的办法控制时间：电烙铁接触焊点后数一、二（约 2s），送入焊锡丝后数三、四，移开电烙铁，焊锡丝熔化量要靠观察决定。此办法可以参考，但由于电烙铁功率、焊点热容量等因素的差别，实际掌握焊接火候并无定章可循，必须具体条件具体对待。试想，对于一个热容量较大的焊点，若使用功率较小的烙铁焊接时，在上述时间内，可能加热温度还不能使焊锡熔化，焊接就无从谈起。

2）焊点质量及检查。

对焊点的质量要求，应该包括电气接触良好、机械结合牢固和美观三个方面。保证焊点质量最重要的一点，就是必须避免虚焊。

① 虚焊产生的原因及其危害。

虚焊主要是由待焊金属表面的氧化物和污垢造成的，它使焊点成为有接触电阻的连接状态，导致电路工作不正常，出现连接时好时坏的不稳定现象，噪声增加而没有规律性，给电路的调试、使用和维护带来重大隐患。此外，也有一部分虚焊点在电路开始工作的较长一段时间内，保持接触尚好，因此不容易被发现。但在温度、湿度和振动等环境条件的作用下，接触表面逐步被氧化，接触慢慢地变得不完全起来。虚焊点的接触电阻会引起局部发热，局部温度升高又促使不完全接触的焊点情况进一步恶化，最终甚至使焊点脱落，电路完全不能正常工作。这一过程有时可长达一两年，其原理可以用"原电池"的概念来解释：当焊点受潮使水汽渗入间隙后，水分子溶解金属氧化物和污垢形成电解液，虚焊点两侧的铜和铅锡焊料相当于原电池的两个电极，铅锡焊料失去电子被氧化，铜材获得电子被还原。在这样的原电池结构中，虚焊点内发生金属损耗性腐蚀，局部温度升高加剧了化学反应，机械振动让其中的间隙不断扩大，直到恶性循环使虚焊点最终形成断路。

据统计数字表明，在电子整机产品的故障中，有将近一半是由于焊接不良引起的。然而，要从一台有成千上万个焊点的电子设备里找出引起故障的虚焊点来，实在不是容易的事。所以，虚焊是电路可靠性的重大隐患，必须严格避免。进行手工焊接操作的时候，尤其要加以注意。

一般说来，造成虚焊的主要原因是：焊锡质量差；助焊剂的还原性不良或用量不够；被焊接处表面未预先清洁好，镀锡不牢；烙铁头的温度过高或过低，表面有氧化层；焊接时间掌握不好，太长或太短；焊接中焊锡尚未凝固时，焊接元器件松动。

② 对焊点的要求：

可靠的电气连接；足够的机械强度；光洁整齐的外观。

（3）典型焊点的形成及其外观

在单面和双面（多层）印制电路板上，焊点的形成是有区别的：如图 1-92 所示，在单面板上，焊点仅形成在焊接面的焊盘上方；但在双面板或多层板上，熔融的焊料不仅浸润焊盘上方，还会由于毛细作用渗透到金属化孔内，焊点形成的区域包括焊接面的焊盘上方、金属化孔内和元器件面上的部分焊盘。

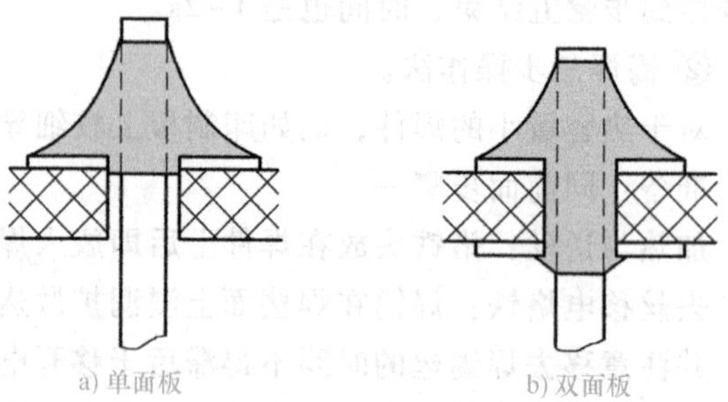

图 1-92　焊点的形成

典型焊点的外观如图 1-93 所示，从外表直观看典型焊点，对它的要求是：

1）形状为近似圆锥而表面稍微凹陷，呈漫坡状，以焊接导线为中心，对称成裙形展开。虚焊点的表面往往向外凸出，可以鉴别出来。

2）焊点上，焊料的连接面呈凹形自然过渡，焊锡和焊件的交界处平滑，接触角尽可能小。

3）表面平滑，有金属光泽。

4）无裂纹、针孔、夹渣。

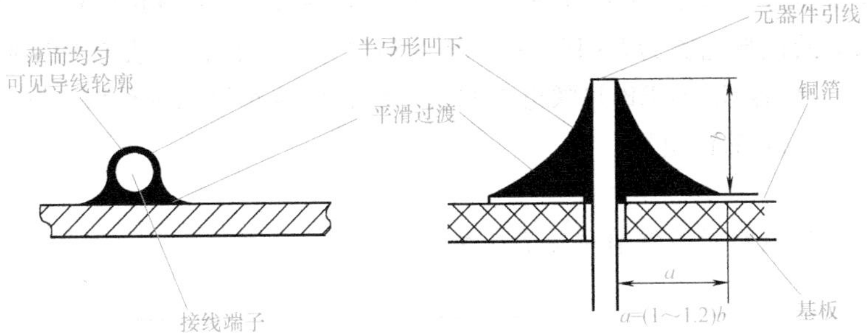

图 1-93　典型焊点的外观

任务4　直流可调式稳压电路调试及检验

任务描述

对组装的电路进行调试，并按电路功能及指标要求进行产品检验。要求规范填写相关调试、检验报告。

任务目标

1. 总目标

对电子产品进行调试、检验，使之达到出厂要求。

2. 具体目标

知识方面：

1）能正确叙述电路工作原理及元器件在电路中的作用。

2）能正确叙述电路相关参数及性能指标。

3）能简要叙述电子产品检验规程及要点。

技能方面：

1）能正确使用万用表对电路进行相关电参数测量，并按要求记录相关参数。

2）能对电路进行维修、调试，使电路达到要求。

3）能对常见故障进行检修，并按要求写出检修报告。

任务导学

1. 知识链接：直流稳压电源电路工作原理分析

将交流220V的电压输入变压器的一次绕组，它的二次绕组输出的交流电压大概是30V，开关S1可进行开关控制，D1~D4四个二极管整流后输出脉动电流，再经大电容C1进行滤波和小电容C2进行高频滤波，R1和LED1构成电路指示电路。

R2与RP组成电压输出调节电路，输出电压 $U_o \approx 1.25\ (1+RP/R_2)$，R2的值为120~240Ω，流经R2的泄放电流为5~10mA。RP为精密可调电位器，改变RP的阻值，就可以调整输出电压 U_o。电容C3与RP并联组成滤波电路，以减小输出的纹波电压。C4是自激振荡电容，要求使用1μF的钽电容。

2. 知识链接：直流稳压电源电路元器件清单

直流稳压电源电路元器件清单见表1-5。

表1-5 直流稳压电源电路元器件清单

序号	标称	名 称	规格	序号	标称	名 称	规格
1	R1	电阻器	10kΩ	8	LED1	发光二极管	红色
2	R2	电阻器	240Ω	9	RP1	电位器	10 kΩ
3	C1	电解电容器	1000μF/50V	10	U1	集成稳压器	LM317
4	C2	瓷介电容	104	11	P1	电源端口	二位
5	C3	电解电容器	10μF/35V	12	S1	开关	双排
6	C4	电解电容器	1μF/35V	13	T1	变压器	220V/30V
7	D1~D4	二极管	1N4007				

3. 知识链接：电路调试指引

请按下列步骤完成测量及记录：

第一步：测量变压器二次绕组输出交流电压约为________V，开关S1合上，电源指示灯LED1亮，再测四个二极管D1~D4、并经C1、C2滤波后输出直流电压约________V；

第二步：用一字螺钉旋具调节电位器RP，输出直流电压最小为________V；最大为________V。

4. 知识链接：电子产品检验知识

在对已调试完成的电子产品进行检验之前，制订产品检验的内容、步骤和方法，编制出检验工艺文件。检验是利用一定的手段测定出产品的质量特征，并与国标、部标、企业标准等公认的质量标准进行比较，然后做出产品是否合格的判定。

产品检验是现代电子企业生产中必不可少的质量监控手段，主要起到对产品生产的过程控制、质量把关、判定产品的合格性等作用。

产品的检验应执行自检、互检和专职检验相结合的“三检”制度。

(1) 检验的概念

检验是通过观察和判断，适当时结合测量、试验对电子产品进行的符合性评价。整机检验就是按整机技术要求规定的内容进行观察、测量和试验，并将得到的结果与规定的要求进行比较，以确定整机各项指标的合格情况。

（2）检验的分类

整机产品的检验过程分为全检和抽检。

1）全检

全检是指对所有产品 100% 进行逐个检验。根据检验结果对被检的单件产品做出合格与否的判定。全检的主要优点是，能够最大限度地减少产品的不合格率。

2）抽检

抽检是从交验批中抽出部分样品进行检验，根据检验结果，判定整批产品的质量水平，从而得出该产品是否合格的结论。

（3）检验的过程

检验一般可分为三个阶段：

1）装配器材的检验

主要指元器件、零部件、外协件及材料等入库前的检验。一般采取抽检的检验方式。

2）过程检验

过程检验是对生产过程中的一个或多个工序，或对半成品、成品的检验，主要包括焊接检验、单元电路板调试检验、整机组装后系统联调检验等。过程检验一般采取全检的检验方式。

3）电子产品的整机检验

整机检验采取多级、多重复检的方式进行。一般入库采取全检，出库多采取抽检的方式。

（4）电子产品的检验项目

性能指产品满足使用目的所具备的技术特性，包括产品的使用性能、机械性能、理化性能和外观要求等。

可靠性：指产品在规定的时间内和规定的条件下完成工作任务的性能，包括产品的平均寿命、失效率和平均维修时间间隔等。

安全性：指产品在操作、使用过程中保证安全的程度。

适应性：指产品对自然环境条件表现出来的适应能力，如对温度、湿度、酸碱度等的反应。

经济性：指产品的成本和维持正常工作的消耗费用等。

时间性：指产品进入市场的适时性、售后及时提供技术支持和维修服务等。

（5）外观检验

外观检验是指用视查法对整机的外观、包装、附件等进行检验的过程。

外观：要求外观无损伤、无污染，标志清晰；机械装配符合技术要求。

包装：要求包装完好无损伤、无污染；各标志清晰完好。

附件：附件、连接件等齐全、完好且符合要求。

（6）性能检验

性能检验是指对整机的电气性能、安全性能和机械性能等方面进行测试检查。

1）电气性能检验。

对整机的各项电气性能参数进行测试，并将测试的结果与规定的参数比较，从而确定被检整机是否合格。

2）安全性能检验。

主要包括电涌试验、湿热处理、绝缘电阻和抗电强度等。安全性能检验应该采用全检的方式。

3）机械性能测试。

主要包括面板操作机构及旋钮按键等操作的灵活性、可靠性，整机机械结构及零部件的安装紧固性。

项目2

流水灯电路设计与制作

项目描述

根据电路图纸设计制作一个流水灯的电子产品，要求 10 个 LED 灯按顺序闪烁。在符合客户需求、满足制作工艺要求的前提下，电路板尺寸要尽量小，以节省制作成本，参考尺寸为 100mm×70mm。另外，PCB 的形状、大小也可自己设计。

产品实物图如图 2-1 所示。

图 2-1　流水灯产品实物图

项目目标

在完成项目的过程中，学习较复杂电子产品设计及制作的相关知识、技能，提升综合职业能力。完成本项目后，应能独立完成较复杂电路的设计及制作，包括绘制原理图中的元器件，载入元器件封装，进行相关参数设置及电路板的制作、安装、调试和维修等。

总体思路

本项目由四个具体的任务组成，完成这四个任务即完成了整个电子产品的制作。

1）任务 1 进行电路设计。

用 Protel DXP 2004 电路设计软件设计流水灯电路，并根据原理图及生产需要设计 PCB 图。

2）任务 2 进行制板。

根据任务 1 设计的 PCB 图，用制板设备制作电路板。

3）任务 3 进行电路组装。

根据电子产品装配要求装配电路板。

4）任务 4 进行检验。

装配好电路板后，对电路板进行整体调试及维修，并进行出厂前的质量检验，使其达到客户及电子产品相关技术要求才可出厂。

任务 1　流水灯电路 PCB 图的设计

任务描述

通过上一个项目的学习，我们已初步掌握了简单电子产品电路板的设计方法，现在我们通过流水灯电路来学习较复杂电路板的设计方法。要求使用计算机设计流水灯电路 PCB 图，在满足要求、符合电气规则的前提下，元件布局可自行设计，PCB 的形状、大小可自行设计。PCB 参考尺寸：100mm×70mm。

任务目标

1. 总目标

1）用 Protel DXP 2004 软件绘制流水灯电路图，如图 2-2 所示。

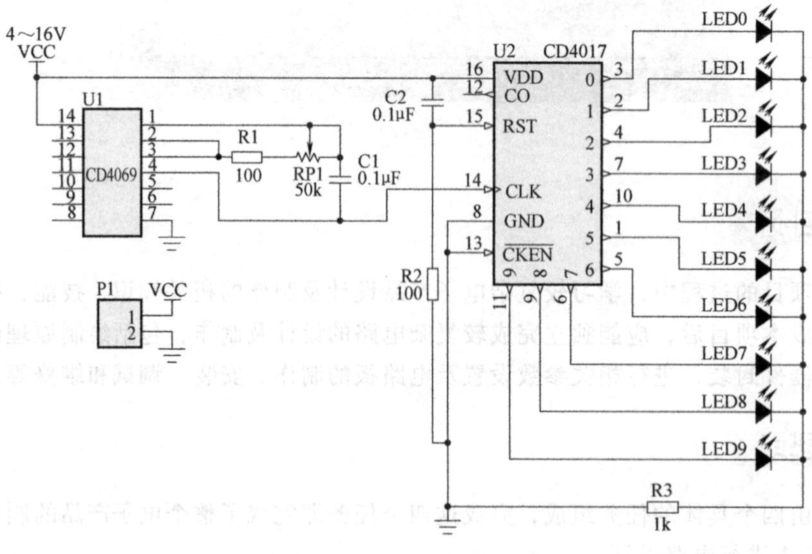

图 2-2　流水灯电路图

2）根据电气规则，按任务要求设计流水灯电路的 PCB 图，如图 2-3 所示。

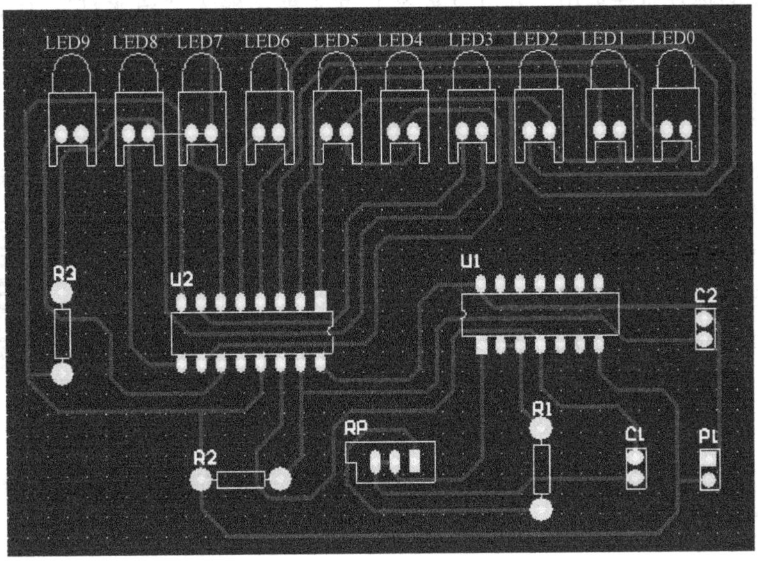

图 2-3　流水灯 PCB 图

2. 具体目标

知识方面：

1）能正确叙述元器件搜索的方法及元器件封装选择要点。

2）能正确叙述元件库建立的意义及方法，正确绘制元器件，设置相关参数。

3）能正确叙述单面 PCB 图设计的步骤、规则及一些操作要点。

技能方面：

1）独立且较熟练绘制流水灯电路原理图。

2）独立完成 CD4069 集成电路原理图库元件的绘制，并能正确调用。

3）能根据实际需要选择元器件的合适封装，并追加到原理图上。

4）独立设置相关参数，并绘制出流水灯单面 PCB 图。

任务导学

1. 知识链接：流水灯电路图绘制指引

（1）创建项目文件

执行【文件】→【创建】→【项目】→【PCB 项目】命令，创建项目。

（2）保存项目

在菜单栏上，执行【文件】→【保存项目】命令，在【文件名】文本框中输入“流水灯”为项目重新命名，将默认的保存路径“C：\ Program Files \ Altium2004 \ Examples”改为“D：\ 流水灯”，单击【保存】按钮。

（3）在项目中新建原理图文件并保存

1）在菜单栏上，执行【文件】→【创建】→【原理图】命令，新建原理图文件。

2）在菜单栏上，执行【文件】→【全部保存】命令，保存文件和文件的链接关系。

3）在弹出的保存对话框中，在【文件名】文本框中输入“流水灯”为文件重新命名，单击【保存】按钮。

小词典：

如果【Projects】面板没有显示，可以单击工具面板底部的【Projects】选项卡或执行【查看】→【工作区面板】→【System】→【Projects】命令。

（4）绘制流水灯电源的原理图

1）设置图纸参数及相关信息。

执行【设计】→【文档选项】命令，打开【文档选项】对话框，可以设置图纸的大小、方向、网格大小及电路设计的作者、单位等相关信息，如图 2-4 所示。

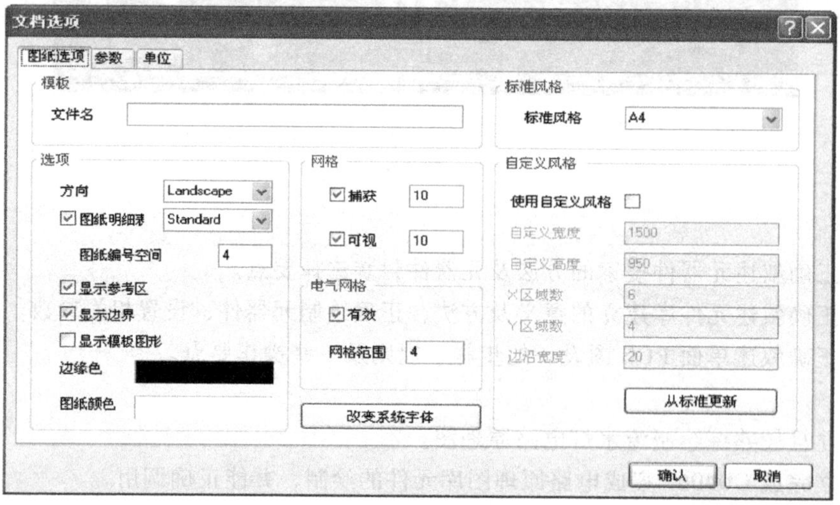

图 2-4 【文档选项】对话框

2）装载和卸载元件库。

单击【元件库】按钮，弹出【可用元件库】对话框，单击【安装】选项卡，该列表中显示的是已经加载的元件。

① 加载元件。

单击【安装】按钮，弹出【打开】对话框，指定路径，选择要添加的库文件，然后单击【打开】按钮，加载的元件将显示在可用元件库列表里。

② 卸载元件库。

在【安装元件库】列表中选择要卸载的元件库，单击【删除】按钮，卸载的元件库将不再显示于可用元件库列表中。把其他的都删掉，保留流水灯所需要的元件库。

3）新建原理库。

由于原理图中 CD4069 的模型在 Protel DXP 2004 软件自带的库中找不到，我们可以通过新建原理库绘制所需要的元件模型。绘制元件的一般步骤是：

新建一个元件库；在原点附近绘制元件丝印；放置元件引脚；设置元件属性；保存元件。

① 新建一个元件库。在菜单栏上，执行【文件】→【创建】→【库】→【原理图库】命令，新建原理图库，单击【保存】按钮，如图 2-5 所示。保存后面板显示如图 2-6 所示。

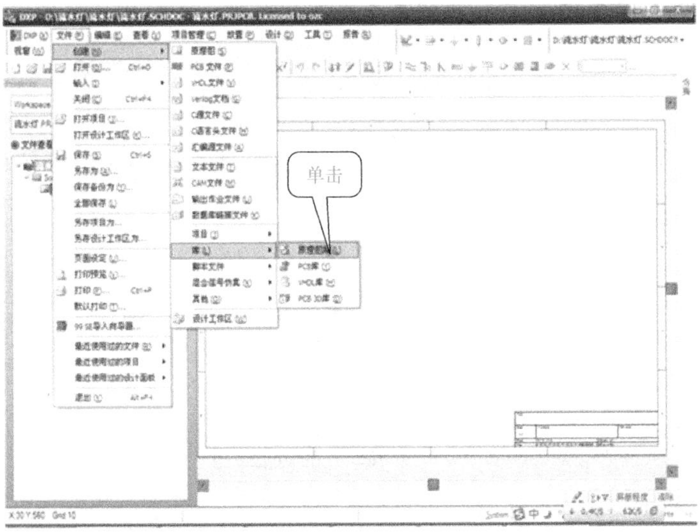

图 2-5　新建原理图库菜单

图 2-6　新建原理图库文件保存面板

② 在原点附近绘制元件外形。

a. 使用放置菜单下的【矩形】工具绘制出一个矩形。设定捕获网格为 10mil，将光标移到坐标（0，0）处单击确定矩形的一个点，然后将光标移到（0，-80）处单击确定矩形的第二个点，再将光标移动（40，-80）处单击确定矩形的第三个点，最后将光标移到（40，0）处单击确定矩形的第 4 个点，矩形就画完了，单击鼠标右键退出矩形绘制状态，绘制好的矩形如图 2-7 所示。

b. 设置元件属性。单击【SCH Library】面板，如图 2-8 所示；双击【Component】命令，弹出【Library Component Properties】对话框，按图 2-9 进行设置，然后单击【确认】按钮即可。

③ 放置元件引脚。

执行【放置】→【引脚】命令，进入放置引脚模式，这时指针会呈现一个大的十字符号和一条带有两个数字的短线，在放置引脚前按<Tab>键，则打开【引脚属性】对话框，按图 2-10 修改属性，然后单击【确认】按钮，即可在矩形两边放置 14 个引脚。

小词典：

放置引脚要注意以下几点内容：

· 引脚只有一端具有电气特性，应将不具有电气特性的一端与元件图形相连。

· 字母上带“非”时（如“$\overline{Q}$”），可以在【显示名称】框里输入“Q/”来实现。

· Protel DXP 2004 软件里面的集成芯片中，一般不会显示“电源”“地”的引脚，如图 2-11 所示，元件 CD4069 一共 14 个引脚，但该元件“7”“14”脚是没有显示的。这时可双击该元件，在弹出的对话框中单击【编辑引脚】命令，进入【元件引脚编辑器】对话框，勾选对应引脚的【表示】复选框，如图 2-12 所示，即可显示隐藏的引脚，方便连接导线。

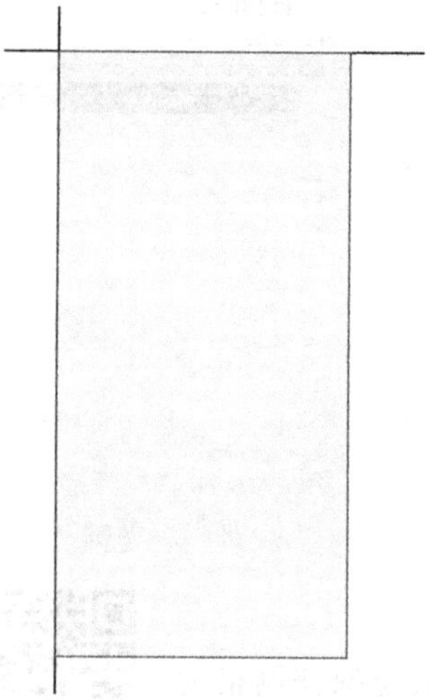

图 2-7　绘制好的矩形

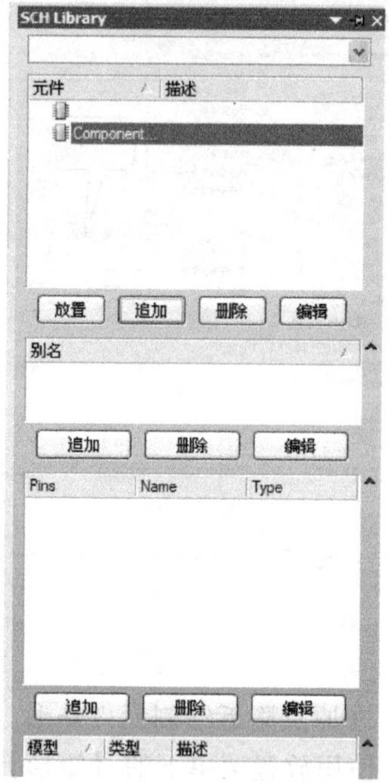

图 2-8　【SCH Library】面板

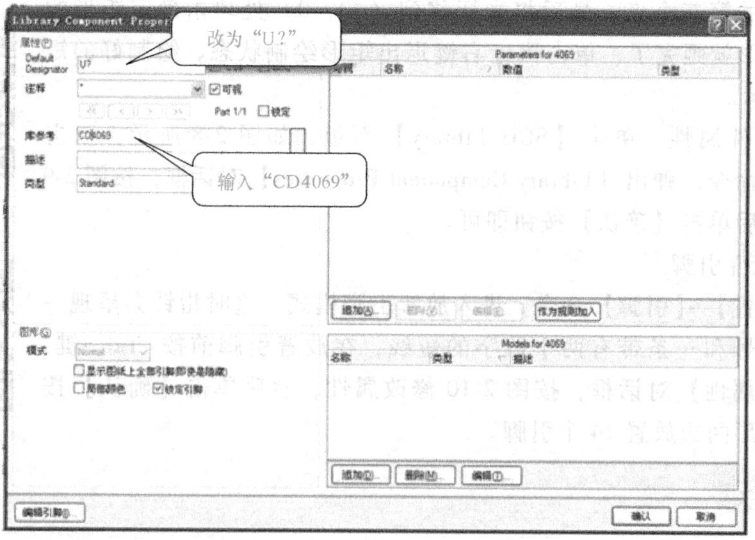

图 2-9　元件属性设置对话框

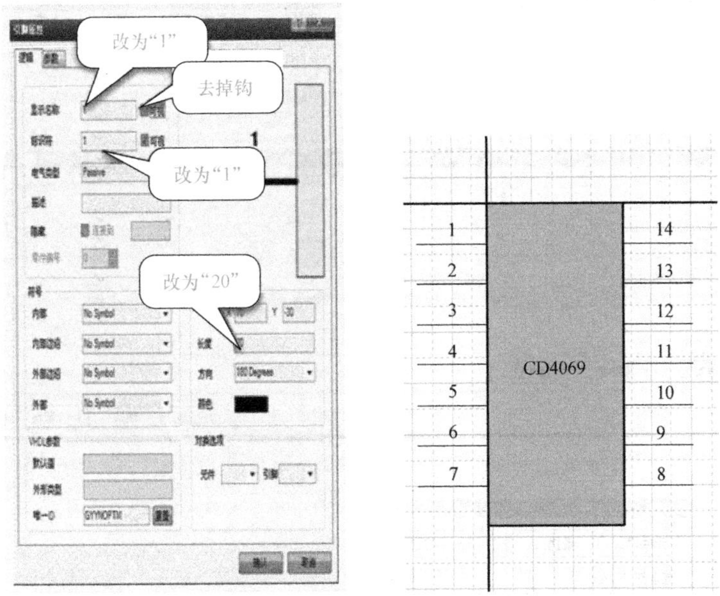

图 2-10 设置引脚属性并放置引脚

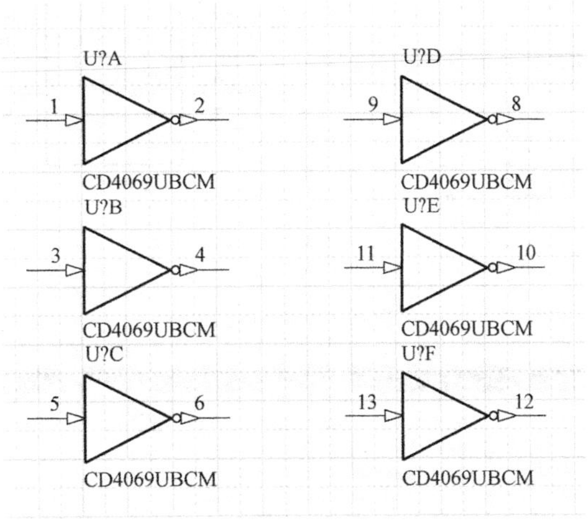

图 2-11 Protel DXP 2004 里的元件 CD4069

④ 放置元件 CD4069 并设置其封装。双击左边的流水灯原理图文件返回原理图的编辑状态。单击按钮，弹出元件库，找到“流水灯.SCHLIB”，如图 2-13 所示，放置 CD4069，并改为“U1”。然后双击 CD4069，在弹出的【元件属性】对话框中（见图 2-14）单击【追加】按钮，弹出图 2-15a 所示的【加新的模型】对话框，选择【Footprint】选项，单击【确认】按钮，然后会弹出【PCB 模型】对话框，如图 2-15b 所示。单击【浏览】按钮，弹出图 2-16 所示的对话框，找到库“Miscellaneous Devices. IntLib［Footprint View］”下的“DIP-14”封装，单击【确认】按钮完成封装的设置。

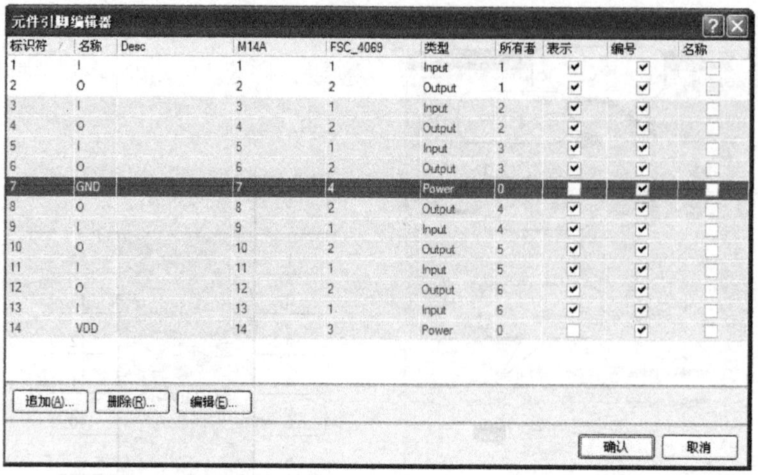

图 2-12　显示集成的“电源”和“地”引脚对话框

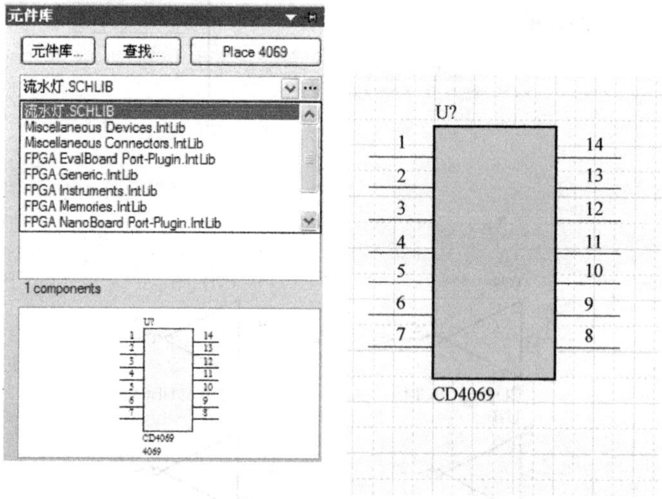

图 2-13　放置元件

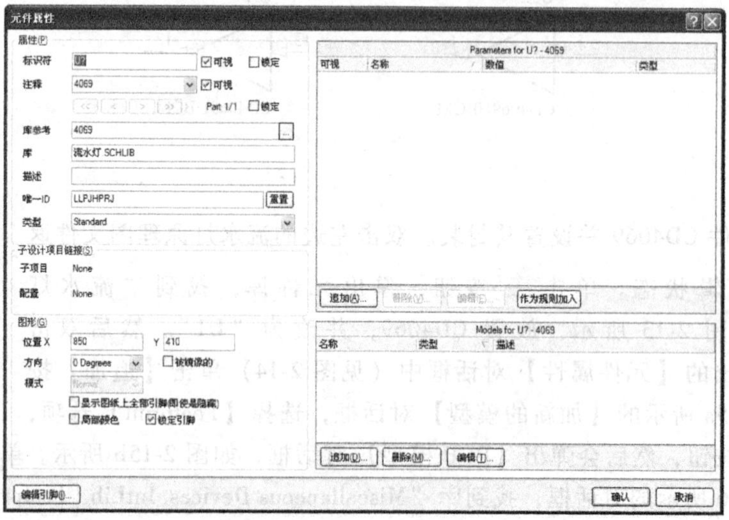

图 2-14　CD4069【元件属性】对话框

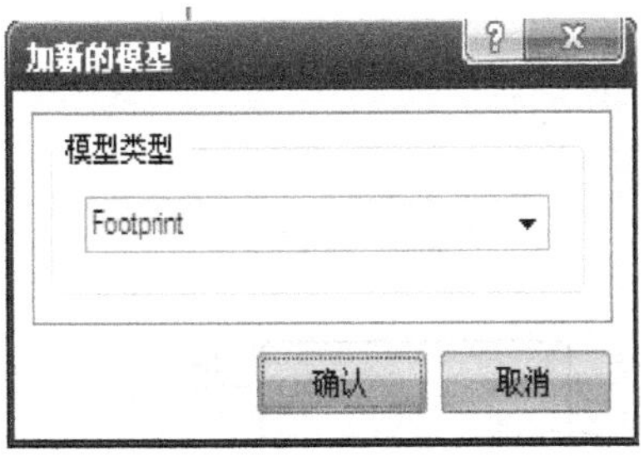

a)【加新的模型】对话框

b)【PCB模型】对话框

图 2-15　追加封装对话框

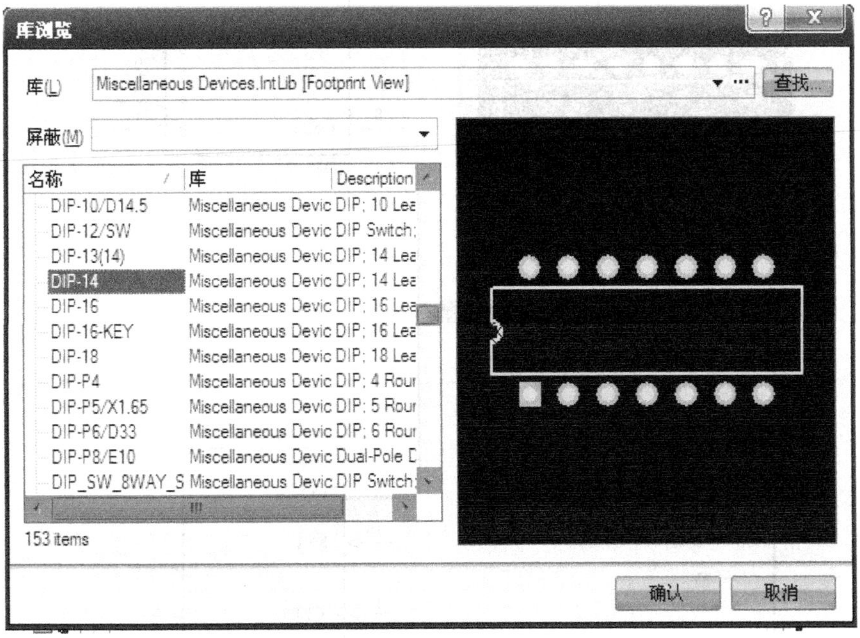

图 2-16　查找元件封装的对话框

小贴士：

执行【工具】→【重命名元件】命令，可对元件重新命名。

若要接着做下一个元件，可执行【工具】→【新元件】命令。

⑤ 放置集成 CD4017。利用元件库的查找功能找出集成 CD4017，如图 2-17a 所示，然后放置到原理图中，将标识符改为“U2”，将注释改为

“CD4017”，如图 2-17b 所示。可以通过调整引脚来达到我们的要求。双击集成 CD4017，在弹出的对话框中，按图 2-18a 进行修改。最终引脚排列如图 2-18b 所示。

⑥ 放置其他元件并用导线连接。按照项目一的方法放置其他元件和连线。

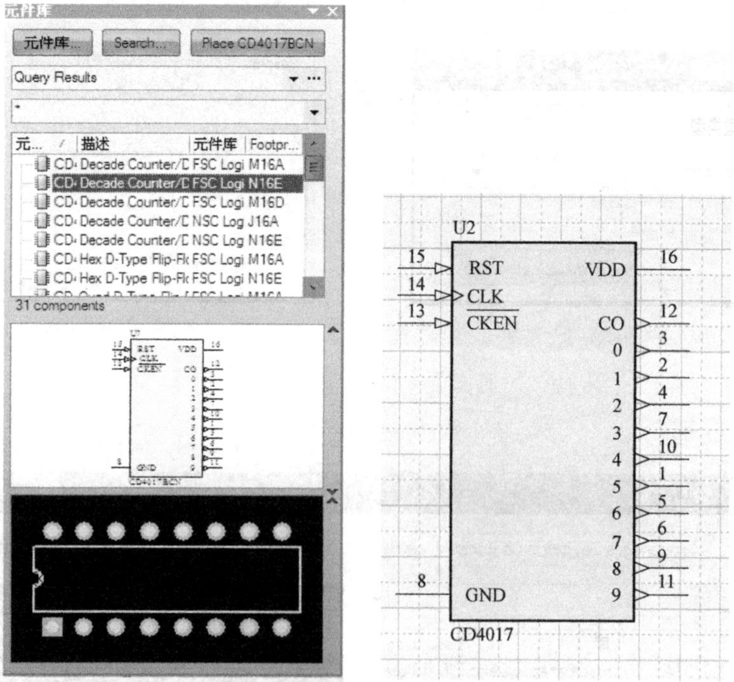

a) 通过“查找”找到CD4017　　b) 放置CD4017

图 2-17　添加集成 CD4017

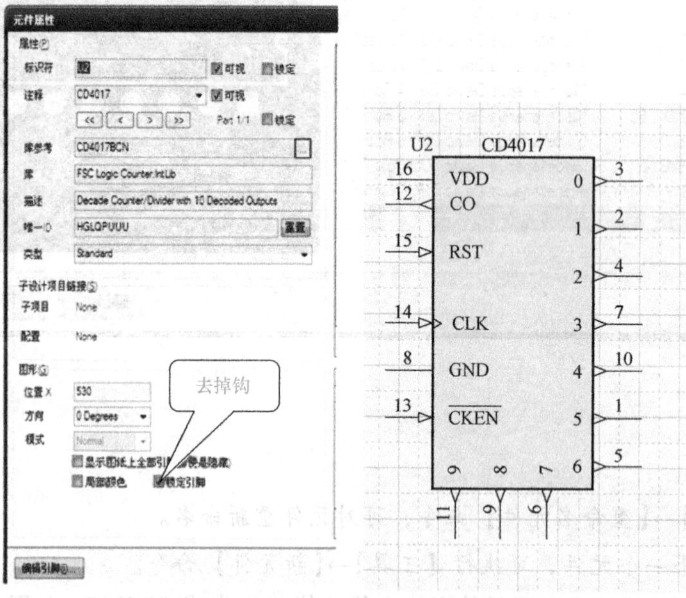

a) 去掉元件引脚的锁定　　b) 调整CD4017引脚排列

图 2-18　编辑引脚顺序

放置 LED　　放置其他元件　　放置接线座　　调整元件位置　　绘制导线

⑦ 生成网络表。执行【设计】→【设计项目的网络表】→【Protel】命令完成网络表的生成。

2. 知识链接：PCB 图设计制作指引

(1) 新建 PCB 文件

在项目下创建 PCB 文件，执行【文件】→【创建】→【PCB 文件】命令并保存为“流水灯”。

(2) 定物理边界和电气边界

将 PCB 编辑器的当前层置于【Keep-Out Layer】层，如图 2-19 所示。按键盘的<Q>键把网格的单位 mil 变成 mm（毫米），看文档的左下角，如图 2-20 所示。为了方便计算直线的长度，把网格的单位改成 1mm，执行【设计】→【PCB 选项】命令，弹出【PCB 板选择项】对话框，按图 2-21 填写，然后单击【确认】按钮。执行【放置】→【直线】命令绘制一个 90mm×70mm 的电气边界。

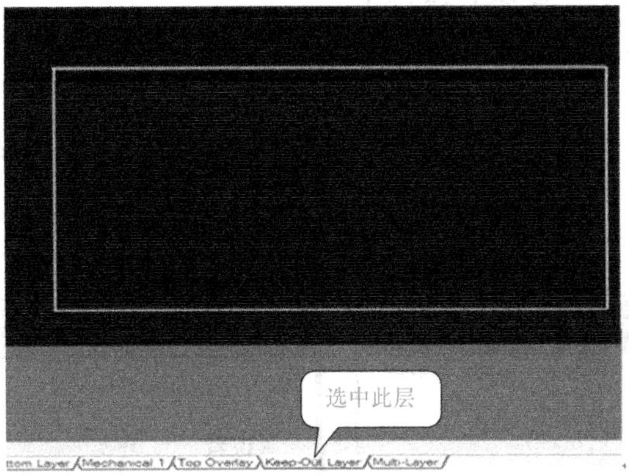

图 2-19　选中【Keep-Out Layer】层

小词典：

用快捷键绘制 90mm×70mm 的电气边界：

先进行 PCB 图原点的设置。执行【编辑】→【原点】→【设定】命令，然后用鼠标在绘图区的左下角位置单击即可。

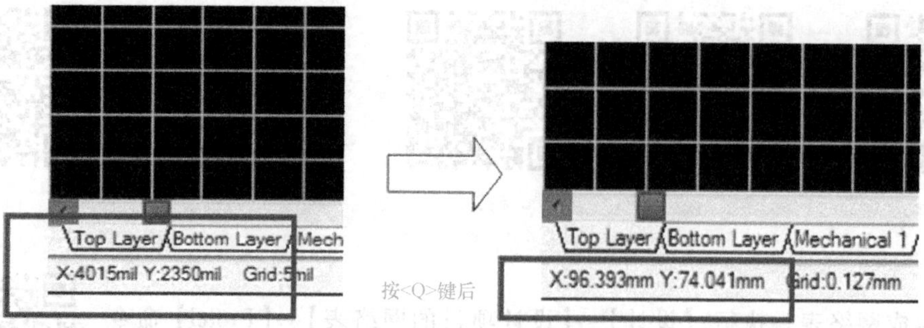

图 2-20　改变网格单位

执行【放置】→【直线】命令，然后按键盘上的<J+L>组合键，弹出对话框并按图 2-22a 修改，按两下键盘的<Enter>键确定边界的第一个点；再一次按键盘的<J+L>组合键，弹出对话框并按图 2-22b 修改，按两下键盘的<Enter>键确定边界的第二个点，如图 2-22c 所示，再一次按键盘的<J+L>组合键，弹出对话框并按图 2-22d 修改，按两下键盘的<Enter>键确定边界的第三个点，如图 2-22e 所示；再一次按键盘的<J+L>组合键，弹出对话框并按图 2-22f 修改，按两下键盘的<Enter>键确定边界的第四个点，如图 2-22g 所示；再一次按键盘的<J+L>组合键，弹出对话框并按图 2-22h 修改，按两下键盘的<Enter>键，然后单击鼠标右键取消，完成 90mm×70mm 电气边界的绘制，如图 2-23 所示。

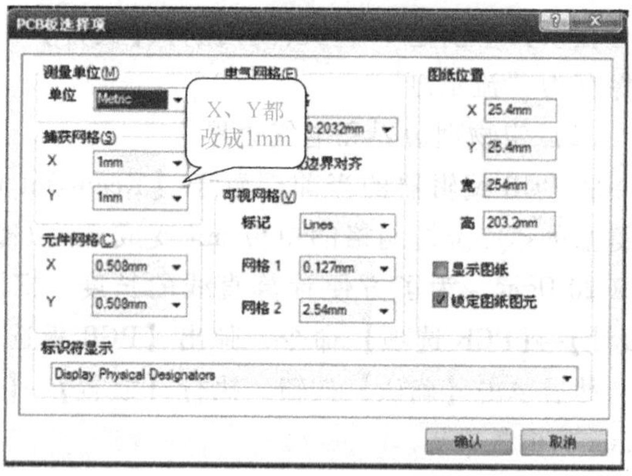

图 2-21　【PCB 板选择项】对话框

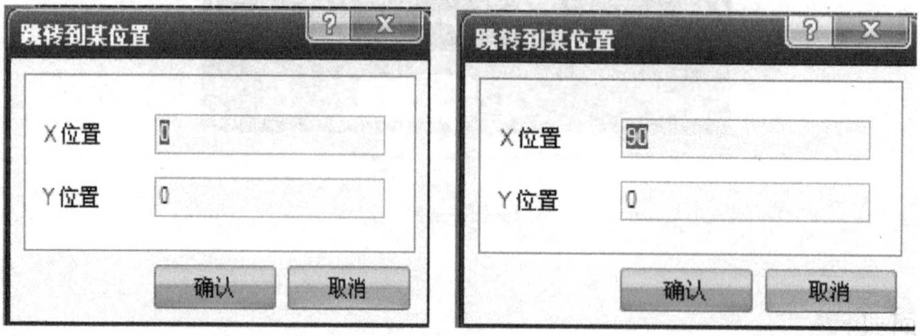

a)　　b)

图 2-22　利用快捷键绘制电气边界的方法

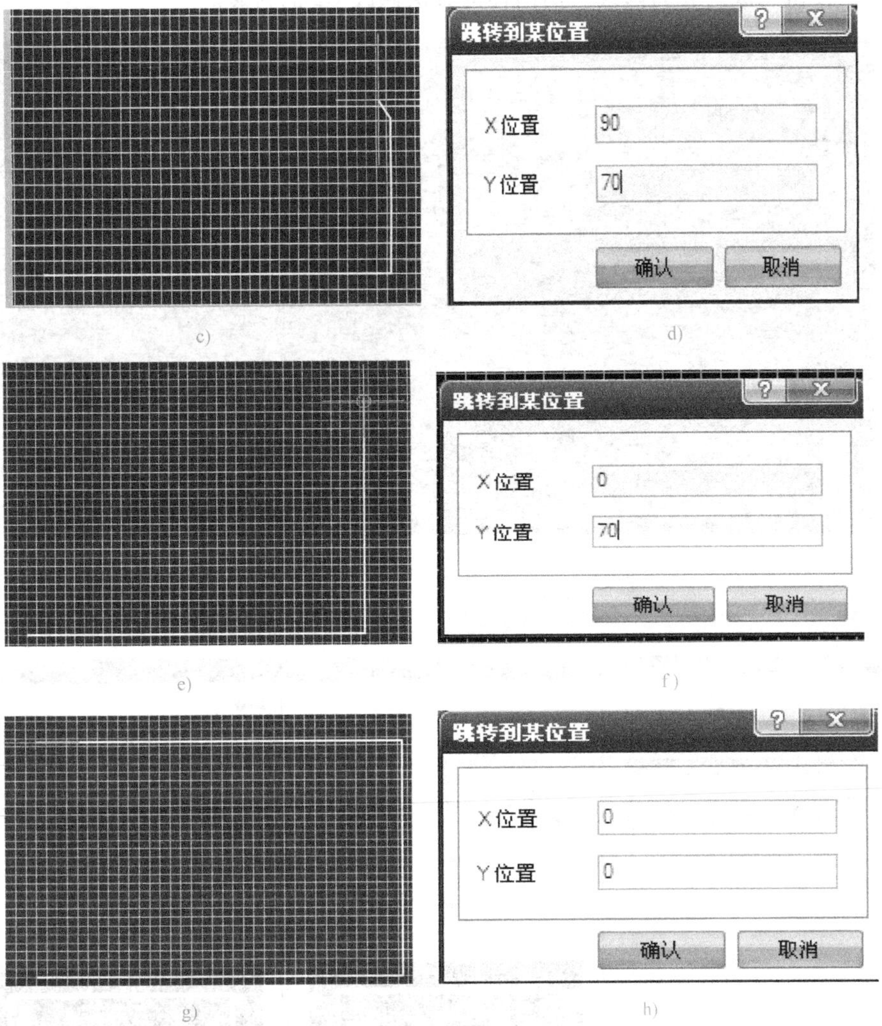

图 2-22　利用快捷键绘制电气边界的方法（续）

导入网络表

（3）网络表及元件

在 PCB 编辑状态下，执行【设计】→【Import Changes From 流水灯 . Prjpcb】命令导入项目网络表，弹出工程变化订单的对话框，然后单击该对话框中的【变化生效】按钮。如图 2-24 所示，我们发现 C1 和 C2 的封装与实际的封装不同，可以通过改变封装来达到与实际相符。返回到原理图编辑状态，双击 C1，在弹出的对话框中，单击“编辑”按钮进行修改，如图 2-25 所示，然后单击“浏览”按钮，后找到“RAD-0. 1”，如图 2-26 所示，单

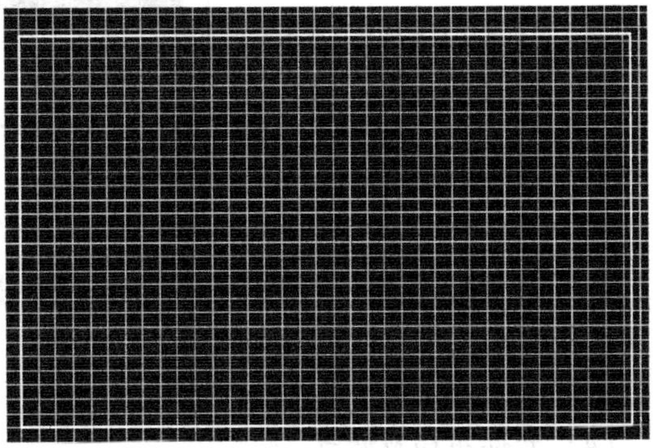

图 2-23　绘制完成的 PCB 图边界

击【确认】按钮完成封装的修改。用同样的方法修改 C2 的封装。

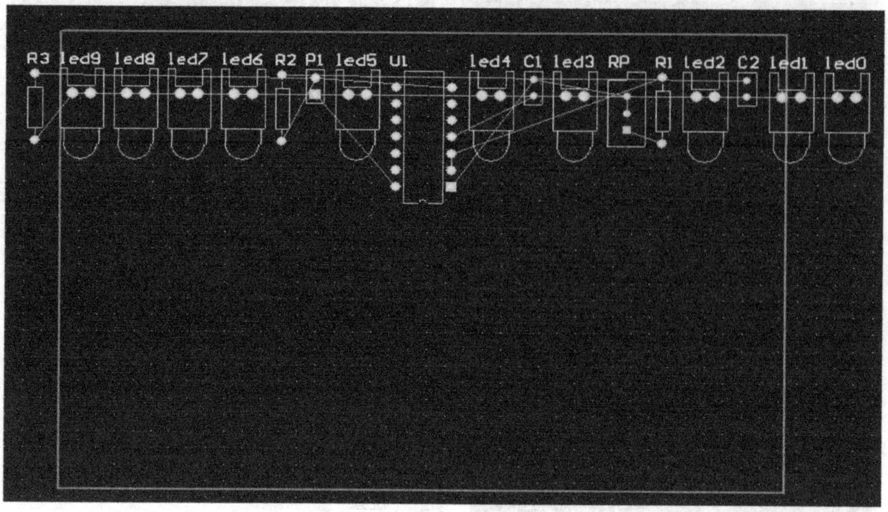

图 2-24　在 PCB 图中导入网络表

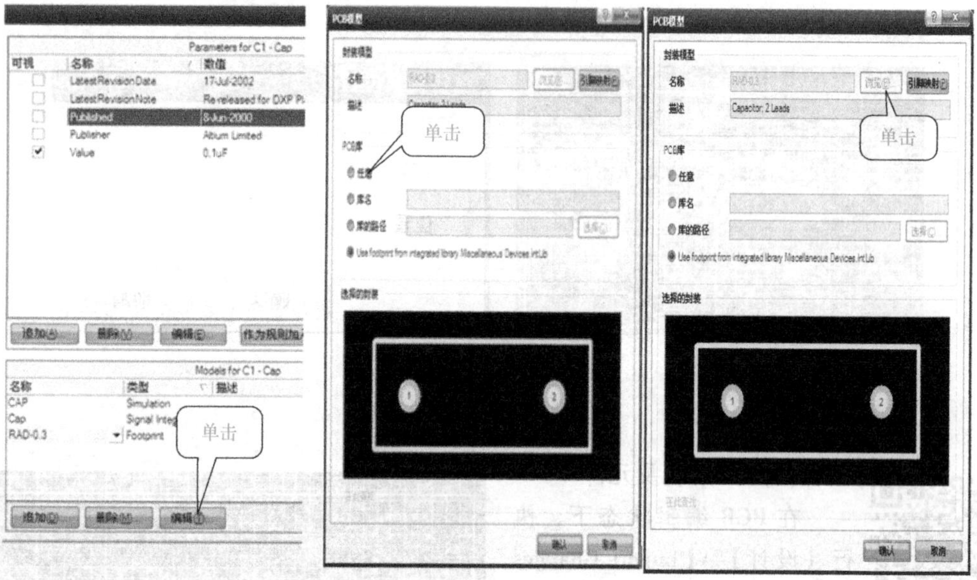

a)　　b)　　c)

图 2-25　更换元件封装

在 PCB 编辑状态下，再次执行【设计】→【Import Changes From 流水灯 . Prjpcb】命令导入项目网络表，弹出工程变化订单的对话框，然后单击该对话框中的【变化生效】按钮，变化如图 2-27 所示。

(4) 元件布局及调整

1) 加大焊盘的尺寸。为了热转印出来的效果较好（方便元器件焊接），我们采用加大焊盘的方法。双击集成元件的焊盘，在弹出的对话框中按图 2-28 进行修改。

手动布局　　加大焊盘尺寸

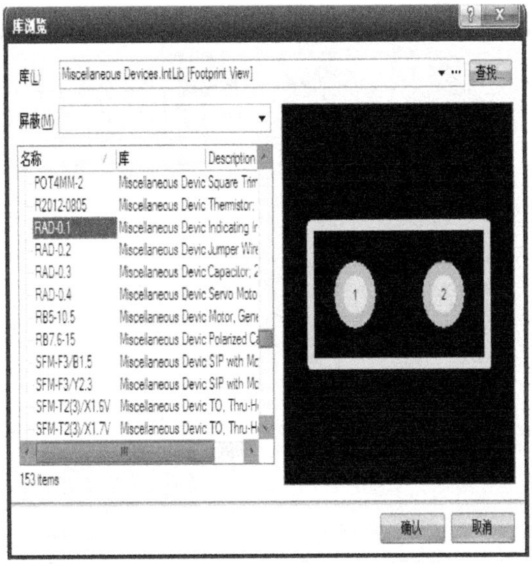

图 2-26　更改 C1、C2 的封装

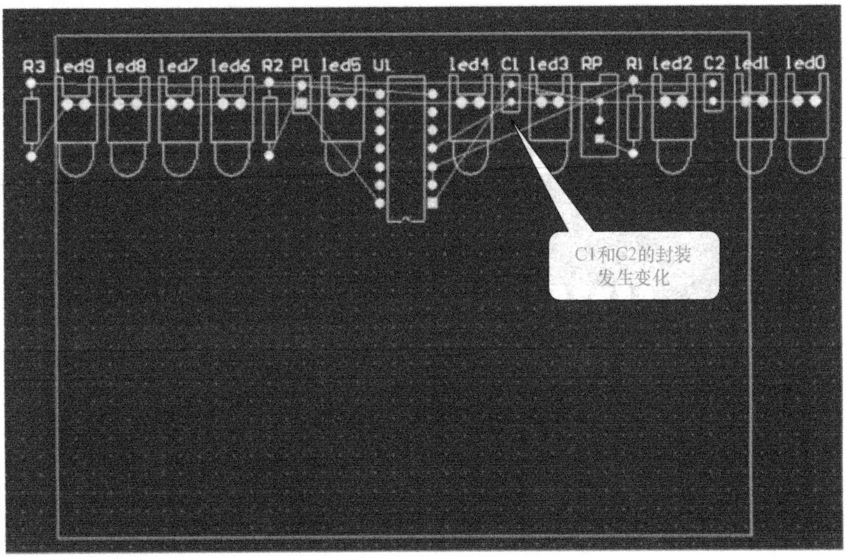

图 2-27　更改 C1、C2 封装后的结果

2）根据要求加大每个焊盘的尺寸并手动布局，如图 2-29 所示。

小贴士：

· 在进行 PCB 图设计的过程中，可以进行各选项的设置，还可以通过在工作区单击鼠标右键进入各选项的设置。

· 设计完成后，还应当进行设计规则检查，检查 PCB 图设计是否存在问题，如果有问题要查找原因并解决。

· 即使对同一 PCB 图的元器件进行布局，每次自动布局的结果一般也是不同的，因此，应当多进行几次自动布局，从而选择一个合理的元器件布局。

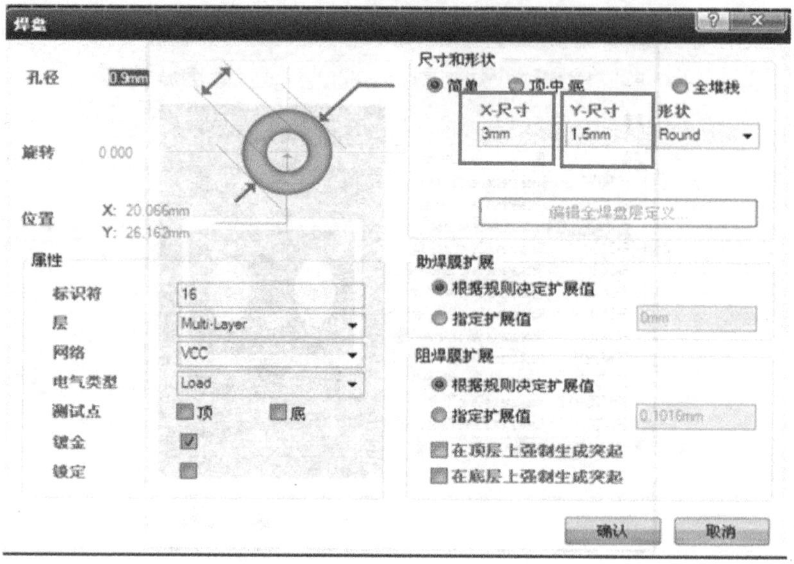

图 2-28　修改焊盘大小

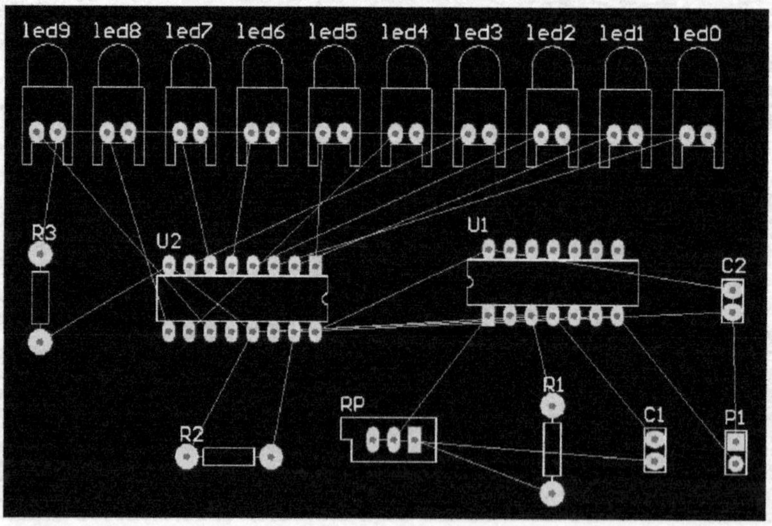

图 2-29　手动调整元件布局

(5) PCB 布线

1) 执行【设计】→【规则】命令，弹出图 2-30 所示的对话框。

2) 在规则选项树中，单击【Routing】结点下的【Routing Layers】命令，出现如图 2-31 所示的对话框，这里制作的是单面板，顶层（Top Layer）不用布线，取消选中其复选框，保留底层（Bottom Layer）布线。

3) 设置布线的宽度为“0.5mm”。单击【Routing】→【Width】结点，弹出图 2-32 所示的对话框，按要求修改后单击【确认】按钮。

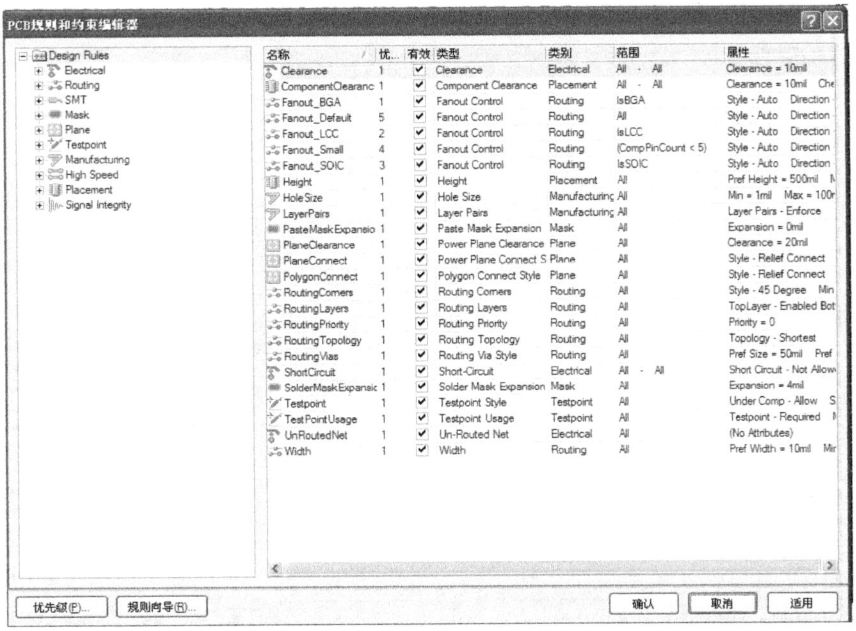

图 2-30 【PCB 规则和约束编辑器】对话框

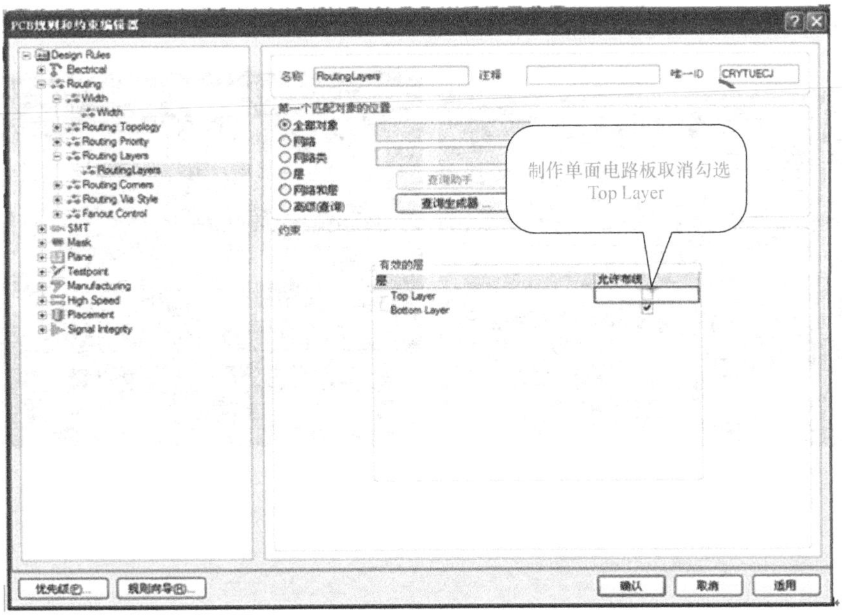

图 2-31 Routing Layers 对话框

4）自动布线。

执行【自动布线】→【全部对象】命令，然后单击【Route All】按钮完成布线，得到如图 2-33 所示的结果。由于是单面自动布线，可能有些线布不下去，如元件 U2 的“3”脚应该与 LED0 其中一个引脚相连，但这里是没有完整连线的，这时需要手动调整连线，如图 2-34 所示。

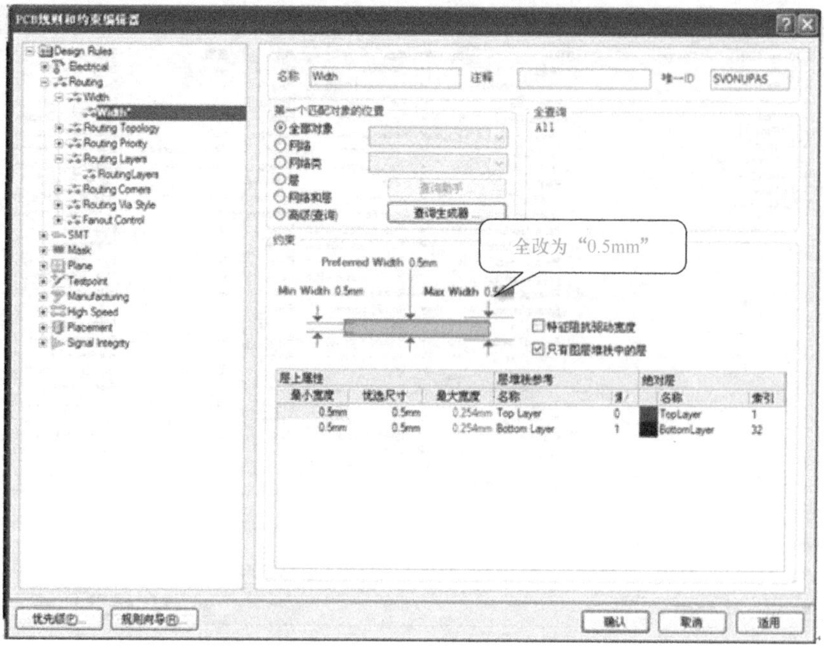

图 2-32 【Routing】→【Width】结点

5）手动调整部分导线，如图 2-34 所示。

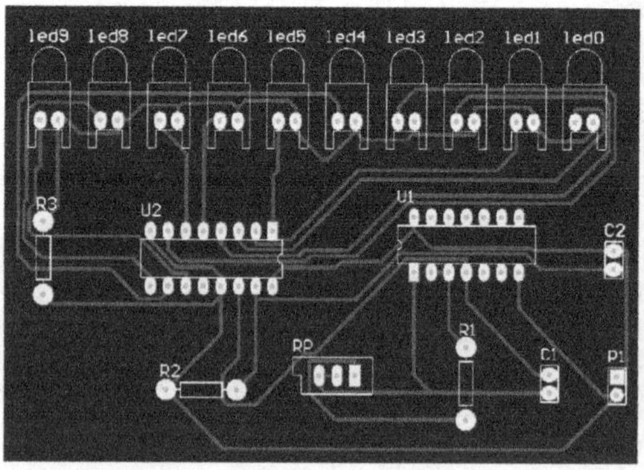

图 2-33 自动布线后的结果

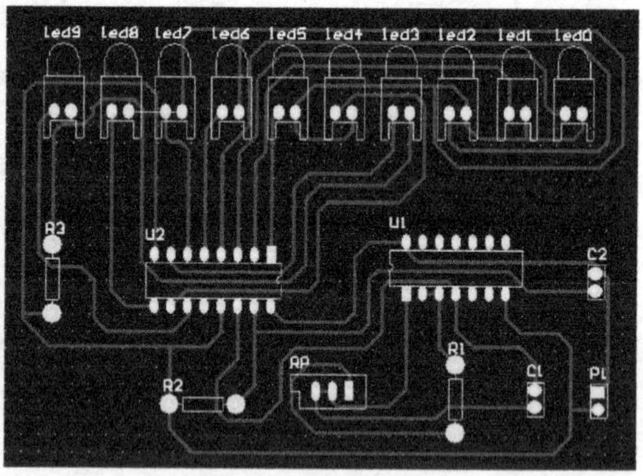

图 2-34 手动调整部分导线

任务 2 流水灯电路 PCB 的制作

任务描述

根据设计的 PCB 图，用快速制板设备制作流水灯 PCB。电路板的基本形状是长方形，参考尺寸为 90mm×70mm，也可以根据设计需要将 PCB 制作成其他形状。要求板面整洁，线路清晰、完好，无断线。

任务目标

1. 总目标

根据设计的 PCB 图制作出成品的电路板。

2. 具体目标

知识方面：

1）能正确叙述 PCB 制板常用制作方法及制作步骤。

2）能正确叙述常用 PCB 制板设备的性能特点及操作方法。

3）能正确叙述常用 PCB 制板设备的维护要求及方法。

技能方面：

1）使用热转印工具将所设计的 PCB 图转印到覆铜板上。

2）将 PCB 图制作成质量符合要求的成品电路板。

3）学会制作电路板的丝印元器件的符号、标号和参数等。

任务导学

知识链接：PCB 制板操作指引

热转印纸和覆铜板处理	PCB 图纸打印设置	PCB 图形热转印	PCB 电路板腐蚀

制板常用方法：

- PCB 制板方法
  - 物理雕刻制板
  - 化学雕刻制板
    - 热转印制板
    - 曝光制板
    - 小型工业制板

（1）物理雕刻制板

1）物理雕刻制板工艺流程（见图 2-35）：裁板下料→PCB 图编辑输出→数控钻孔→金属化孔→雕刻线路→铣边成型。

2）物理雕刻制板的特点：

① 工艺流程简单，具有一定自动化程度。

② 制板速度慢，雕刻 1 块双面小型工业样板需 6h，效率较低。

③ 制作精度较低，精度为 10mil。

④ 耗材贵：雕刻 1 块 10cm×15cm 双面样板需要耗费 1 把雕刀（刀尖：0.13mm、0.18mm）。

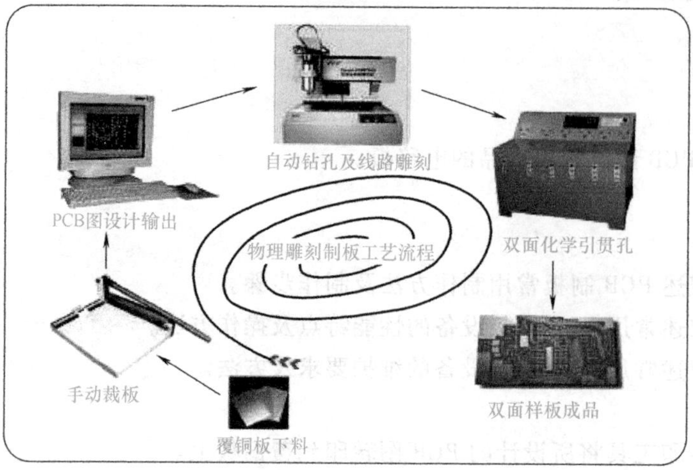

图 2-35　物理雕刻图解

⑤ 因无镀锡及阻焊工艺，焊盘附着力差，回流焊接和波峰焊接困难。

3）雕刻制板的适用的范围：

① 对线径要求不高的样板制作（大部分线路制作精度在 10mil 以上）。

② 样板制作量极少（只能串行单块制作，不能小批量）。

③ 对打样时间无严格要求（雕刻小型工业样板需要 6h）。

④ 耗材损耗大：1 把雕刀只能雕刻 3 块 150cm^2 的双面板。

⑤ 无工艺学习（只有雕刻流程，标准制板工艺极不完整）。

（2）化学蚀刻制板

1）化学蚀刻制板的特点：

① 工艺流程全面，工业级流程。

② 制板成功率非常高。

③ 制板速度快，制作 1 块 10cm×15cm 的镀锡双面板仅需 75 分钟。

④ 制作精度高，可达 4mil。

⑤ 含镀锡及阻焊工艺，焊盘附着力强，方便回流、波峰设备焊接。

⑥ 工艺完整，适合创新电子和实训基地建设。

2）几种常见化学蚀刻制板工艺。

① 热转印制板的特点及适用范围。热转印制板的特点：

- 制板成本低，主要制板材料为：覆铜板、热转印纸、蚀刻剂、钻头。
- 制板速度快，30min 内可完成一块单面线路板制作，60min 内可完成双面板制作。
- 精度高，最小线宽、线隙精度达到 10mil。

热转印制板的适用范围：主要适用于创新实验室、小型实训室的建设，可满足学生电子竞赛、课题设计、毕业设计、研发创新和实训等设计制作任务的需要。

② 曝光制板。曝光制板工艺流程如图 2-36 所示。曝光制板与热转印制板的区别见表 2-1。

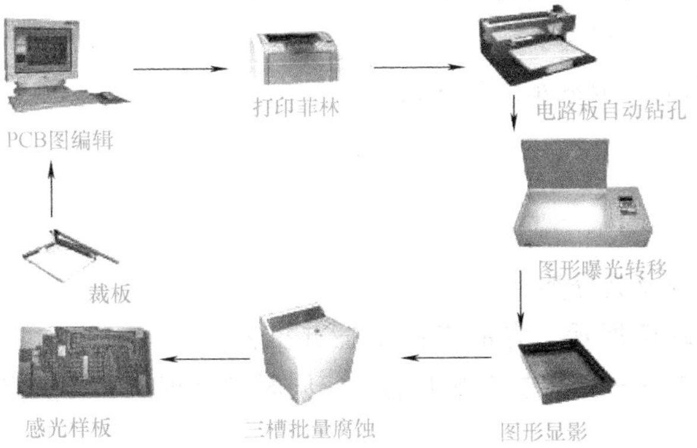

图 2-36 小批量曝光制板流程

表 2-1 曝光制板与热转印制板的区别

区别项	感光制板	热转印制板	备注
板材	感光板	覆铜板	
价格	稍贵	便宜	
精度	4mil	10mil	光绘底片
图形输出	打印机、光绘机	激光打印机	
单、双面速度	慢	快	
可焊性	良好	一般	感光板可直焊

任务3 流水灯电路组装

任务描述

根据电路图纸，采购相关元器件。对元器件进行质量检测后，根据图纸要求装配电路。要求在满足装配工艺要求的前提下，元器件排列整齐、美观、合理，方便操作使用。

任务目标

1. 总目标

根据电子产品工艺要求装配流水灯电路。

2. 具体目标

知识方面：

1）能正确叙述电路中各元器件的作用、标识方式、识别方法及质量判断的要点。

2）能正确叙述集成电路常用封装方式及基本特点。

3）能正确叙述集成电路安装工艺要求及安装注意事项。

技能方面：

1）能按要求采购到所需的元器件。

2）能正确判别区分晶体管及各引脚，判断质量好坏。

3）能正确检测发光二极管。

4）能根据图纸独立完成流水灯的装配。

任务导学

1. 知识链接：晶体管的识别与检测

(1) 晶体管的识别及其分类

常见晶体管如图 2-37 所示。它的工作状态有三种：放大、饱和、截止，因此，晶体管是放大电路的核心元件——具有电流放大能力，同时又是理想的无触点开关元件。

图 2-37 晶体管

国产晶体管型号的命名方法如图 2-38 所示，国产晶体管的型号命名由五部分组成。

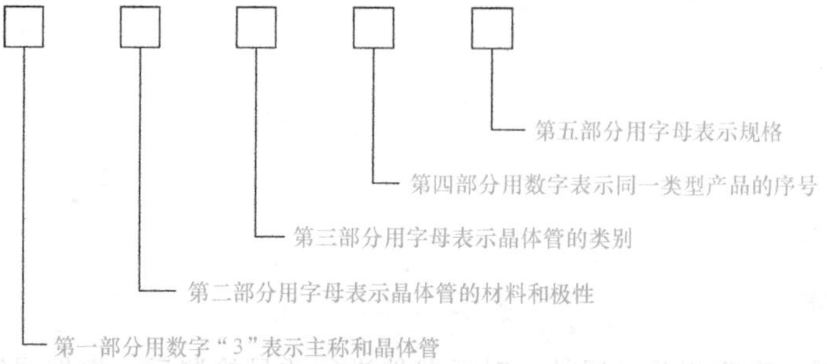

图 2-38 晶体管命名法则

例如：

1）晶体管 3AD50C：锗材料 PNP 型低频大功率晶体管，如图 2-39a 所示。

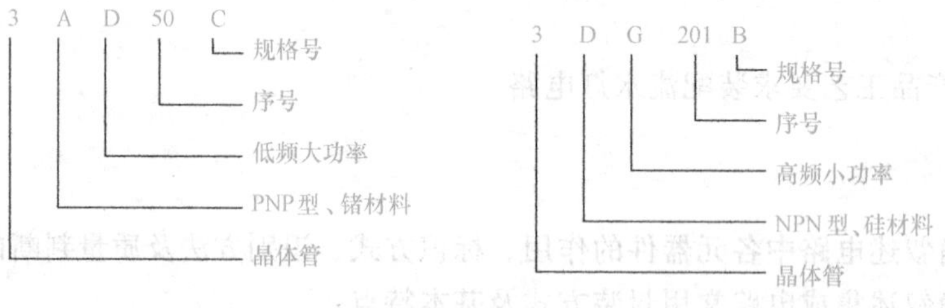

a) 锗材料PNP型晶体管　　b) 硅材料NPN型晶体管

图 2-39 锗、硅材料晶体管命名方法

2）晶体管 3DG201B：硅材料 NPN 型高频小功率晶体管，如图 2-39b 所示。

晶体管的种类较多。按晶体管制造的材料来分，有硅管和锗管两种；按晶体管的内部结构来分，有 NPN 和 PNP 型两种；按晶体管的工作频率来分，有低频管和高频管两种；按晶体管允许耗散的功率来分，有小功率晶体管、中功率晶体管和大功率晶体管。

（2）晶体管的管型、极性判别及质量判断

管型判别步骤：（万用表识别法）

1）万用表调到 R×100（或 R×1k）档。

2）用黑表笔接触晶体管的一个引脚，红表笔分别接触另两个引脚，测出一组（两个）阻值。

3）表笔依次换接晶体管其余两引脚，重复上述操作，又测得两组阻值。

4）比较三组阻值，当某一组中的两个阻值基本相同时，黑表笔所接的管脚为该晶体管的基极，另外若该组阻值为三组中最小，说明被测管是 NPN 型；若该组的两个阻值为最大，则说明被测管是 PNP 型。

发射极和集电极判别：

对 NPN 型晶体管，黑表笔接假定是集电极的管脚，红表笔接假定是发射极的管脚（对于 PNP 型管，万用表的红、黑表笔对调）；然后用大拇指将基极和假定集电极连接（注意两管脚不能短接），这时记录下万用表的测量值；最后反过来，把原先假定的管脚对调，重新记录下万用表的读数，两次测量值较小的黑表笔所接的管脚是集电极（对于 PNP 型管，则红表笔所接的是集电极）。

晶体管指针式万用表质量判断：

测 NPN 型晶体管：将万用表欧姆档置于 R×100 或 R×1k 处，把黑表笔接在基极上，将红表笔先后接在其余两个极上，如果两次测得的电阻值都较小，再将红表笔接在基极上，将黑表笔先后接在其余两个极上，如果两次测得的电阻值都很大，则说明晶体管是好的。

测 PNP 型晶体管：将万用表欧姆档置于 R×100 或 R×1k 处，把红表笔接在基极上，将黑表笔先后接在其余两个极上，如果两次测得的电阻值都较小，再将黑表笔接在基极上，将红表笔先后接在其余两个极上，如果两次测得的电阻值都很大，则说明晶体管是好的。

2. 知识链接：集成电路介绍

（1）CD4017 介绍

CD4017 是 5 位 Johnson 计数器，具有 10 个译码输出端，具有 CP、CR、INH 输入端。时钟输入端的施密特触发器具有脉冲整形功能，对输入时钟脉冲上升和下降时间无限制。INH 为低电平时，计数器在时钟上升沿计数；反之，计数功能无效。CR 为高电平时，计数器清零。

Johnson 计数器提供了快速操作、2 输入译码选通和无毛刺译码输出。防锁选通保证了正确的计数顺序。译码输出一般为低电平，只有在对应时钟周期内保持高电平。每 10 个时钟输入周期 CO 信号完成一次进位，并用作多级计数链的下级脉动时钟。

CD4017 提供了 16 引线多层陶瓷双列直插（D）、熔封陶瓷双列直插（J）、塑料双列直插（P）和陶瓷片状载体（C）四种封装形式。

CD4017 十进制计数器内部电路图如图 2-40 所示。

数字电路 CD4017 是十进制计数/分频器，它的内部由计数器及译码器两部分组成，由译码输出实现对脉冲信号的分配，整个输出时序就是 Q0、Q1、Q2、…、Q9 依次出现与时钟同步的高电平，宽度等于时钟周期。

CD4017 有 10 个输出端（Q0 ~ Q9）和 1 个进位输出端 COUT。每输入 10 个计数脉冲，

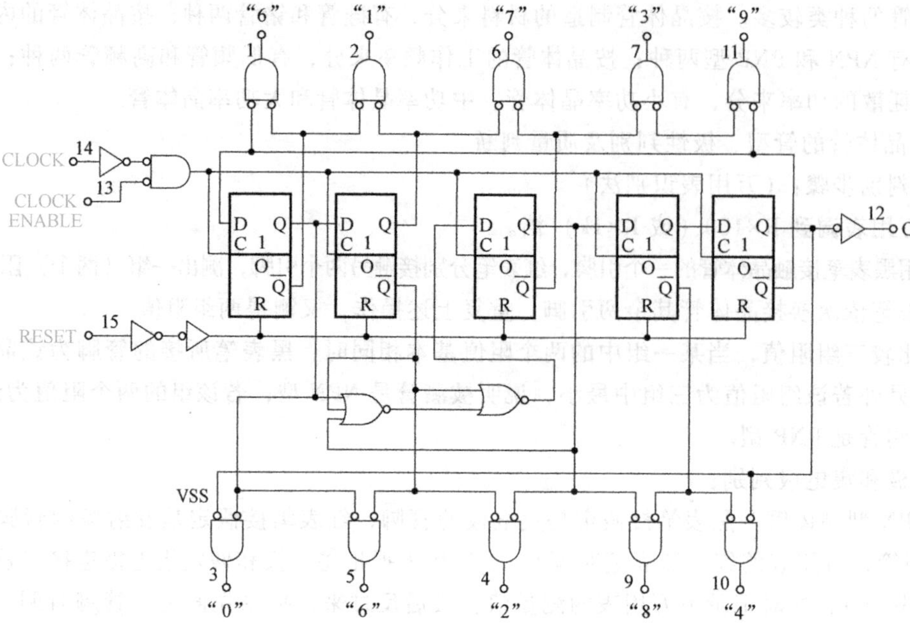

图 2-40　CD4017BN

COUT 可得到 1 个进位正脉冲，该进位输出信号可作为下一级的时钟信号。有 3 个输入端（MR、CP0 和～CP1），MR 为清零端，当在 MR 端加高电平或正脉冲时其输出 Q0 为高电平，其余输出端（Q1～Q9）均为低电平。CP0 和～CP1 是两个时钟输入端，若要用上升沿来计数，则信号由 CP0 端输入；若要用下降沿来计数，则信号由～CP1 端输入。设置两个时钟输入端，级联时比较方便，可驱动更多二极管发光。由此可见，当 CD4017 有连续脉冲输入时，其对应的输出端依次变为高电平状态，故可直接用作顺序脉冲发生器。

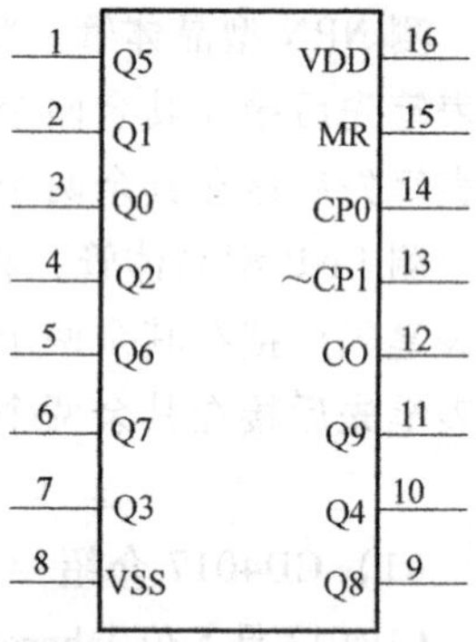

图 2-41　CD4017 引脚排列图（顶视图）

CD4017 引脚图如图 2-41 所示。

（2）CD4069 介绍

CD4069 是六反相集成电路，外形如图 2-42 所示。由六个 COS/MOS 反相器电路组成，此器件要用作通用反相器。它的主要功能就是当输入为低电平时，则输出为高电平；当输入为高电平时，则输出为低电平（缺口左边第一脚为器件第一引脚）。

a）贴片封装　　b）直插封装

图 2-42　CD4069 实物图

1 脚（1IN）　　第一输入端（1 脚与 2 脚为一组反相器）
2 脚（1OUT）　输出端
3 脚（2IN）　　第二输入端（3 脚与 4 脚为一组反相器）
4 脚（2OUT）　输出端
5 脚（3IN）　　第三输入端（5 脚与 6 脚为一组反相器）
6 脚（3OUT）　输出端
8 脚（4OUT）　输出端（8 脚与 9 脚为一组反相器）
9 脚（4IN）　　第四输入端
10 脚（5OUT）　输出端（10 脚与 11 脚为一组反相器）
11 脚（5IN）　　第五输入端
12 脚（6OUT）　输出端（12 脚与 13 脚为一组反相器）
13 脚（6IN）　　第六输入端
14 脚（VDD）　正电源端
7 脚（VSS）　　负电源端

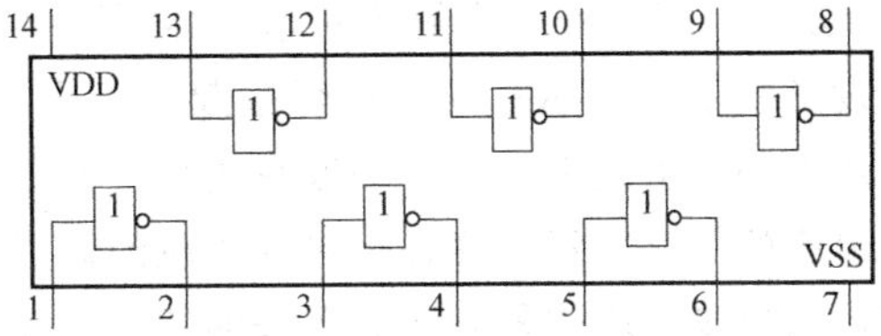

图 2-43　CD4069 引脚图

CD4069 引脚图如图 2-43 所示。

3. 知识链接：常见的电子组件封装方式介绍

(1) 电阻、电容、电感外形尺寸的描述方式

在描述 SMT 电阻、电容、电感时，经常用到 0603/0805/1206/1210/2012 等数字组合来表示，它们是什么意思呢？实际上这表示封装尺寸，它与具体阻值没有关系，但与功率有关，通常来说如下：

0201 1/20W　　0402 1/16W　　0603 1/10W　　0805 1/8W　　1206 1/4W

这些都是英制的尺寸单位表示法。

举例如下：0603 表示：长 0.06in（1in = 0.0254m），宽 0.03in；

2012 表示：长 0.20in，宽 0.12in。

换算成公制单位的表示法如下：

电容、电阻外形尺寸与封装的对应关系是：

0402 = 1.0mm×0.5mm　　0603 = 1.6mm×0.8mm　　0805 = 2.0mm×1.2mm

1206 = 3.2mm×1.6mm　　1210 = 3.2mm×2.5mm　　1812 = 4.5mm×3.2mm

2225 = 5.6mm×6.5mm

in/mil/mm 之间的换算单位为：1in = 1000mil　1mm ≈ 40mil

(2) 常见 IC 的封装方式简介

集成电路有普通的 IC（Integrated Circuit Chip，集成电路芯片），有大规模集成电路（LSIC），还有超大规模集成电路（VLSIC）。一般的 SOP 封装都是普通的 IC，QFP 封装是 LSIC，PGA 封装是 VLSIC。

图 2-44　DIP 封装

1) DIP 封装（见图 2-44）。DIP（Dual In-line Package）

封装的芯片是指采用双列直插形式封装的集成电路芯片，绝大多数中小规模集成电路（IC）均采用这种封装形式，其引脚数一般不超过 100 个。采用 DIP 封装的 CPU 芯片有两排引脚，需要插入到具有 DIP 结构的芯片插座上。当然，也可以直接插在有相同焊孔数和几何排列的电路板上进行焊接。在从芯片插座上插拔 DIP 封装的芯片时应特别小心，以免损坏引脚。DIP 封装的两个特点：其一，适合在 PCB（印制电路板）上穿孔焊接，操作方便；其二，芯片面积与封装面积之间的比值较大，故体积也较大。

2）QFP 塑料方形扁平式封装和 PFP 塑料扁平组件式封装（见图 2-45）。QFP（Plastic Quad Flat Package）封装的芯片引脚之间距离很小，引脚很细，一般大规模或超大规模集成电路都采用这种封装形式，其引脚数一般在 100 个以上。用这种形式封装的芯片必须采用 SMD（表面安装设备技术）将芯片与主板焊接起来。采用 SMD 安装的芯片不必在主板上打孔，一般在主板表面上有设计好的相应引脚的焊点。将芯片各脚对准相应的焊点，即可实现与主板的焊接。用这种方法焊上去的芯片，如果不用专用工具是很难拆卸下来的。

图 2-45　QFP 封装

PFP（Plastic Flat Package）方式封装的芯片与 QFP 方式基本相同。唯一的区别是 QFP 一般为正方形，而 PFP 既可以是正方形，也可以是长方形。

QFP/PFP 封装具有以下特点：

- 适用于 SMD 表面安装技术在 PCB 上安装布线。
- 适合高频使用。
- 操作方便，可靠性高。
- 芯片面积与封装面积之间的比值较小。

Intel 系列 CPU 中 80286、80386 和某些 486 主板采用这种封装形式。

3）PGA 插针网格数组封装（见图 2-46）。PGA（Pin Grid Array Package）芯片封装形式在芯片的内外有多个方阵形的插针，每个方阵形插针沿芯片的四周间隔一定距离排列。根据引脚数目的多少，可以围成 2~5 圈。安装时，将芯片插入专门的 PGA 插座。为使 CPU 能够更方便地安装和拆卸，从 486 芯片开始，出现一种名为 ZIF 的 CPU 插座，专门用来满足 PGA 封装的 CPU 在安装和拆卸上的要求。ZIF（Zero Insertion Force Socket）是指零插拔力的插座。把这种插座上的扳手轻轻抬起，CPU 就可很容易、轻松地插入插座中。然后将扳手压回原处，利用插座本身的特殊结构生成的挤压力，将 CPU 的引脚与插座牢牢地接触，绝对不存在接触不良的问题。而拆卸 CPU 芯片只需将插座的扳手轻轻抬起，则压力解除，CPU 芯片即可轻松取出。

图 2-46　PGA 封装

4）BGA 球栅数组封装（见图 2-47）。随着集成电路技术的发展，对集成电路的封装要求更加严格。这是因为封装技术关系到产品的功能性，当 IC 的频率超过 100MHz 时，传统封装方式可能会产生所谓的“CrossTalk”现象，而且当 IC 的引脚数大于 208 个时，传统的封装方式有其困难度。因此，除使用 QFP 封装方式外，现今大多数的多引脚数芯片（如图形芯片与芯片组等）皆转而使用 BGA（Ball Grid Array Package）封装技术。BGA 一出现便成为 CPU、主板上南/北桥芯片等高密度、高性能、多引脚封装的最佳选择。

5）CSP 封装（见图 2-48）。CSP 芯片尺寸封装随着全球电子产品个性化、轻巧化的需求蔚为风潮，封装技术已进步到 CSP（Chip Size Package，芯片级封装）。它减小了芯片封装外形的尺寸，做到裸芯片尺寸有多大，封装尺寸就有多大。即封装后的 IC 尺寸边长不大于芯片的 1.2 倍，IC 面积不超过晶粒（Die）芯片面积的 1.4 倍。

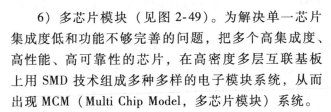

图 2-47 BGA 封装

图 2-48 CSP 封装

6）多芯片模块（见图 2-49）。为解决单一芯片集成度低和功能不够完善的问题，把多个高集成度、高性能、高可靠性的芯片，在高密度多层互联基板上用 SMD 技术组成多种多样的电子模块系统，从而出现 MCM（Multi Chip Model，多芯片模块）系统。

图 2-49 MCM 多芯片模块

MCM 具有以下特点：

- 封装延迟时间缩小，易于实现模块高速化。
- 缩小整机/模块的封装尺寸和重量。
- 系统可靠性大大提高。

任务 4 流水灯电路调试及检验

任务描述

对装配的流水灯电路进行调试，并按电路功能及指标要求进行产品检验。要求规范填写相关调试、检验报告，并配套设计出产品使用说明书。

任务目标

1. 总体目标

对电子产品进行调试、检验，使之达到出厂要求。

2. 具体目标

知识方面：

1）能正确叙述电路工作原理及元器件在电路中的作用。
2）能正确叙述电路相关参数及性能指标。
3）能简要叙述电子产品检验规程及要点。
4）能正确叙述示波器的作用及使用要点。

技能方面：

1）能正确使用万用表对电路进行相关电参数测量，并按要求记录相关参数。
2）能用示波器测量信号波形。
3）能对电路进行维修、调试，使电路达到要求。
4）能对常见故障进行检修，并按要求写出检修报告。

任务导学

1. 知识链接：流水灯电路工作原理分析

电路工作原理：接通电源，CD4069 两个非门和 RP1、R1、C1 组成一个函数振荡器，从 CD4069 集成 4 脚输出方波，通过调节 RP1 可调节方波周期。4 脚输出的方波送至 CD4017 的 14 脚作为 CD4069 的时钟输入。

电源接通瞬间，通过 C2、R2 送入 CD4017 一个高电平使 CD4017 清零，此后，CD4017 集成 15 脚为低电平。

CD4017 集成的 14 脚输入第一个脉冲，CD4017 的 2 脚（Q1）输出高电平，接通第一个 LED 灯发光（点亮第一个 LED 灯）。第二个脉冲送入 14 脚，2 脚（Q1）转为低电平，4 脚（Q2）输出高电平，点亮第二个 LED 灯，同理 7 脚（Q3）、10 脚（Q4）、1 脚（Q5）、5 脚（Q6）依次输出高电平，使其余几个 LED 灯依次发光。

下一次 10 个脉冲按顺序到来时，重复以上过程，实现灯循环亮的功能。

2. 知识链接：流水灯元器件清单

流水灯电路元器件清单见表 2-2。

表 2-2　流水灯电路元器件清单

序号	标称	名称	规格	序号	标称	名称	规格
1	R1、R2	电阻器	100Ω	5	U2	集成	CD4017
2	R3	电阻器	1kΩ	6	P1	电源端口	二位
3	C1、C2	电容器	104	7	LED0～LED9	发光二极管	ϕ5mm
4	U1	集成	CD4069	8	RP1	电位器	50kΩ

3. 知识链接：示波器

（1）示波器的结构、原理及面板介绍

示波器是可以显示电信号随时间变化波形的一种观测仪器，在电路检修中起着重要的作用。示波器种类、型号很多，功能也不同。数字电路实验中使用较多的是 20MHz 或者 40MHz 的双踪示波器，这些示波器用法大同小异。示波器分模拟示波器和数字示波器，模拟示波器又叫阴极射线示波器（CRT），在这里主要介绍 GOS620 示波器的使用，如图 2-50 所示是示波器及探头。

模拟示波器由阴极射线管（CRT）、垂直偏转系统、水平偏转系统，以及辉度控制电路、电源系统等组成。

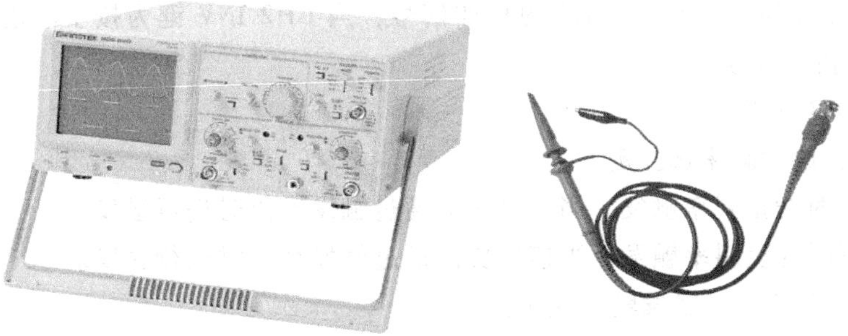

图 2-50　GOS620 示波器及其探头

模拟示波器面板如图 2-51 所示。

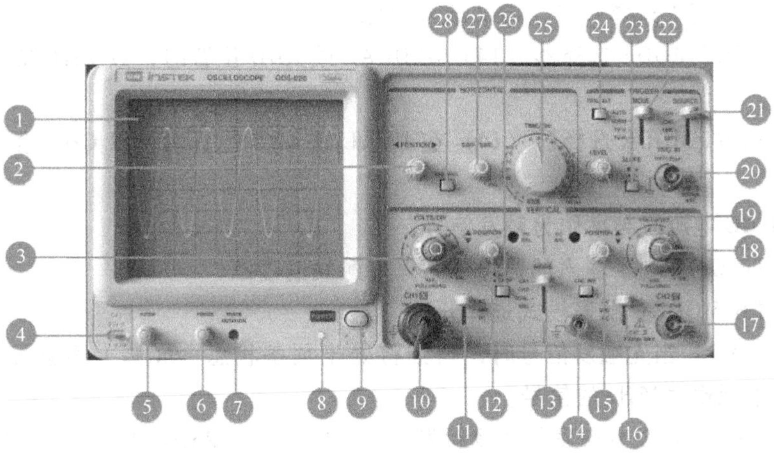

图 2-51　示波器功能面板

各序号对应的功能名称见表 2-3。

表 2-3　示波器面板序号对应功能

序号	功能	序号	功能
1	CRT 显示屏	15	CH2 垂直位置调整钮
2	水平位置调整	16	输入信号耦合选择
3	CH1 Y 轴灵敏度选择 VOLTS/DIV	17	CH2 输入
4	输出峰-峰值为 2V 的 1kHz 方波自检	18	CH2 校准
5	辉度	19	触发基准调整(稳定波形)
6	聚焦	20	外触发输入端子
7	水平亮线调整	21	触发源选择
8	工作指示	22	选择触发方式
9	电源开关	23	触发斜率选择
10	CH1 Y 轴校准	24	触发源交替设定键
11	输入信号耦合选择	25	扫描时间选择 T/ME/DIV
12	CH1 垂直位置调整钮	26	显示模式旋钮
13	垂直方式工作开关	27	水平触发时间校准
14	示波器接地端子	28	水平放大键,扩展十倍

1） VERT MODE：CH1 及 CH2 选择垂直操作模式。

① CH1 或 CH2：通道 1 或通道 2 单独显示。

② DUAL：设定本示波器以 CH1 及 CH2 双通道方式工作，此时可切换 ALT/CHOP 模式来显示两轨迹。

③ ADD：用以显示 CH1 及 CH2 的相加信号；当 CH2 INV 键为按下状态时，即可显示 CH1 及 CH2 的相减信号。

2）TRIGGER 触发。

① SLOPE：触发斜率选择键。

“+”：凸起时为正斜率触发，当信号正向通过触发准位时进行触发；

“-”：压下时为负斜率触发，当信号负向通过触发准位时进行触发。

② EXT TRIG. IN：外触发输入端子。

③ TRIG. ALT：触发源交替设定键，当 VERT MODE 选择器（13）在 DUAL 或 ADD 位置，且 SOURCE 选择器（21）置于 CH1 或 CH2 位置时，按下此键，本仪器即会自动设定 CH1 与 CH2 的输入信号以交替方式轮流作为内部触发信号源。

④ SOURCE：用于选择 CH1、CH2 或外部触发。

CH1：当 VERT MODE 选择器（14）在 DUAL 或 ADD 位置时，以 CH1 输入端的信号作为内部触发源。

CH2：当 VERT MODE 选择器（14）在 DUAL 或 ADD 位置时，以 CH2 输入端的信号作为内部触发源。

LINE：将 AC 电源线频率作为触发信号。

EXT：将 TRIG. IN 端子输入的信号作为外部触发信号源。

⑤ TRIGGER MODE：触发模式选择开关。

常态（NORM）：当无触发信号时，扫描将处于预备状态，屏幕上不会显示任何轨迹。本功能主要用于观察≤25Hz 的信号。

自动（AUTO）：当没有触发信号或触发信号的频率小于 25Hz 时，扫描会自动产生。

电视场（TV）：用于显示电视场信号。

⑥ LEVEL：触发准位调整钮，旋转此钮以同步波形，并设定该波形的起始点。将旋钮向“+”方向旋转，触发准位会向上移；将旋钮向“-”方向旋转，则触发准位向下移。

（2）示波器单一通道的使用方法

以 CH1 为范例，介绍单一频道的基本操作法。CH2 单通道的操作程序是相同的，仅需注意要改为设定 CH2 栏的旋钮及按键组。插上电源插头之前，请务必确认后面板上的电源电压选择器已调至适当的电压档位。确认之后，请依照表 2-4，顺序设定各旋钮及按键。

表 2-4 设定旋钮和按键

项目	设定	项目	设定
POWER	OFF 状态	SLOPE	凸起（+斜率）
INTEN	中央位置	TRIG. ALT	凸起
FOCUS	中央位置	TRIGGER MODE	AUTO
VERT MODE	CH1	TIME/DIV	0.5ms/DIV
ALT/CHOP	凸起（ALT）	SWP. VAR	顺时针转到底 CAL 位置
CH2 INV	凸起	◀POSITION▶	中央位置
POSITION ⬍	中央位置	×10 MAG	凸起
VOLTS/DIV	0.5V/DIV	AC-GND-DC	GND
VARIABLE	顺时针转到底 CAL 位置	SOURCE	CH1

按照表 2-4 设定完成后，请插上电源插头，继续下列步骤：

1）按下电源开关，并确认电源指示灯亮起。约 20s 后 CRT 显示屏上应会出现一条轨迹，若在 60s 之后仍未有轨迹出现，请检查表 2-4 各项设定是否正确。

2）转动亮度 INTEN 及 FOCUS 旋钮，以调整出适当的轨迹亮度及聚焦。

3）调节位移旋钮 CH1 POSITION 及轨迹旋转电位器 TRACE　ROTATION，使轨迹与中央水平刻度线平行。

4）用 10：1 探头将校正信号输入至 CH1 输入端。

5）将 AC-GND-DC 置于 AC 位置，此时，一个方波将会出现在屏幕上。

6）调整聚焦旋钮 FOCUS，使轨迹更清晰。

7）对于其他信号的观察，可通过调整垂直衰减开关 VOLTS/DIV、扫描时间 TIME/DIV 到所需位置，从而得到清晰的图形。

8）调整垂直位移旋钮⬍POSITION 及水平位移旋钮◀POSITION▶，以使波形与刻度线齐平，并使电压值（V_{p-p}）及周期（T）易于读取。

（3）波形记录

图 2-52 是正确的波形记录。

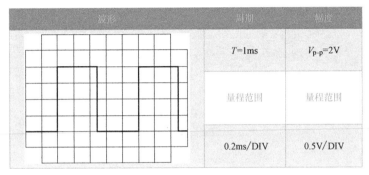

波形	周期	幅度
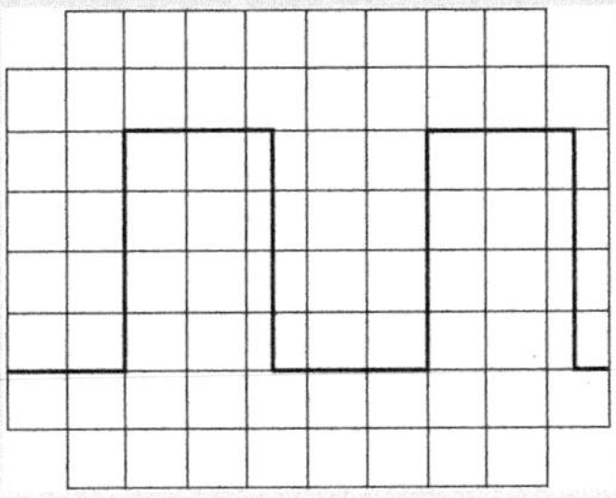	T=1ms	V_{p-p}=2V
	量程范围	量程范围
	0.2ms/DIV	0.5V/DIV

图 2-52　正确波形记录

图 2-53 是一些不正确的波形记录。

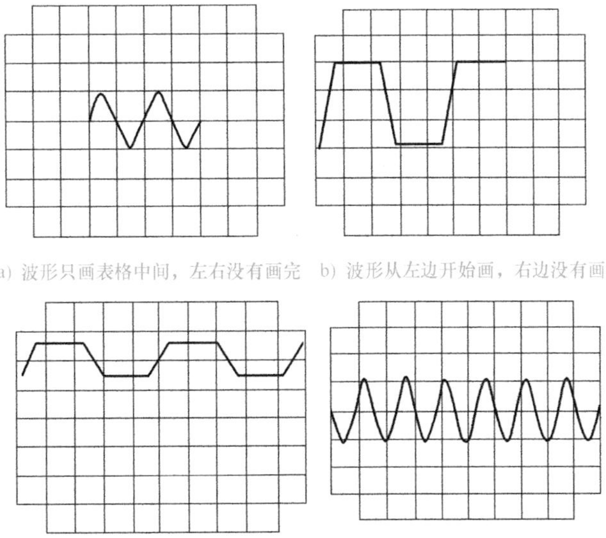

a）波形只画表格中间，左右没有画完　b）波形从左边开始画，右边没有画完

c）波形靠近表格上方，幅度比较小　d）波形周期画得太多

图 2-53　不正确的波形记录

4. 知识链接：电路调试指引

电路调试的一般步骤如下：

1）认真检查电路连接是否正确，元器件及线路有没有短路现象，确保电路正确。

2）检查示波器各开关，确保在正确状态，将示波器的探头连接示波器及被测电路，打开示波器电源开关，正确调节各项参数，并按要求记录。

3）用示波器测量CD4017的14脚信号波形，调节好显示稳定波形，用一字螺钉旋具调节可调电阻RP1，观察波形变化情况，对照波形观察LED灯闪烁情况。

项目3

声光控楼道灯控制电路设计与制作

项目描述

设计制作一个声光控楼道灯控制电路，要求 PCB 尺寸不能超过 90mm×70mm，双层布线，电路各项指标符合国家标准。

图 3-1 是产品实物图。

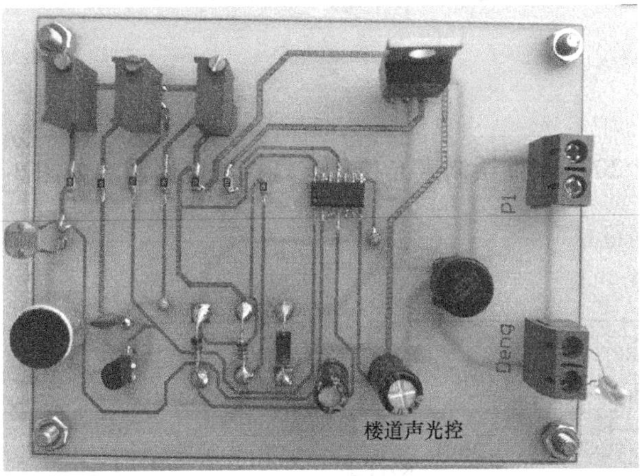

图 3-1　声光控楼道灯实物图

项目目标

设计制作一个声光控楼道灯控制电路。在完成项目的过程中，学会复杂电子产品设计及制作的相关知识、技能，提升综合职业能力。项目完成后，应能独立设计制作具有 30 个元器件以上的较复杂的电子产品。

总体思路

本项目由四个具体的任务组成，完成四个任务即完成了整个电子产品的制作。

1）任务 1 进行电路设计。

用 Protel DXP 2004 软件设计声光控楼道灯控制电路，并根据客户要求设计 PCB 图。

2）任务 2 进行制板。

根据任务 1 设计的 PCB 图，用制板设备制作电路板。

3）任务 3 进行电路组装。

根据电子产品装配要求装配电路板。

4）任务 4 进行检验。

装配好电路板后，对电路板进行整体调试及维修，并进行出厂前的质量检验，达到客户及电子产品相关技术要求才可出厂。

任务 1　声光控楼道灯控制电路 PCB 图的设计

任务描述

设计声光控楼道灯控制电路的 PCB 图。要求在计算机上用 Protel DXP 2004 软件绘制电路原理图，并最终设计出尺寸不超过 90mm ×70mm 的双面 PCB 图。

任务目标

1. 总目标

1）用 Protel DXP 2004 软件绘制声光控楼道灯控制电路图，如图 3-2 所示。

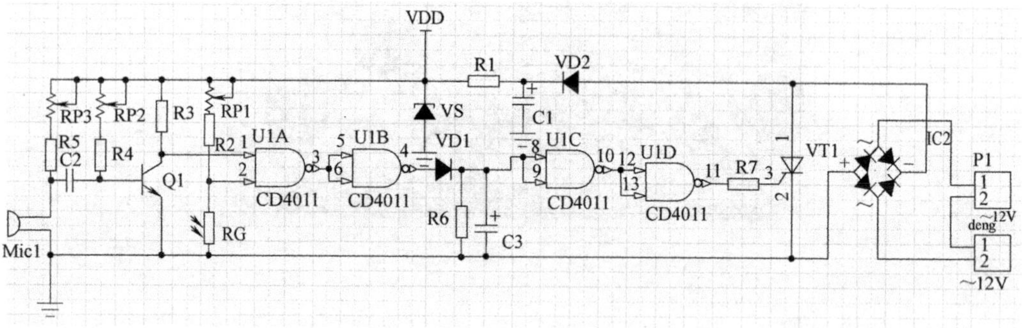

图 3-2　声光控楼道灯控制电路图

2）根据电气规则，按任务要求设计声光控楼道灯控制电路的双层 PCB 图，如图 3-3 所示。

2. 具体目标

知识方面：

1）能正确叙述 Protel DXP 2004 软件的操作要点及相关技巧。

2）能讲清楚声光控楼道灯控制电路设计的难点及关键点，并正确叙述解决方法。

3）能正确叙述双层板与单层板的特点及在设计上的区别和设计要点。

4）正确叙述双层 PCB 图的设置规则。

技能方面：

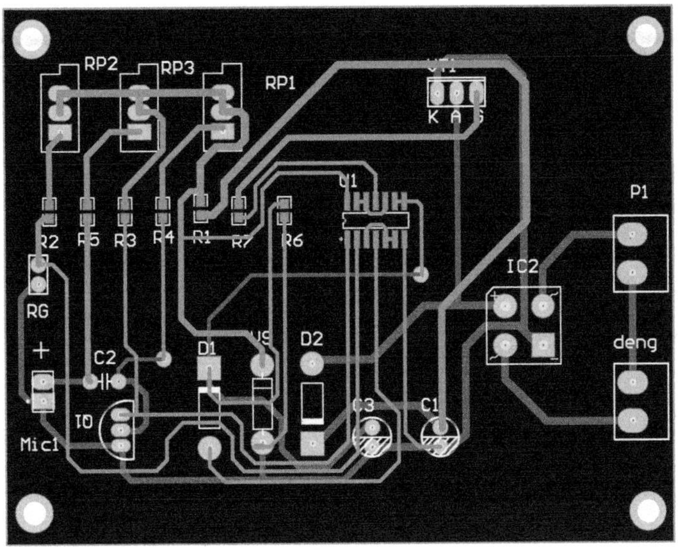

图 3-3　双层 PCB 图

1）能独立、熟练操作 Protel DXP 2004 软件常用菜单，并能使用十个以上的快捷键。

2）独立、较熟练绘制声光控楼道灯控制电路图。

3）独立绘制出声光控楼道灯控制电路双面 PCB 图。

任务导学

1. 知识链接：声光控楼道灯控制电路图绘制指引

（1）创建项目文件

按照项目 1 和项目 2 的方法创建项目文件和原理图文件并保存，如图 3-4 所示。

图 3-4　创建项目文件

（2）创建原理图库并绘制光敏电阻

创建原理图库并绘制光敏电阻，如图 3-5 所示。

画箭头：单击【工具】→【文档选项】将捕获复选框取消勾选，然后用画直线工具，并通过空格键进行角度转换。画完箭头后要把捕获复选框重新勾选上。

绘制光敏电阻

放置元件

（3）在原理图上放置元件并连线

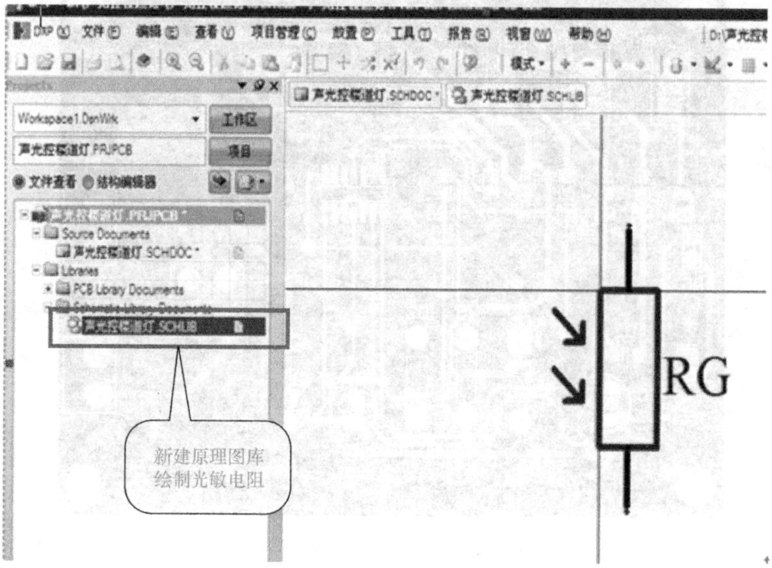

图 3-5 创建原理图库并绘制光敏电阻

按项目 1 的方法放置元件并连线。

1）制作晶闸管 VT1 和电阻的 0805 的封装。

① 新建一个 PCB 元件封装库。执行【文件】→【创建】→【库】→【PCB 元件库】命令，改名并保存，如图3-6所示。

绘制导线

制作 VT1 直插封装

② 修改 PCB 元器件封装名称。执行【工具】→【元器件属性】命令，将弹出如图 3-7 所示的元器件属性对话框，将元器件改名为“VT1”。

图 3-6 新建 PCB 元器件封装库面板

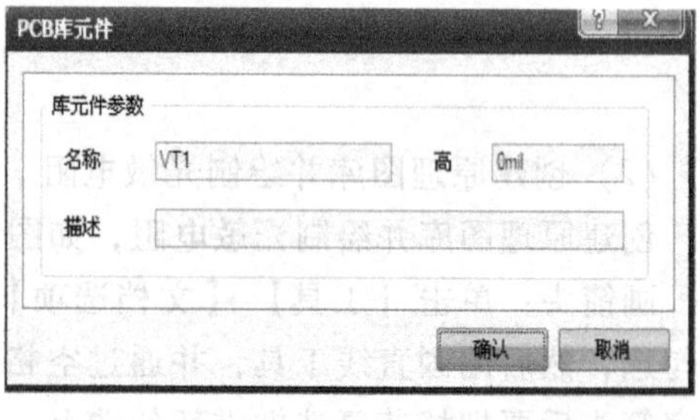

图 3-7 PCB 元件名称修改对话框

③ 放置晶闸管 VT1 焊盘。执行【放置】→【焊盘】命令，这时鼠标指针会出现一个大十字符和一个带有一个数字的焊盘，在放置焊盘前按<Tab>键，则打开焊盘属性对话框，按图 3-8 修改并单击【确认】按钮后单击左键完成第一个焊盘，如图 3-9 所示。接着将第一个焊盘作为原点，执行【编辑】→【设定参考点】→【引脚 1】命令，第一个焊盘的坐标变成（0，0）。接着放置第二个焊盘，距离第一个焊盘 105mil，用同样的方法放置第三个焊盘，如图 3-10 所示。

④ 绘制晶闸管 VT1 封装外形。先选择【Top Overlay】层，用【直线】工具绘制直线，注意线条颜色默认为黄色，用【放置】→【字符串】命令添加文字，如图 3-11 所示。

单击工具栏上的【保存】按钮，这样名为“VT1”的晶闸管的封装就制作好了。

图 3-8　修改焊盘大小

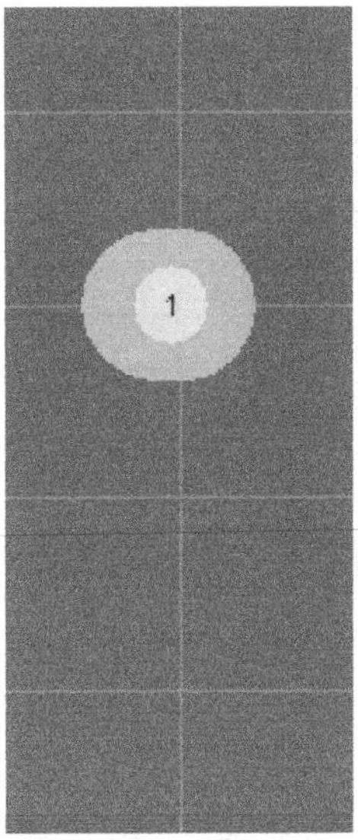

图 3-9　添加第一个焊盘

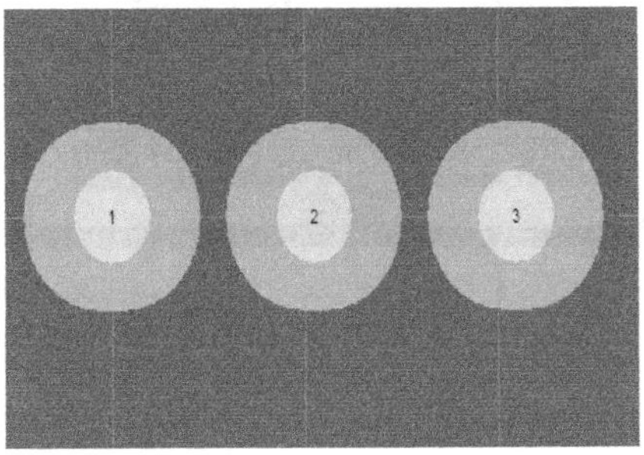

图 3-10　放置所有焊盘

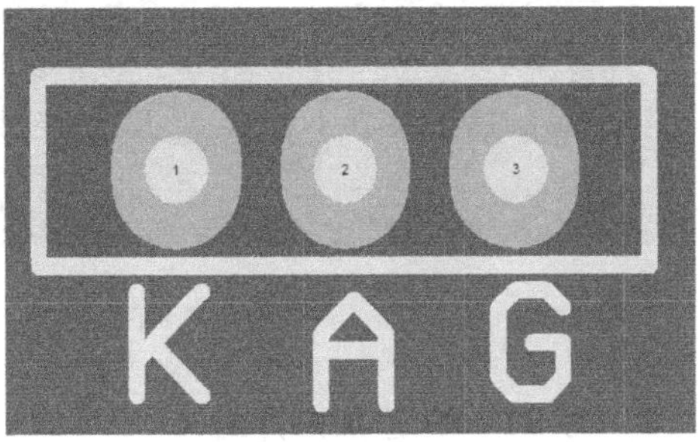

图 3-11　添加顶层丝印及文字

小词典：

绘制直线时，按空格键可以切换直线转角的方式，分别有水平垂直方式、45°角方式、任意倾角方式。

⑤ 制作电阻的0805贴片封装。执行【工具】→【新元器件】命令，为其命名为“0805”。放焊盘时要做些修改，如图3-12所示，然后放置第一个焊盘，如图3-13所示。第二个焊盘距离第一个焊盘90mil，如图3-14所示。

⑥ 绘制PCB元器件封装外形。

先选择【Top Overlay】层，用【直线】工具绘制直线，注意线条颜色默认为黄色，如图3-15所示。单击工具栏上的【保存】按钮，这样名为“0805”的电阻封装就制作好了。

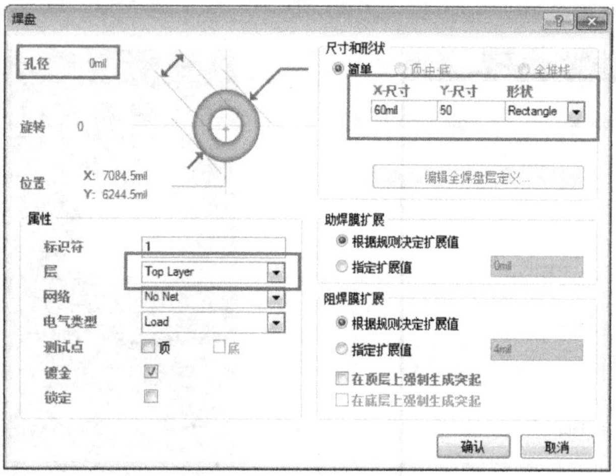

图3-12 修改焊盘大小设置

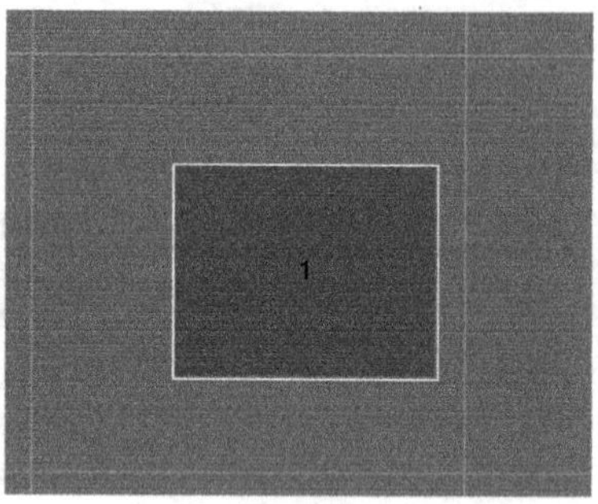

图3-13 放置第一个焊盘

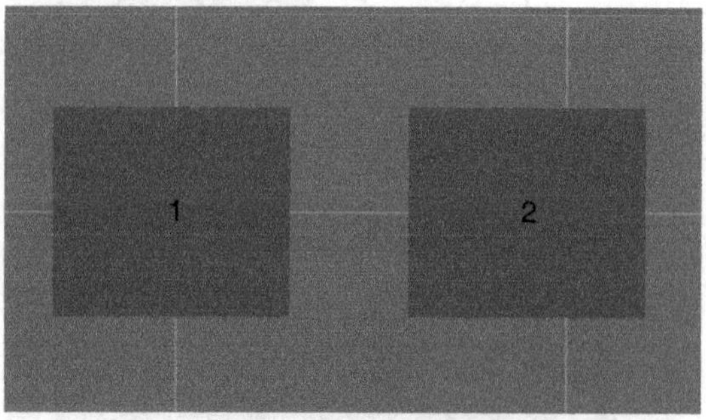

图3-14 第二个焊盘距离第一个焊盘90mil

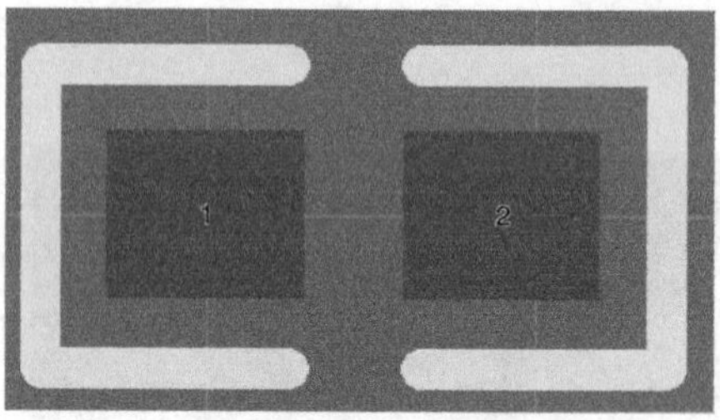

图3-15 用【直线】工具绘制直线

2）为R1～R7追加贴片封装。

双击R1，在弹出的对话框中单击【编辑】选项卡，如图3-16所示，再单击【浏览】按钮，弹出对话框如图3-17所示，选中“0805”后单击【确认】按钮就追加完毕，如图3-18所示，用同样的方法为R2～R7追加贴片封装。

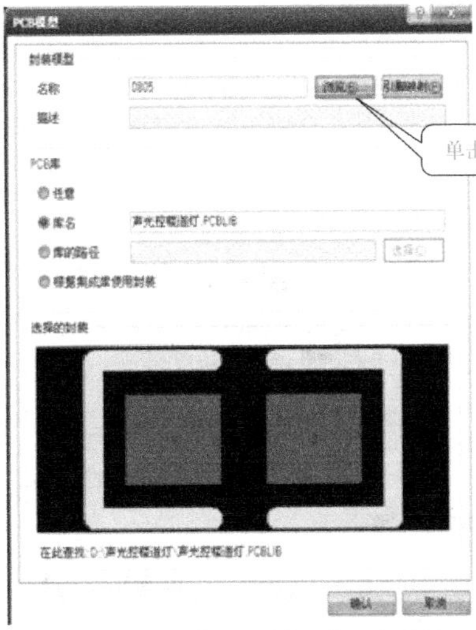

图 3-16　【PCB 模型】对话框

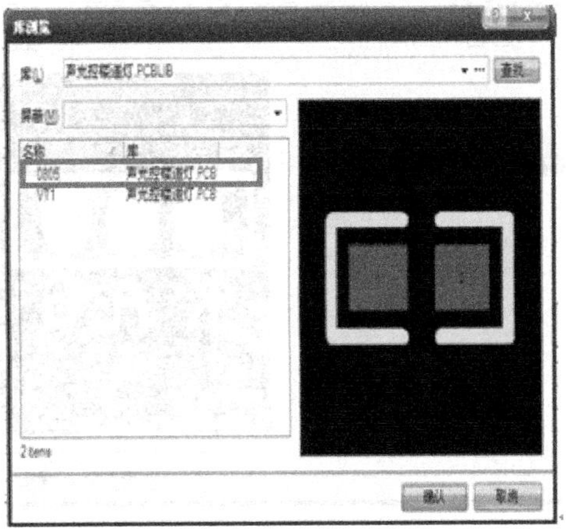

图 3-17　【库浏览】对话框

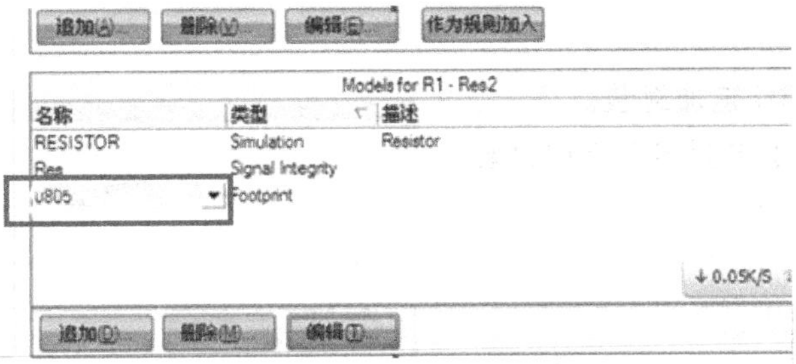

图 3-18　追加其他贴片封装

3）为晶闸管追加封装“VT1”。

双击晶闸管 VT1，在弹出的对话框中单击【编辑】选项卡，如图 3-19 所示，再单击【浏览】按钮，弹出对话框如图 3-20 所示，选中“VT1”单击【确认】按钮就追加完毕，如图 3-21 所示。

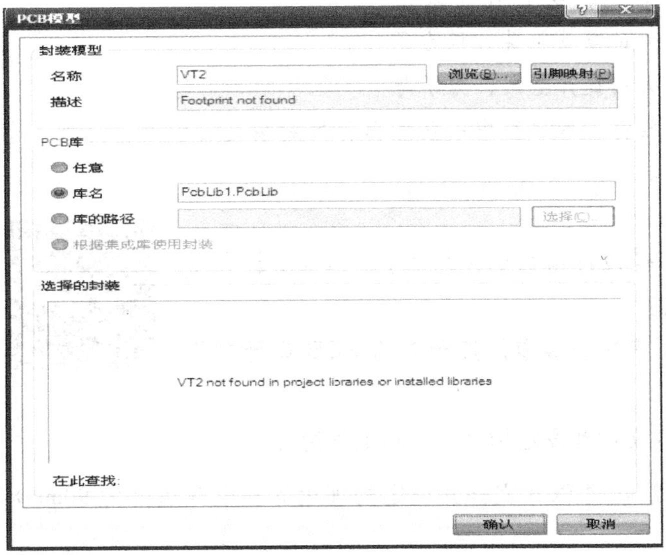

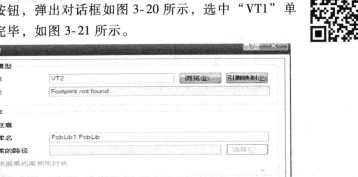

图 3-19　编辑晶闸管的封装模型

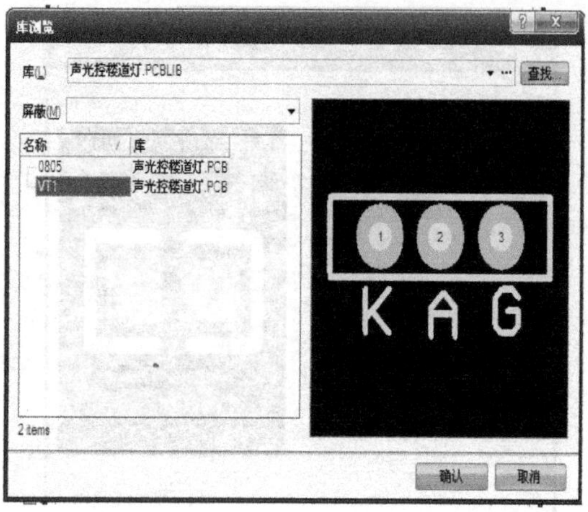

图 3-20 在【库浏览】对话框中选择“VT1”

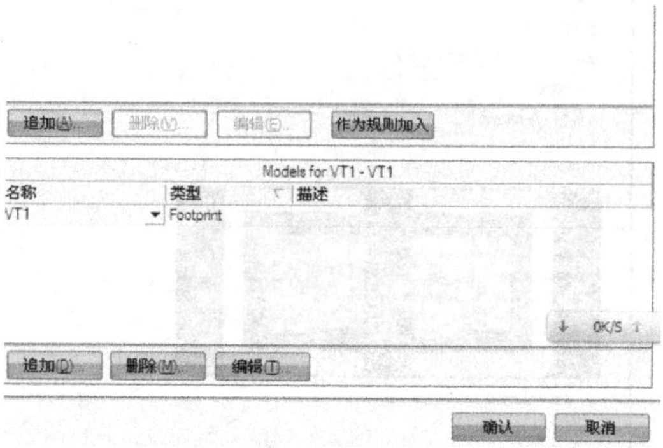

图 3-21 追加完毕

4）为光敏电阻 RG 追加封装。

用上述方法为光敏电阻 RG 追加封装为“AXIAL-0.4”，如图 3-22 所示。

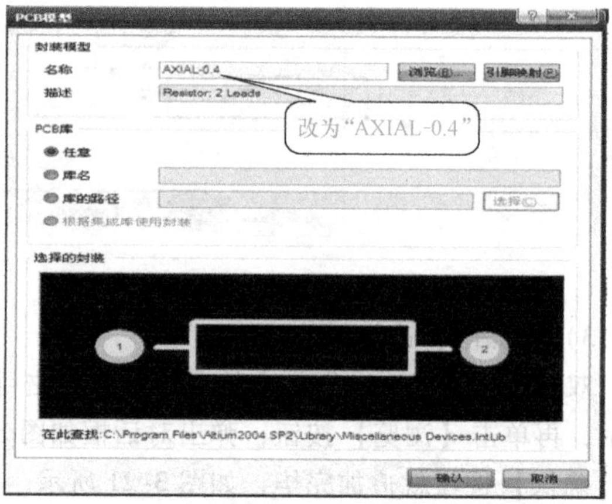

图 3-22 为光敏电阻 RG 追加封装“AXIAL-0.4”

小词典：

1）电容 C1、C2、C3 的封装要根据电容实际尺寸来选择。

2）R1~R7 的封装用的是自制的 0805。

3）晶闸管 VT1 的封装要根据实际尺寸来使用。

4）刚入门的时候，我们可以采用 Protel DXP 2004 软件的默认封装，但为了大家学习有一个更大的提升空间，为了与元器件的实际尺寸相符，本项目中一些元器件的封装是自制的，这是一个好的 PCB 设计师必须要具备的技能。

（4）生成网络表

执行【设计】→【设计项目的网络表】→【Protel】命令完成网络表的生成。

生成网络表　设定电气边界

2. 知识链接：声光控楼道灯控制电路 PCB 设计制作指引

（1）新建 PCB 文件和设定物理边界和电气边界

用项目 2 的方法新建 PCB 文件并设定物理边界和电气边界为 90mm×70mm，如图 3-23 所示。

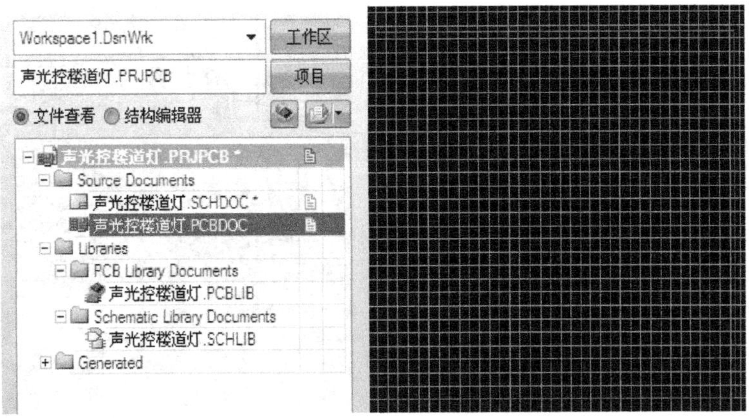

图 3-23　新建 PCB 文件并设定物理边界和电气边界

（2）导入网络表及元件

在 PCB 编辑状态下，执行【设计】→【Import Changes From 声光控楼道灯.Prjpcb】命令导入项目网络表，弹出工程变化订单的对话框。然后单击该对话框中的【变化生效】按钮，如图 3-24 所示。

（3）元件布局及调整

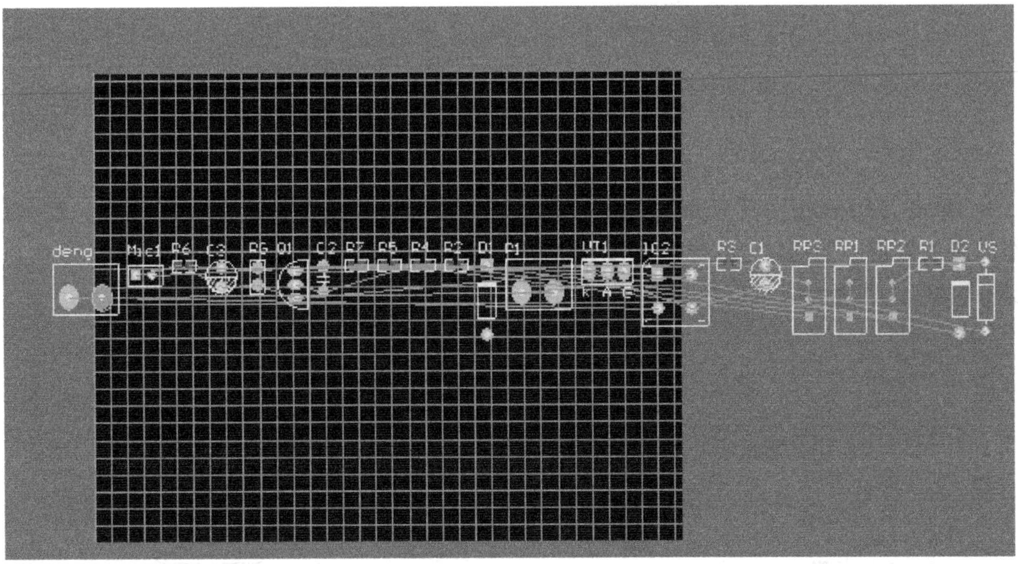

图 3-24　导入网络表及元件

1）加大焊盘的尺寸。

为了热转印出来的效果较好，这里采用加大焊盘的方法。双击集成元件的焊盘，按图 3-25 修改参数。

2）根据要求对每个焊盘进行加大并手工布局，如图 3-26 所示。

（4）PCB 布线

1）执行【设计】→【规则】命令，弹出如图 3-27 所示的对话框。

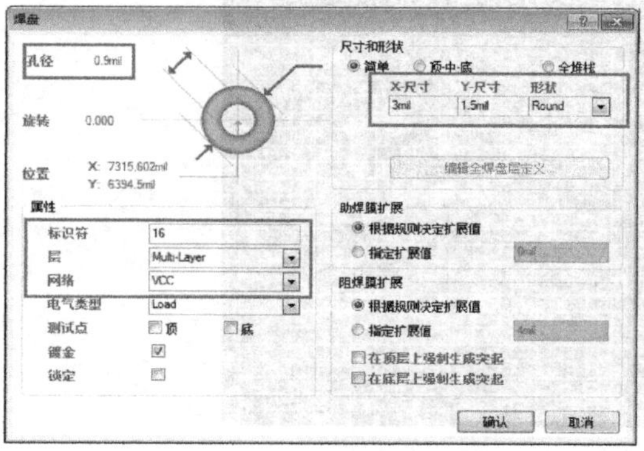

图 3-25　修改焊盘参数

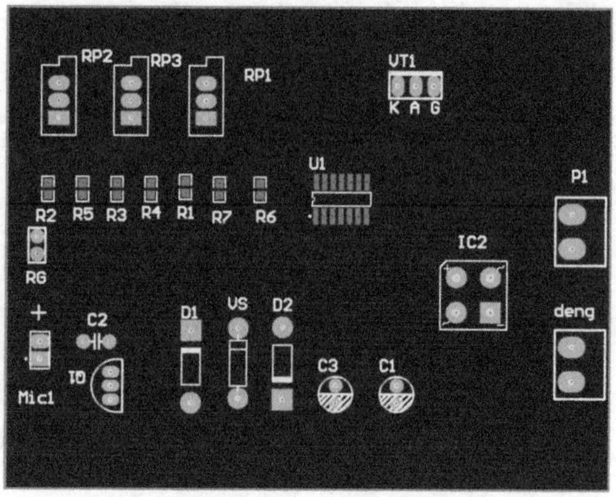

图 3-26　加大焊盘并手工布局

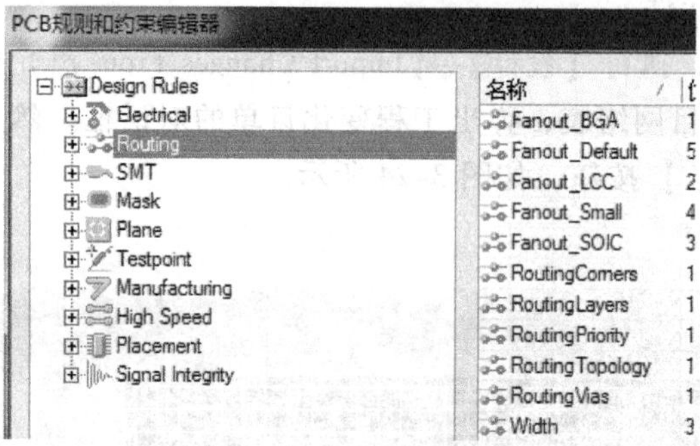

图 3-27　【PCB 规则和约束编辑器】对话框

2）单击【Routing】→【Width】，在 Width 处使用右击新建 Width_ 1 和 Width_ 2。我们制作的是双面板，“GND” 的导线宽度为 1mm（见图 3-28），“VDD” 的导线宽度为 0.8mm（见图 3-29），其他导线宽度为 0.7mm（见图 3-30）。

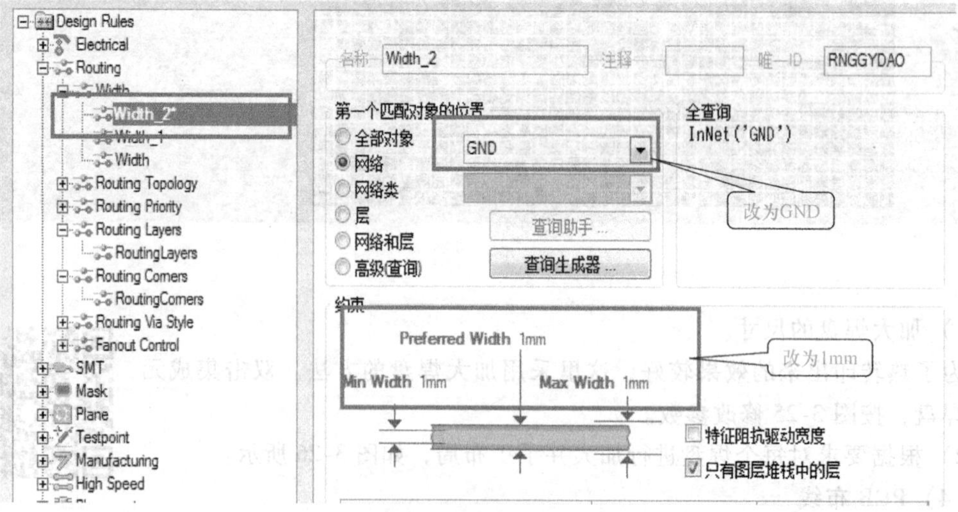

图 3-28　GND 导线宽度的设置对话框

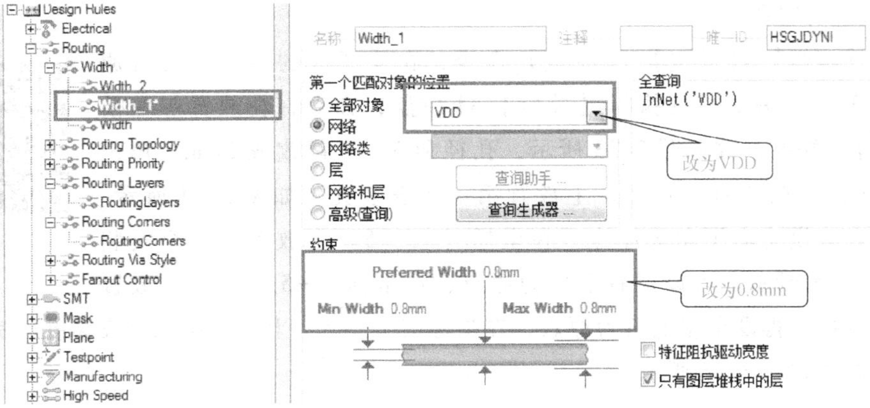

图 3-29　VDD 导线宽度的设置对话框

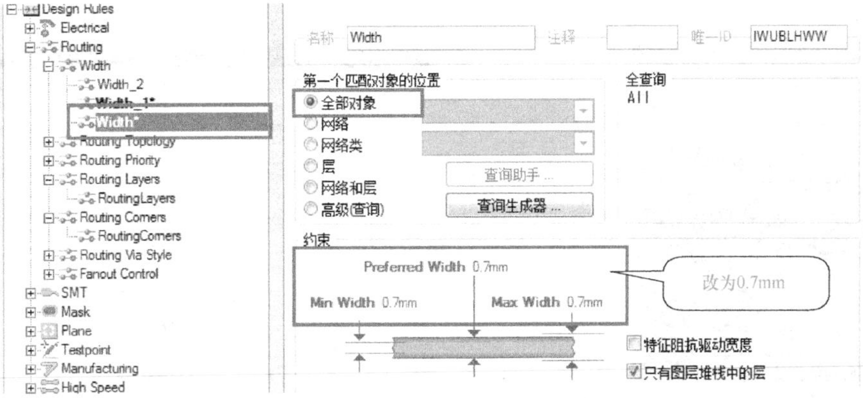

图 3-30　其他导线宽度设置对话框

3）自动布线。

执行【自动布线】→【全部对象】命令，然后单击【Route All】按钮完成布线，手动调整部分导线，得到如图 3-31 所示的结果。

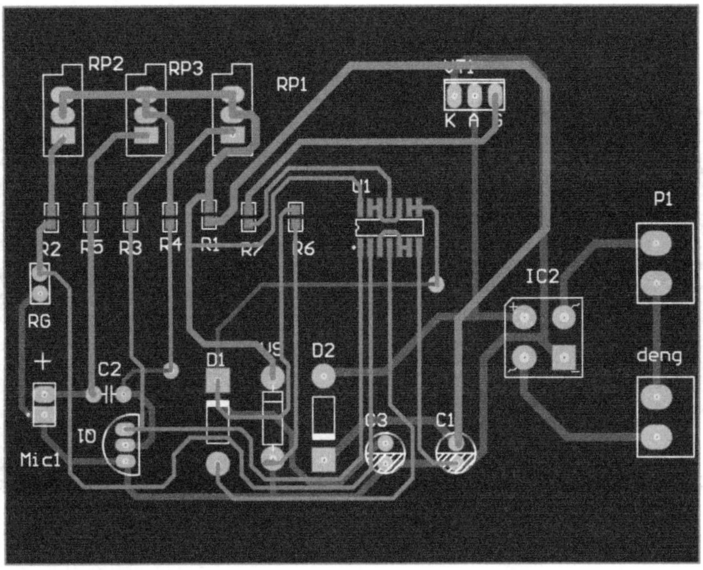

图 3-31　完成自动布线并手动调整导线

4）放置安装孔。

执行【编辑】→【设定】→【原点】命令，在绘图区的左下角设置原点，如图 3-32 所示，然后执行【放置】→【焊盘】命令，在放置焊盘前按<Tab>键，修改参数如图 3-33 所示，孔径和 X、Y 都改成 5mm，单击【确认】按钮，在坐标（5，5）上放置第一个安装孔，如图 3-34 所示。用同样的方法设定右下角为原点，在坐标（−5，5）上放置第二个安装孔，如图 3-35 所示。再设定右上角为原点，在坐标（−5，−5）上放置第三个安装孔，再设定左上角为原点，在坐标（5，−5）上放置第四个安装孔，完成四个安装孔的放置如图 3-36 所示。

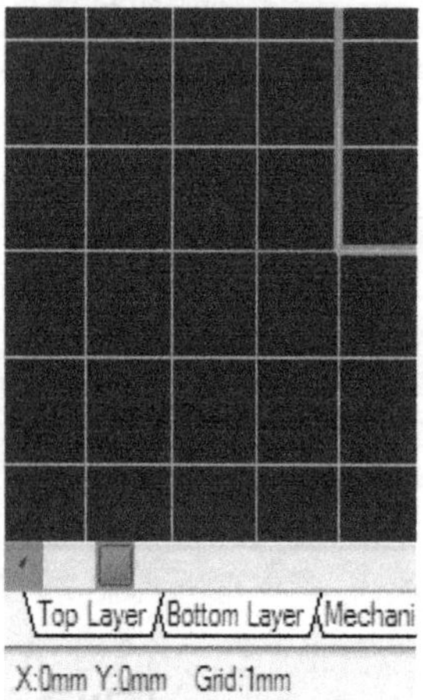

图 3-32　设置原点

图 3-33　修改安装孔的尺寸

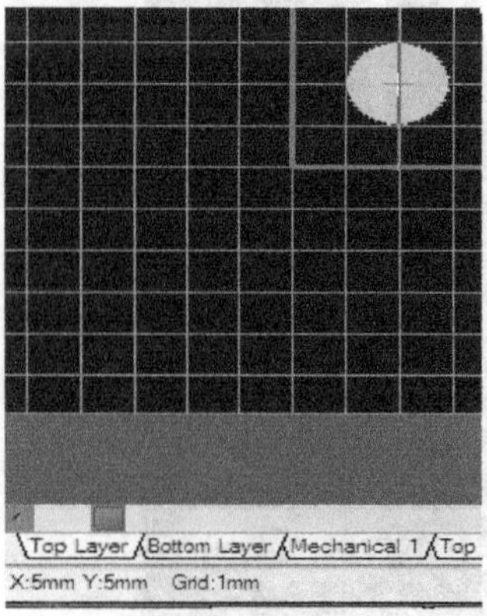

图 3-34　放置第一个安装孔

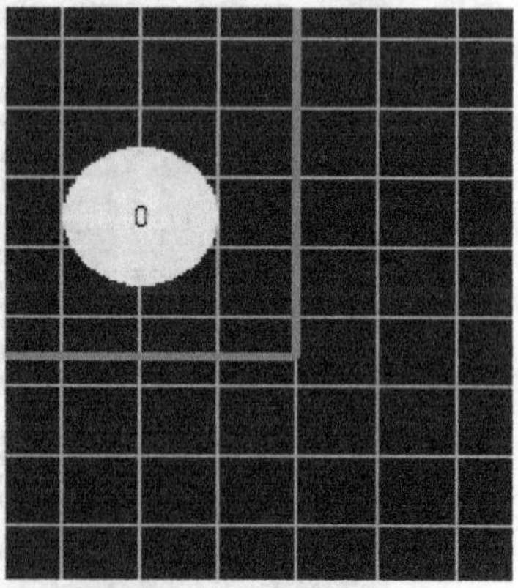

图 3-35　放置第二个安装孔

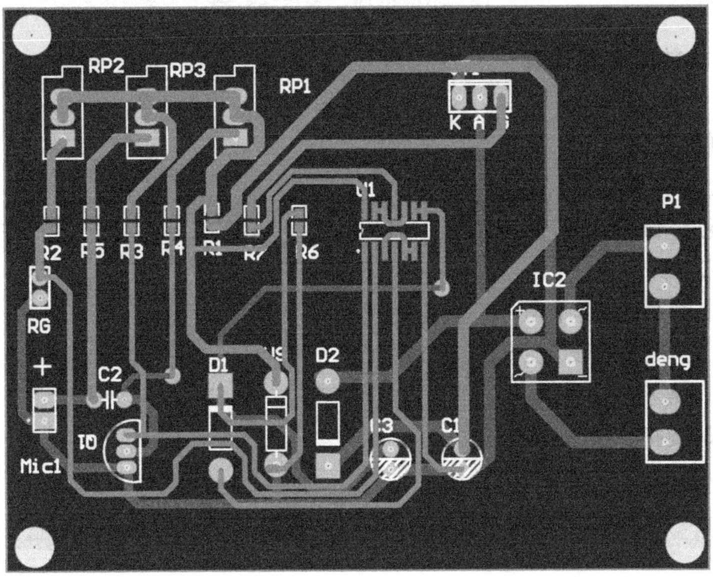

图 3-36　放置四个安装孔的 PCB 图

任务2　声光控楼道灯控制电路 PCB 的制作

任务描述

根据设计的 PCB 图，用快速制板设备制作声光控楼道灯控制电路 PCB。要求设计出 PCB 尺寸不超过 90mm×70mm 的双面 PCB 图，双层布线，电路各项指标符合国家标准。

任务目标

1. 总目标

根据设计的 PCB 图制作出成品的电路板。

2. 具体目标

知识方面：

1）能正确叙述双面 PCB 制板的步骤及要点。

2）能正确叙述单面板与双面板制作的区别。

技能方面：

1）使用热转印工具将所设计的 PCB 图转印到覆铜板上。

2）将 PCB 图制作成质量符合要求的成品电路板。

任务导学

知识链接：热转印法制作双面板

（1）打印顶层

1）页面设定：执行【文件】→【页面设定】命令进入设定界面，如图 3-37 所示。

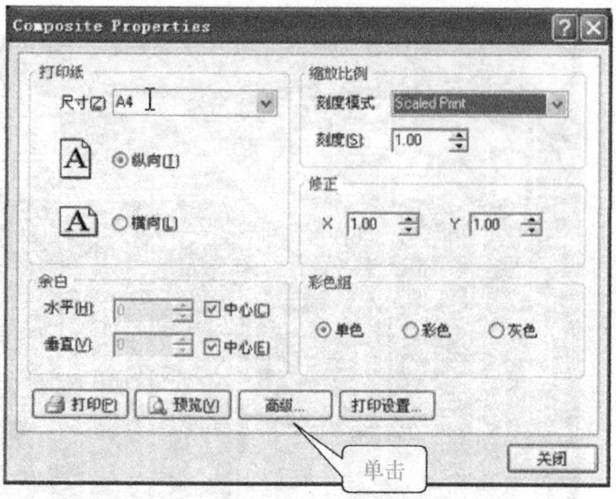

图 3-37　进入设定界面

2）单击设定界面上的【高级】按钮，进入打印层的设定：通过鼠标右键把不需要打印的层删除，打印顶层时要把“孔”和“镜像”复选框也勾选上，如图 3-38 所示。

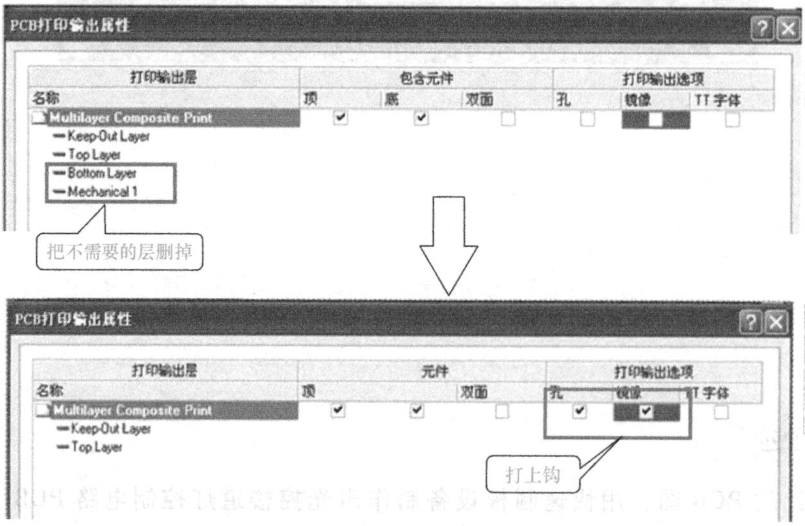

图 3-38　删除不需打印的层

顶层 PCB 效果图的预览如图 3-39 所示。

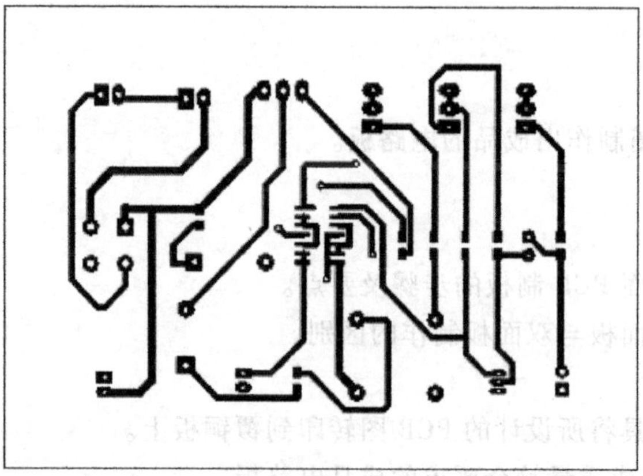

图 3-39　顶层 PCB 效果图的预览

(2) 打印底层

打印底层的页面设定与打印顶层一样，不同的是在底层的设定中不需要勾选“镜像”复选框，将底层 PCB 图镜像，如图 3-40 所示。

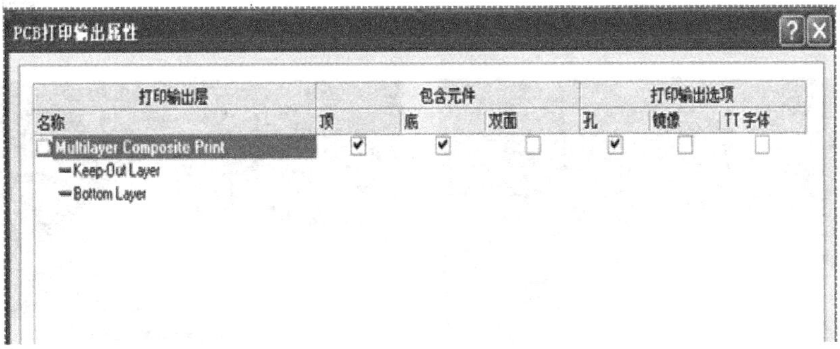

图 3-40　底层 PCB 图打印的属性设定

底层效果图预览如图 3-41 所示。

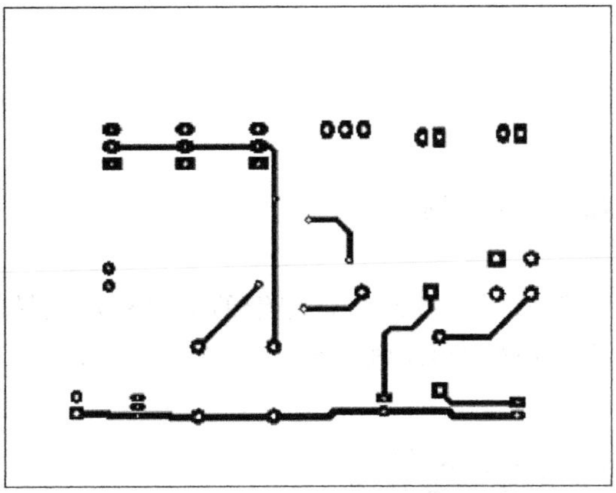

图 3-41　底层 PCB 预览效果

(3) 打印热转印图纸

用打印机打印出来的顶层和底层的热转印图纸如图 3-42 所示。

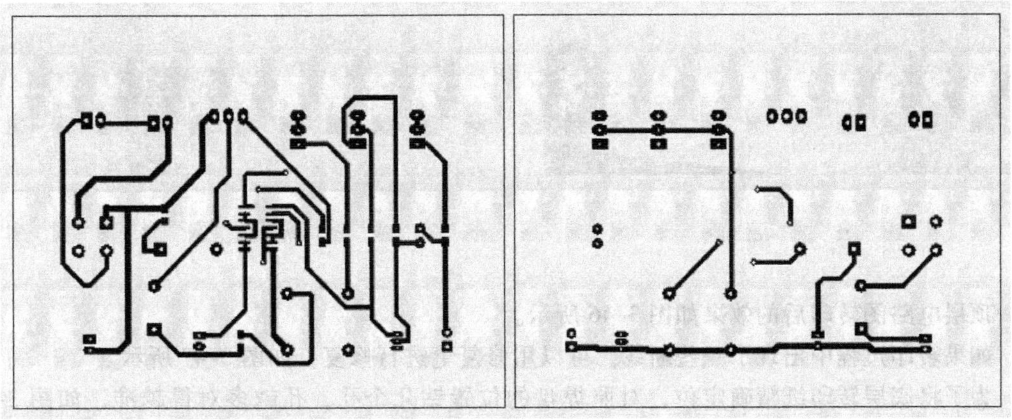

图 3-42　用打印机打印出来的顶层和底层热转印图纸

（4）裁板

1）板材准备又称下料，在 PCB 制作前，应根据设计好的 PCB 图大小来确定所需覆铜板的尺寸规格，可根据具体需要进行裁板，如图 3-43 所示。

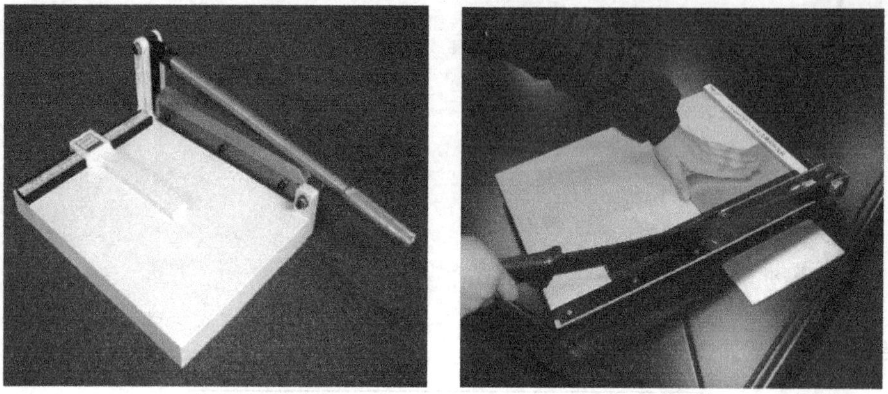

a) 切板机　　b) 裁板

图 3-43　裁板

2）裁剪热转印纸，如图 3-44 所示。

（5）热转印

当转印机的温度达到 175℃时，将贴上转印纸的电路板放入转印机进行转印。如图 3-45 所示，先转印顶层电路图。

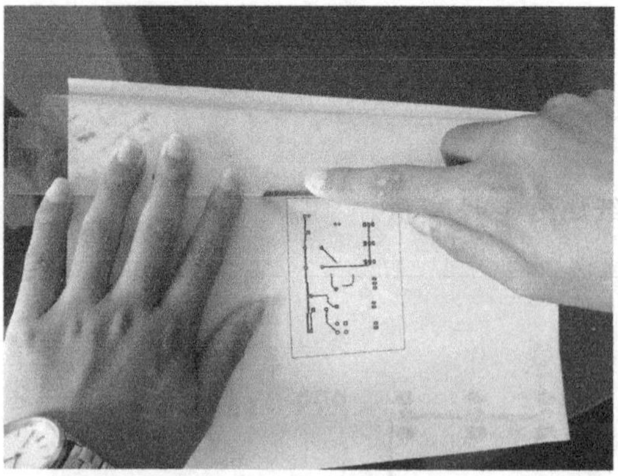

图 3-44　裁剪热转印纸

图 3-45　转印顶层电路图

顶层电路图转印后的效果如图 3-46 所示。

如果转印过程中出现了一些断线，可以用修复笔进行修复，如图 3-47 所示。

为了将底层转印纸精确定位，对照焊盘的位置钻几个孔，孔越多对得越准，如图 3-48 所示。

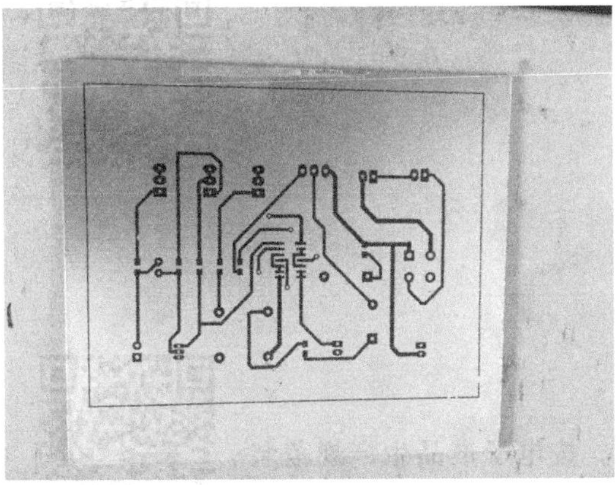

图 3-46　顶层电路图转印后的效果

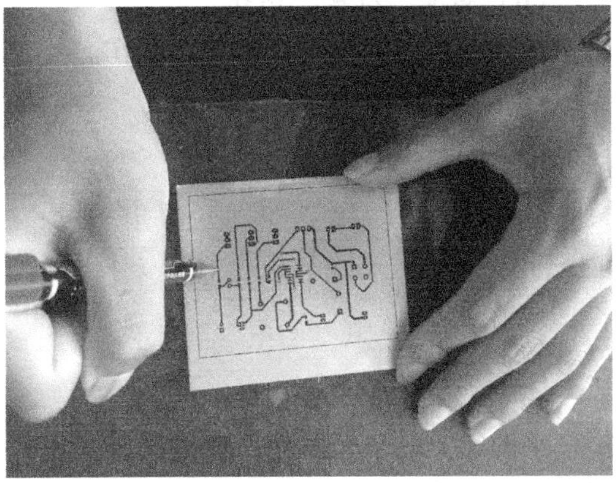

图 3-47　用修复笔修复断线

定位好后用高温胶纸将覆铜板与转印纸贴好，进行底层电路图的转印，如图 3-49 所示。转印后的覆铜板正面电路图如图 3-50 所示，覆铜板反面电路图如图 3-51 所示。

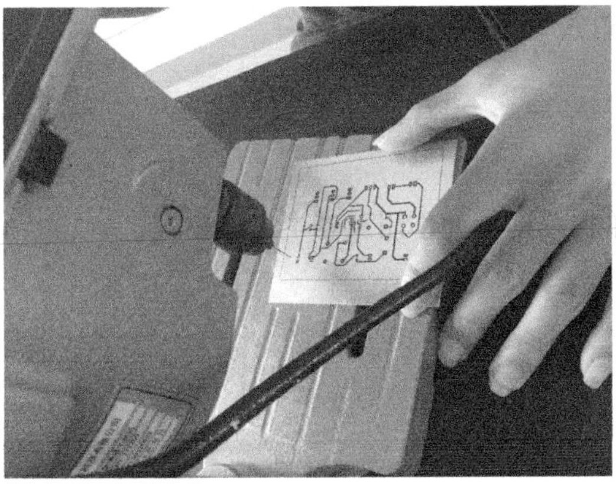

图 3-48　在焊盘的位置钻定位孔

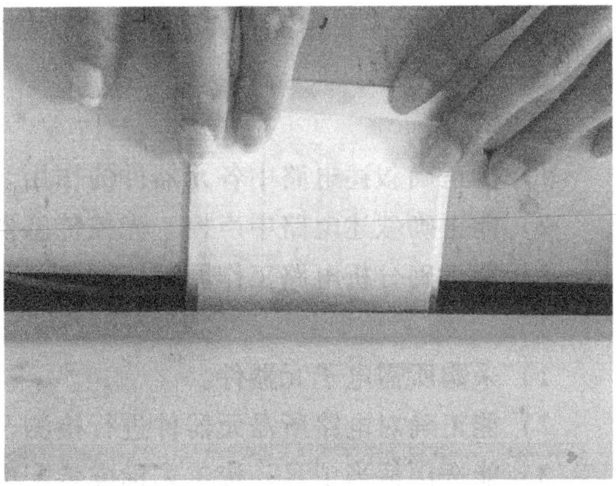

图 3-49　底层电路图的转印

图 3-50　覆铜板正面电路图

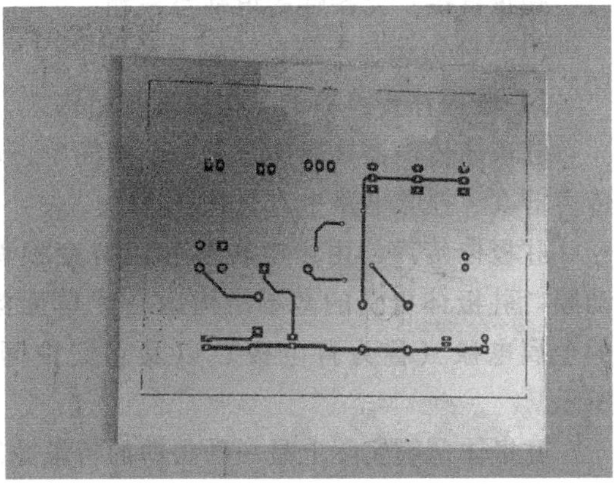

图 3-51　覆铜板反面电路图

（6）腐蚀、洗板、钻孔

按照项目 1 和项目 2 的方法制作。

任务 3　声光控楼道灯控制电路组装

任务描述

采购相关电子元器件，根据设计的电路图纸，按电子产品生产规范装配电路。要求元器件摆放规则、整齐，安装焊接工艺等符合国家电子产品质量标准。

任务目标

1. 总目标

按照电子产品安装工艺要求装配声光控楼道灯控制电路。

2. 具体目标

知识方面：

1）能正确叙述电路中各元器件的作用。

2）能正确叙述电路中声控、光控传感器及单向晶闸管的作用及基本工作原理。

3）能正确分析电路工作原理。

技能方面：

1）采购所需电子元器件。

2）能正确对电路所需元器件进行检测及质量判断。

3）能选用适当工具，按工艺标准装配电路。

任务导学

知识链接：元器件的识别与检测

（1）驻极体传声器的识别与检测

1）驻极体传声器的工作原理与结构。

驻极体传声器具有体积小、结构简单、电声性能好、价格低的特点，广泛用于录音机、传声器及声控等电路中（见图 3-52）。

驻极体传声器由声电转换和阻抗变换两部分组成。声电转换的关键元件是驻极体振动膜。驻极体极头的基本结构由一片单面涂有金属的驻极体薄膜与一个上面有若干小孔的金属电极（称为背电极）以及它们中间的几十微米厚的尼龙隔离垫组成，如图 3-53 所示。

驻极体薄膜实际上是一种很薄的特氟龙膜。当此种膜经过高压极化处理之后，在其上面可以长期保留住一定数量的负电荷。

振膜的正面是负电荷，由于其感应作用，在具有金属镀层的背面和金属极板上，会同时感应出等量的正电荷。

图 3-52 驻极体电容式传声器

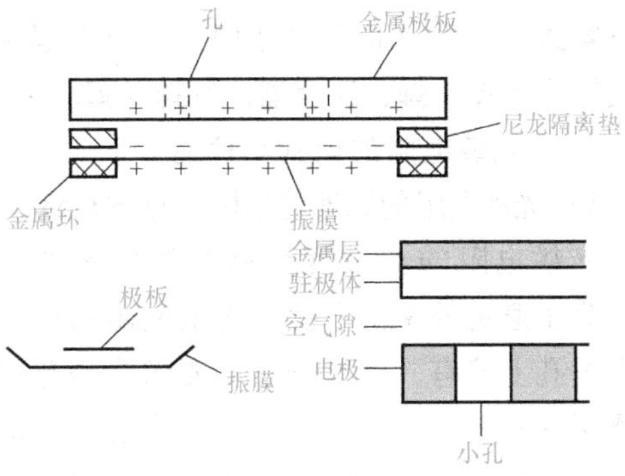

图 3-53 驻极体传声器内部结构图

驻极体面与背电极（在图 3-53 中指的是带小孔的金属电极）相对，中间有一个极小的空气隙，形成一个以空气隙和驻极体作绝缘介质，以背电极和驻极体上的金属层作为两个电极构成的一个平板电容器。电容的两极之间有输出电极。

由于驻极体薄膜上分布有极化电荷，当声波引起驻极体薄膜振动而产生位移时，改变了电容两极板之间的距离，从而引起电容发生变化。由于驻极体上的电荷量恒定，根据公式 $Q=CU$ 可知：当 C 变化时必然引起电容器两端电压 U 的变化，从而输出电信号，实现声—电的变换。

驻极体膜片与金属极板之间的电容量比较小，一般为几十皮法，因而它的输出阻抗值很高，约几十兆欧以上。因此，它不能直接与放大电路相连接，必须连接阻抗变换器，通常用一个专用的场效应晶体管和一个二极管复合组成阻抗变换器。内部电气原理如图 3-54 所示。

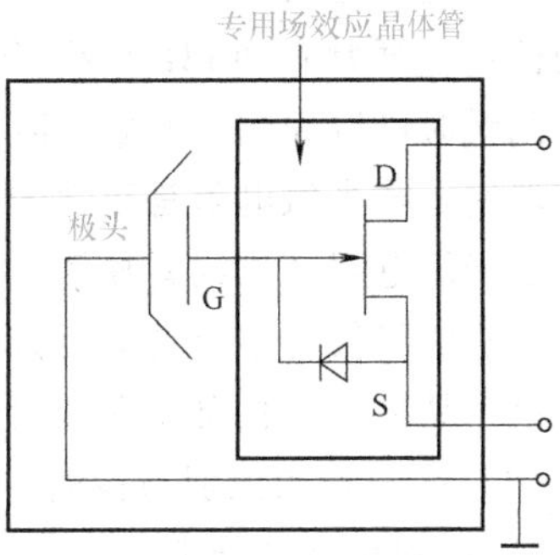

图 3-54 驻极体阻抗变换电路

2）驻极体传声器的极性判别。

在无断线的情况下，检测驻极体传声器。它的电路接法有两种：源极输出和漏极输出。源极输出有三根引出线，漏极 D 接电源正极，源极 S 经电阻接地，再经一电容作信号输出；漏极输出有两根引出线，漏极 D 经一电阻接至电源正极，再经一电容作信号输出，源极 S 直接接地。所以，在使用驻极体传声器之前首先要对其进行极性判别。

在场效应晶体管的栅极与源极之间接有一只二极管，因此可利用二极管的正反向电阻特性来判别驻极体传声器的漏极 D 和源极 S。

将万用表拨至 R×1k 档，黑表笔接任一极，红表笔接另一极。再对调两表笔，比较两次测量结果，阻值较小时，黑表笔接的是源极，红表笔接的是漏极。

3）驻极体传声器的灵敏度判别。

在收录机、电话机等电路中广泛应用驻极体传声器，其灵敏度直接影响送话和录放效果。这类传声器灵敏度的高低可用万用表进行简单测试。

将万用表拨至 R×100 档，两表笔分别接传声器两电极（注意不能接到传声器的接地极），待万用表显示一定读数后，用嘴对准传声器轻轻吹气（吹气速度慢而均匀），边吹气边观察表针的摆动幅度。吹气瞬间表针摆动幅度越大，传声器灵敏度就越高，送话、录音效果就越好。若摆动幅度不大（微动）或根本不动，说明此传声器性能差，不宜使用。对于三极引脚驻极体电容式传声器，检测方法同上，只是黑表笔接输出引脚 2 脚，红表笔接引脚 3 脚。

（2）光敏电阻的识别与检测

1）光敏电阻的原理与结构（见图3-55）。

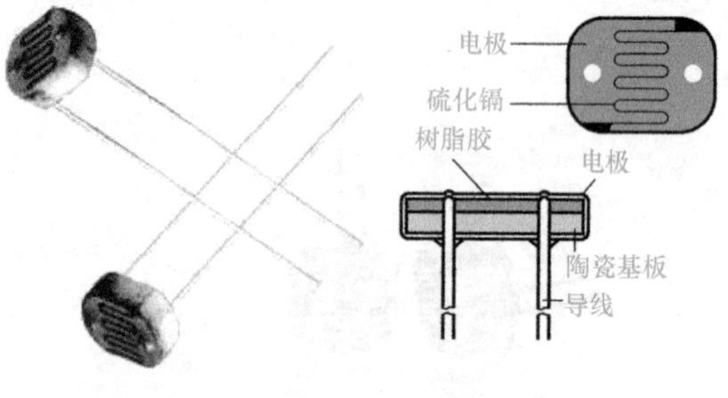

图 3-55　光敏电阻实物图及结构图

光敏电阻的灵敏度受潮湿等因素的影响，为了避免外来的干扰，光敏电阻的外壳的入射孔上盖有一种能透过所要求光谱范围的透明保护窗（如玻璃）。光敏电阻中的硫化镉（CdS）沉积膜面积越大，其受光照后的阻值变化也越大（即高灵敏度），故通常将沉积膜做成“弓”字形，以增大其面积。为了避免光敏电阻受影响，通常将导电体密封装在金属或者树脂壳中。

光敏电阻受光照后，其阻值会变小。光敏电阻在无光照时，其暗电阻的阻值一般大于1500kΩ，有光照时，其亮电阻的阻值为几千欧，两者的差距较大。

2）光敏电阻的检测。

检测光敏电阻时，应将万用表的电阻档档位开关根据光敏电阻的亮电阻阻值大小拨至合适的档位（通常在 20kΩ 或者 200kΩ 档均可）。

测量时可以先测量光敏电阻在有光照时的电阻值，然后用一块遮光的厚纸片将光敏电阻覆盖严密。若光敏电阻是正常的，则就会因无光照而阻值剧烈增大。

若光敏电阻变质或者损坏，则阻值就会变化很小或者不变。另外，在有光照时，若测得光敏电阻的阻值为零或者为无穷大（数字万用表显示溢出符号“1”或者“OL”），则也可判定该产品损坏（内部短路或者开路）。

（3）晶闸管的识别与检测

1）晶闸管及其分类。

图 3-56　晶闸管

晶闸管（SCR）国际通用名称为 Thyristor，旧称可控硅，其外形如图 3-56 所示。它能在高电压、大电流条件下工作，具有耐压高、容量大、体积小等优点。它是大功率开关型半导体器件，广泛应用在电力、电子电路中。

晶闸管分单向晶闸管、双向晶闸管。单向晶闸管有阳极 A、阴极 K、门极 G 三个引出脚。双向晶闸管有第一阳极 A1（T1），第二阳极 A2（T2）、门极 G 三个引出脚。

2）晶闸管的工作条件。

只有当单向晶闸管阳极 A 与阴极 K 之间加正向电压，同时门极 G 与阴极间加上所需的正向触发电压时，它才可被触发导通。此时 A、K 间呈低阻导通状态，阳极 A 与阴极 K 间压降约为 1V。单向晶闸管导通后，门极 G 即使失去触发电压，只要阳极 A 和阴极 K 之间仍保持正向电压，单向晶闸管就继续处于低阻导通状态。只有把阳极 A 电压拆除或阳极 A、阴极 K 间电压极性发生改变（交流过零）时，单向晶闸管才由低阻导通状态转换为高阻截止状态。单向晶闸管一旦截止，即使阳极 A 和阴极 K 间又重新加上正向电压，仍需在门极 G 和阴极 K 间重新加上正向触发电压才可导通。单向晶闸管的导通与截止状态相当于开关的闭合与断开状态，用它可制成无触点开关。

双向晶闸管第一阳极 A1 与第二阳极 A2 间，无论所加电压极性是正向还是反向，只要门极 G 和第一阳极 A1 间加有正负极性不同的触发电压，就可触发导通呈低阻状态，此时 A1、A2 间压降也约为 1V。双向晶闸管一旦导通，即使失去触发电压，也能继续保持导通状态。只有当第一阳极 A1、第二阳极 A2 电流减小，小于维持电流或 A1、A2 间电压极性改变且没有触发电压时，双向晶闸管才关断，此时只有重新加触发电压才可导通。

3）晶闸管的管脚判别。

晶闸管管脚的判别可用下述方法：先用万用表 R×1k 档测量三脚之间的阻值，阻值小的两脚分别为门极和阴极，所剩的一脚为阳极。再将万用表置于 R×10k 档，用手指捏住阳极和另一脚，且不让两脚接触，黑表笔接阳极，红表笔接剩下的一脚，如表针向右摆动，说明红表笔所接为阴极，不摆动则为门极。

4）单向晶闸管的检测。

将万用表置于电阻 R×1 档，用红、黑两表笔分别测任意两管脚间正反向电阻直至找出读数为数十欧姆的一对管脚，此时黑表笔的管脚为门极 G，红表笔的管脚为阴极 K，另一空脚为阳极 A。此时将黑表笔接已判断了的阳极 A，红表笔仍接阴极 K，此时万用表指针应不动。用短线瞬间短接阳极 A 和门极 G，此时万用表电阻档指针应向右偏转，阻值读数为 10Ω 左右。如阳极 A 接黑表笔，阴极 K 接红表笔时，万用表指针发生偏转，说明该单向晶闸管已击穿损坏。

5）双向晶闸管的检测。

将万用表置于电阻 R×1 档，用红、黑两表笔分别测任意两管脚间正反向电阻，结果其中两组读数为无穷大。若一组为数十欧姆时，该组红、黑表所接的两管脚为第一阳极 A1 和门极 G，另一空脚即为第二阳极 A2。确定 A1、G 极后，再仔细测量 A1、G 极间正、反向电阻，读数相对较小的那次测量的黑表笔所接的管脚为第一阳极 A1，红表笔所接门脚为门极 G。将黑表笔接已确定的第二阳极 A2，红表笔接第一阳极 A1，此时万用表指针不应发生偏转，阻值为无穷大。再用短接线将 A2、G 极瞬间短接，给 G 极加上正向触发电压，A2、A1 间阻值约为 10Ω 左右。随后断开 A2、G 间短接线，万用表读数应保持 10Ω 左右。互换红、黑表笔接线，红表笔接第二阳极 A2，黑表笔接第一阳极 A1。同样万用表指针应不发生偏转，阻值为无穷大。用短接线将 A2、G 极间再次瞬间短接，给 G 极加上负的触发电压，A1、A2 间的阻值也是 10Ω 左右。随后断开 A2、G 极间短接线，万用表读数应不变，保持在 10Ω 左右。符合以上规律，说明被测双向晶闸管未损坏且三个管脚极性判断正确。

检测较大功率晶闸管时，需要在万用表黑表笔中串接一节 1.5V 干电池，以提高触发电压。

（4）桥堆的识别与检测

1）桥堆及其分类。

整流桥作为一种功率元器件，广泛应用于各种电源设备。整流桥堆一般用在全波整流电路中，它又分为全桥与半桥，如图 3-57 所示。

图 3-57　桥堆

全桥是由4只整流二极管按桥式全波整流电路的形式连接并封装为一体构成的，在整流桥的每个工作周期内，同一时间只有两个二极管进行工作，通过二极管的单向导通功能，把交流电转换成单向的直流脉动电压。

全桥的正向电流有0.5A、1A、1.5A、2A、2.5A、3A、5A、10A、20A、35A、50A等多种规格。

耐压值（最高反向电压）有25V、50V、100V、200V、300V、400V、500V、600V、800V、1000V等多种规格。

选择整流桥要考虑整流电路和工作电压。优质的厂家有“文斯特电子”的G系列整流桥堆，进口品牌有ST、IR等。整流桥堆一般用在全波整流电路中，它又分为全桥与半桥。

2）桥堆的检测。

大多数的整流全桥上，均标注有“+”“-”“~”符号（其中“+”为整流后输出电压的正极，“-”为输出电压的负极，“~”为交流电压输入端），很容易确定出各电极。

检测时，可通过分别测量“+”极与两个“~”极、“-”极与两个“~”极之间各整流二极管的正、反向电阻值（与普通二极管的测量方法相同）是否正常，即可判断该全桥是否已损坏。若测得全桥内4只二极管的正、反向电阻值均为0或均为无穷大，则可判断该二极管已击穿或开路损坏。

（5）集成CD4011的识别

集成CD4011有14个脚，双列贴片式封装，如图3-58所示，内部包含4个与非门的CMOS电路，每个与非门有2个输入端、一个输出端。当两输入端有一个输入为0时，输出就为1。只有当输入均为1时，输出才为0。内部结构图如图3-59所示。

图3-58　CD4011的外形

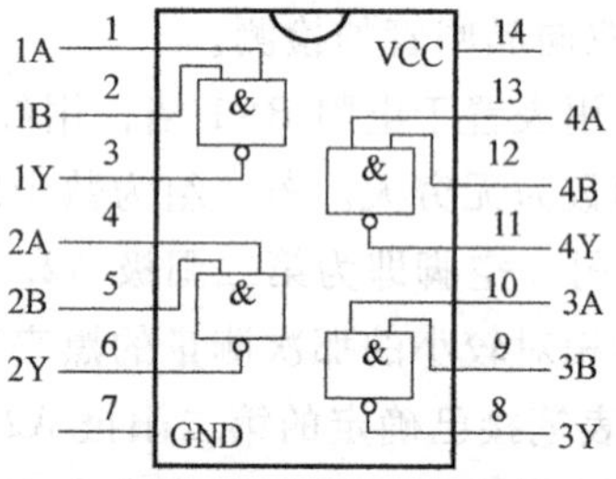

图3-59　内部结构图

（6）小灯泡的识别

灯泡的外面是玻璃，里面有钨丝，然后加些导线材料与绝缘材料的组合，还有的里面充有N_2（氮）气或其他的一些气体，如氖灯充有氖气，当然特殊的灯泡还充有其他各种特殊气体。导线的里面是铜线，外面是绝缘橡胶。玻璃内充的气体是绝缘体，铜导线、钨丝是导体。

任务4　声光控楼道灯控制电路调试及检验

任务描述

对所组装的声光控楼道灯控制电路进行调试、维修，并按电路功能及性能指标要求进行产品检验，使产品各项指标符合国家标准，满足客户要求。

任务目标

1. 总目标

对电子产品进行调试、检验，使之达到出厂要求。

2. 具体目标

知识方面：

1）能正确分析电路工作原理及各元器件的作用。

2）能正确叙述电路中直流供电、晶闸管通断、声光控等几个重要参数的分析要点。

3）能正确叙述电子产品检验的步骤及要点，简要介绍检验依据。

技能方面：

1）独立、正确使用万用表、示波器等相关仪器、仪表检测，能按要求记录相关数据。

2）根据测试结果，对电路进行调试，使其达到要求。

3）对电路存在的故障进行检修，并能正确填写检修报告。

任务导学

1. 知识链接：声光控楼道灯控制电路工作原理分析

电路结构框图如图 3-60 所示。

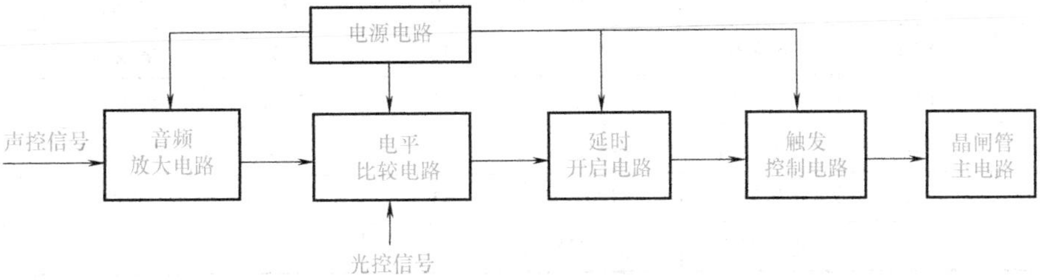

图 3-60　声光控楼道灯电路工作原理框图

如图 3-2 所示，接上交流 12V 电源，经桥式全波整流和 VD2、电容 C1 滤波后获得直流电压为 1.2×12＝14.4V，经限流电阻 R1，使稳压二极管 VS 有 U_Z＝+6.2V，将稳定电压供给电路（灯亮时 U_Z 有所降低），灯 L（图 3-2 中名称为 deng）串于整流电路中。

白天时，光敏电阻 RG 阻值较小，与非门 U1A 的 2 脚电压 U_1 输入为低电平 0 态，与非门 U1A 关闭，即不管 U1A 的 1 脚电压 U_2 为何状态，U1A 的 3 脚总是输出 1，U1B 的 4 脚输出 0，进入 U1C 的电压 U_c＝0，U1C 输出 1，U1D 输出 0，单向晶闸管不导通，灯 L 不亮。

晚上，光敏电阻 RG 阻值增大，与非门 U1A 的 2 脚电压 U_1 输入为高电平 1 态，U1A 门打开，U1A 的 1 脚电压 U_2 信号可以送入。若无声音时，驻极体电容式传声器 Micl 无动态信号。偏置电阻（RP2+R4）使 NPN 晶体管 Q1 导通，U1A 的 1 脚电压 U_2 为低电平 0 态，U1A 则输出 1，其余状态与上述过程相同，晶闸管 VT1 的 3 脚门极 g 无触发信号，故不导通，灯 L 不亮。若有声音发出时，传声器 Micl 有动态波动信号输入到放大电路中 Q1 基极，由于电容 C2 有隔直通交作用，加在基极的信号相对零电平有正、负波动信号，使集电极向 U_2 输出的高电平动态信号为 1，因此使 U1A 全 1 输出 0 为负脉冲，而 U1B 输出 1 为正脉冲，二极管 VD1 导通对 C3 充电达 5V，U_c 也为 1，U1C 出 0，U1D 出 1 为高电平，经 R7 限流，在单向晶闸管 VT1 门极 g 有触发信号使 VT1 导通，全波整流电路中串联的灯 L 经晶闸管导通后的正向压降会降至约 1.8V，因此 VD2 用来防止 U_Z 电压下降，避免影响控制电路电源。在声音消失后，由于电容电压经 R6 放电过程仍为 1 态，故灯 L 仍亮，直到小于与非门阈值电压 $U_{TH}=1/2V_{DD}$时，U1C 输出 1，U1D 输出 0，当 U_{ak}过零电压时，晶闸管 VT1 截止约 30s 后，灯 L 灭。

2. 知识链接：声光控楼道灯控制电路元器件清单

声光控楼道灯控制电路元器件清单见表 3-1。

表 3-1　声光控楼道灯控制电路元器件清单

序号	标称	名称	规格	序号	标称	名称	规格
1	R1	电阻器※	1kΩ	13	VD1	二极管	1N4007
2	R2、R5	电阻器※	10kΩ	14	VD2	二极管	1N4148
3	R3	电阻器※	33kΩ	15	VS	稳压管	5.1V
4	R4	电阻器※	270kΩ	16	VT1	晶闸管	BT151
5	R6	电阻器※	1MΩ	17	Q1	晶体管	9014
6	R7	电阻器※	470Ω	18	VD	整流桥堆	2W10
7	RP1	电位器	100kΩ	19	L	灯泡	12V
8	RP2	电位器	1MΩ	20	U1	集成※	CD4011
9	RP3	电位器	20kΩ	21	Mic1	传声器	
10	C1	电解电容	100μF/25V	22	RG	光敏电阻	
11	C2	电容器※	104	23	P1、deng	端口	二位
12	C3	电容器※	10μF/25V				

注：在表格中“名称”旁边标有※符号的元器件为贴片元器件。

3. 知识链接：电路调试指引

第一步：在光照的情况下，用万用表直流电压档测 CD4011 的 2 脚对地电压，调节电位器 RP1，让其电压约为 0.5V，为低电平；在无光照的情况下，用万用表直流电压 10V 档测 CD4011 2 脚对地电压，让其电压约为 4.5V，为高电平。

第二步：在无声音时，用万用表直流电压档测传声器两端电压，并调节电位器 RP3，让其电压约为 0.7V。然后不断拍手或吹气，用示波器观察传声器两端的电压是否有动态波形输出，再观察电容 C2 输出端隔直后有无针对零线上下正负波动信号输出，若无输出可调节 RP3 或增大 RP3 再试。

第三步：调节 RP2，用万用表直流电压档测量，Q1 集电极 C 的 U_2 电压近似小于 CD4011 与非门的阈值电压 U_{TH}，约为 2V。

第四步：调节完成后，电路应能正常工作，在光敏电阻有光照的情况下，传声器无论是否接收到声音，灯 L 都不能亮；在光敏电阻无光照的情况下，传声器没有接收到声音，灯 L 不能亮，传声器接收到声音，灯 L 亮，延迟一段时间，约 30s 后，灯 L 灭掉。

4. 知识链接：电子产品加工制造相关的国家标准

标准是衡量某一事物或某项工作应该达到的水平、尺度和必须遵守的规定。而产品质量标准则是规定产品质量特性应达到的技术要求，是产品生产、检验和评定质量的技术依据。国家标准是由国务院标准化行政主管部门制定的，是需要在全国范围内统一的技术要求。生产出来的电子产品至少要达到国家标准，才能称之为合格产品，准入市场。因此我们需要了解一些电子产品加工制造的相关国家标准。下面介绍一些电子产品加工制造的国家标准号和标准名称，具体国家标准的内容可以通过购买相关标准的书籍来查看。

GB/T 2421.1—2008 《电工电子产品环境试验　概述和指南》

GB/T 2421.2—2008 《电工电子产品环境试验　规范编制者用信息　试验概要》

GB/T 2422—2012 《环境试验　试验方法编写导则　术语和定义》

GB/T 2423 由以下 51 个标准组成：

1）GB/T 2423.1—2008《电工电子产品环境试验　第 2 部分：试验方法　试验 A：低温》。

2）GB/T 2423.2—2008《电工电子产品环境试验　第 2 部分：试验方法　试验 B：高温》。

3）GB/T 2423.3—1993《电工电子产品基本环境试验规程　试验 Ca：恒定湿热试验方法》。

4）GB/T 2423.4—2008《电工电子产品环境试验第 2 部分：试验方法　试验 Db：交变湿热（12h+12h 循环）》。

5）GB/T 2423.5—1995《电工电子产品环境试验　第 2 部分：试验方法　试验 Ea 和导则：冲击》。

6）GB/T 2423.6—1995《电工电子产品环境试验　第 2 部分：试验方法　试验 Eb 和导则：碰撞》。

7）GB/T 2423.7—1995《电工电子产品环境试验　第 2 部分：试验方法　试验 Ec 和导则：倾跌与翻倒（主要用于设备型样品）》。

8）GB/T 2423.8—1995《电工电子产品环境试验　第 2 部分：试验方法　试验 Ed：自由跌落》。

9）GB/T 2423.9—2001《电工电子产品环境试验　第 2 部分：试验方法　试验 Cb：设备用恒定湿热》。

10）GB/T 2423.10—2008《电工电子产品环境试验　第 2 部分：试验方法　试验 Fc：振动（正弦）》。

11）GB/T 2423.11—1997《电工电子产品环境试验　第 2 部分：试验方法　试验 Fd：宽频带随机振动——一般要求》。

12）GB/T 2423.12—1997《电工电子产品环境试验　第 2 部分：试验方法　试验 Fda：宽频带随机振动——高再现性》。

13）GB/T 2423.13—1997《电工电子产品环境试验　第 2 部分：试验方法　试验 Fdb：宽频带随机振动　中再现性》。

14）GB/T 2423.14—1997《电工电子产品环境试验　第 2 部分：试验方法　试验 Fdc：宽频带随机振动——低再现性》。

15）GB/T 2423.15—2008《电工电子产品环境试验　第2部分：试验方法　试验Ga和导则：稳态加速度》。

16）GB/T 2423.16—2008《电工电子产品环境试验　第2部分：试验方法　试验J及导则：长霉》。

17）GB/T 2423.17—2008《电工电子产品环境试验　第2部分：试验方法　试验Ka：盐雾》。

18）GB/T 2423.18—2012《环境试验　第2部分：试验方法　试验Kb：盐雾，交变（氯化钠溶液）》。

19）GB/T 2423.19—2013《环境试验　第2部分：试验方法　试验Kc：接触点和连接件的二氧化硫试验》。

20）GB/T 2423.20—2014《环境试验　第2部分：试验方法　试验Kd：接触点和连接件的硫化氢试验》。

21）GB/T 2423.21—2008《电工电子产品环境试验　第2部分：试验方法　试验M：低气压》。

22）GB/T 2423.22—2012《环境试验　第2部分：试验方法 试验N：温度变化》。

23）GB/T 2423.23—2013《环境试验　第2部分：试验方法　试验Q：密封》。

24）GB/T 2423.24—2013《环境试验　第2部分：试验方法 试验Sa：模拟地面上的太阳辐射及其试验导则》。

25）GB/T 2423.25—2008《电工电子产品环境试验　第2部分：试验方法　试验Z/AM：低温/低气压综合试验》。

26）GB/T 2423.26—2008《电工电子产品环境试验　第2部分：试验方法　试验Z/BM：高温/低气压综合试验》。

27）GB/T 2423.27—2005《电工电子产品环境试验　第2部分：试验方法　试验Z/AMD：低温/低气压/湿热连续综合试验》。

28）GB/T 2423.28—2005《电工电子产品环境试验　第2部分：试验方法　试验T：锡焊》。

29）GB/T 2423.29—1999《电工电子产品环境试验　第2部分：试验方法　试验U：引出端及整体安装件强度》。

30）GB/T 2423.30—2013《环境试验　第2部分：试验方法　试验XA和导则：在清洗剂中浸渍》。

31）GB/T 2423.31—1985《电工电子产品基本环境试验规程　倾斜和摇摆试验方法》。

32）GB/T 2423.32—2008《电工电子产品环境试验　第2部分：试验方法　试验Ta：润湿称量法可焊性》。

33）GB/T 2423.33—2005《电工电子产品　环境试验　第2部分：试验方法　试验Kca：高浓度二氧化硫试验》。

34）GB/T 2423.34—2012《环境试验　第2部分：试验方法　试验Z/AD：温度/湿度组合循环试验》。

35）GB/T 2423.35—2005《电工电子产品环境试验　第2部分：试验方法　试验Z/AFc：散热和非散热试验样品的低温/振动（正弦）综合试验》。

36）GB/T 2423.36—2005《电工电子产品环境试验　第2部分：试验方法　试验Z/BFc：散热和非散热试验样品的高温/振动（正弦）综合试验》。

37）GB/T 2423.37—2006《电工电子产品环境试验　第2部分：试验方法　试验L：沙尘试验》。

38）GB/T 2423.38—2008《电工电子产品环境试验　第2部分：试验方法　试验R：水试验方法和导则》。

39）GB/T 2423.39—2008《电工电子产品环境试验　第2部分：试验方法　试验Ee：弹跳》。

40）GB/T 2423.40—2013《环境试验　第2部分：试验方法　试验Cx：未饱和高压蒸汽恒定湿热》。

41）GB/T 2423.41—2013《环境试验　第2部分：试验方法　风压》。

42）GB/T 2423.42—1995《电工电子产品环境试验 低温/低气压/振动（正弦）综合试验方法》。

43）GB/T 2423.43—2008《电工电子产品环境试验　第2部分：试验方法　振动、冲击和类似动力学试验样品的安装》。

44）GB/T 2423.44—1995《电工电子产品环境试验　第2部分：试验方法　试验Eg：撞击 弹簧锤》。

45）GB/T 2423.45—2012《环境试验　第2部分：试验方法　试验Z/ABDM：气候顺序》。

46）GB/T 2423.46—1997《电工电子产品环境试验　第2部分：试验方法　试验Ef：撞击 摆锤》。

47）GB/T 2423.47—1997《电工电子产品环境试验　第2部分：试验方法　试验Fg：声振》。

48）GB/T 2423.48—2008《电工电子产品环境试验　第2部分：试验方法　试验Ff：振动—时间历程法》。

49）GB/T 2423.49—1997《电工电子产品环境试验　第2部分：试验方法　试验Fe：振动—正弦拍频法》。

50）GB/T 2423.50—2012《环境试验　第2部分：试验方法　试验Cy：恒定湿热　主要用于元件的加速试验》。

51）GB/T 2423.51—2012《环境试验　第2部分：试验方法　试验Ke：流动混合气体腐蚀试验》。

GB/T 2424由以下17个标准组成：

1）GB/T 2424.1—2015《环境试验　第3部分：支持文件及导则　低温和高温试验》。

2）GB/T 2424.2—2005《电工电子产品环境试验　湿热试验导则》。

3）GB/T 2424.9—1990《电工电子产品基本环境试验规程　长霉试验导则》。

4）GB/T 2424.10—2012《环境试验　大气腐蚀加速试验的通用导则》。

5）GB/T 2424.11—2013《环境试验　第2部分：试验方法　试验Kc：接触点和连接件的二氧化硫试验导则》。

6）GB/T 2424.12—2014《环境试验　第2部分：试验方法　试验Kd：接触点和连接件

的硫化氢试验导则》。

7）GB/T 2424.13—1981《电工电子产品基本环境试验规程　温度变化试验导则》。

8）GB/T 2424.14—1995《电工电子产品基本环境试验规程　第2部分：试验方法　太阳辐射试验导则》。

9）GB/T 2424.15—2008《电工电子产品环境试验　第3部分　温度/低气压综合试验导则》。

10）GB/T 2424.17—2008《电工电子产品环境试验　第2部分：试验方法　试验T：锡焊试验导则》。

11）GB/T 2424.18—1982《电工电子产品基本环境试验规程　在清洗剂中浸渍试验导则》。

12）GB/T 2424.19—2005《电工电子产品环境试验　模拟贮存影响的环境试验导则》。

13）GB/T 2424.20—1985《电工电子产品基本环境试验规程　倾斜和摇摆试验导则》。

14）GB/T 2424.21—1985《电工电子产品基本环境试验规程　润湿称量法可焊性试验导则》。

15）GB/T 2424.22—1986《电工电子产品基本环境试验规程　温度（低温、高温）和振动（正弦）综合试验导则》。

16）GB/T 2424.23—1990《电工电子产品基本环境试验规程　水试验导则》。

17）GB/T 2424.24—1995《电工电子产品基本环境试验规程　温度（低温、高温）/低气压/振动（正弦）综合试验导则》。

项目4

远近光灯控制电路设计与制作

项目描述

设计并制作一个综合电路（远近光灯控制电路）。在完成项目的过程中，学会复杂电子产品设计及制作的相关知识、技能，提升综合职业能力。项目完成后，应能独立设计制作具有元器件双面布局、导线双面布线的较复杂的电子产品。

产品实物图如图 4-1 和图 4-2 所示。

图 4-1　远近光灯产品正面实物图

图 4-2　远近光灯产品反面实物图

项目目标

根据电路设计并制作一个远近光灯控制电路。在完成项目的过程中，学会较复杂电子产品设计及制作的相关知识、技能。项目完成后，应能独立设计制作较复杂的电子产品。

总体思路

本项目由四个具体的任务组成，完成四个任务即完成了整个电子产品的制作。

1）任务 1 进行电路设计。

用 Protel DXP 2004 电路设计软件设计远近光灯控制电路，并根据生产需要设计 PCB 图。

2）任务 2 进行制板。

根据任务 1 设计的 PCB 图，用制板设备制作电路板。

3）任务 3 进行电路组装。

根据电子产品装配要求装配电路板。

4）任务 4 进行调试、检验。

装配好电路板后，对电路板进行整体调试及测量，并进行出厂前的质量检验，达到客户及电子产品相关技术要求才可出厂。

任务 1　远近光灯控制电路 PCB 图的设计

任务描述

设计远近光灯控制电路的 PCB 图。要求在计算机上用 Protel DXP 2004 软件绘制电路原理图，并最终设计出 PCB 尺寸不超过 120mm×80mm 的双面 PCB 图。

任务目标

1. 总体目标

1）用 Protel DXP 2004 软件绘制远近光灯控制电路原理图，如图 4-3 所示。

2）根据电气规则，按任务要求设计远近光灯控制电路的双层 PCB 图。图 4-4 为参考 PCB 图。

2. 具体目标

知识方面：

1）能正确叙述 Protel DXP 2004 软件常用菜单栏操作方法。

2）能正确叙述原理图绘制的快捷操作方法。

3）能正确叙述 PCB 图的快捷操作方法和高级应用。

4）能正确叙述双面板的布局布线方法。

技能方面：

1）能独立、熟练操作 Protel DXP 2004 软件常用菜单，并能使用十个以上快捷键进行相关操作。

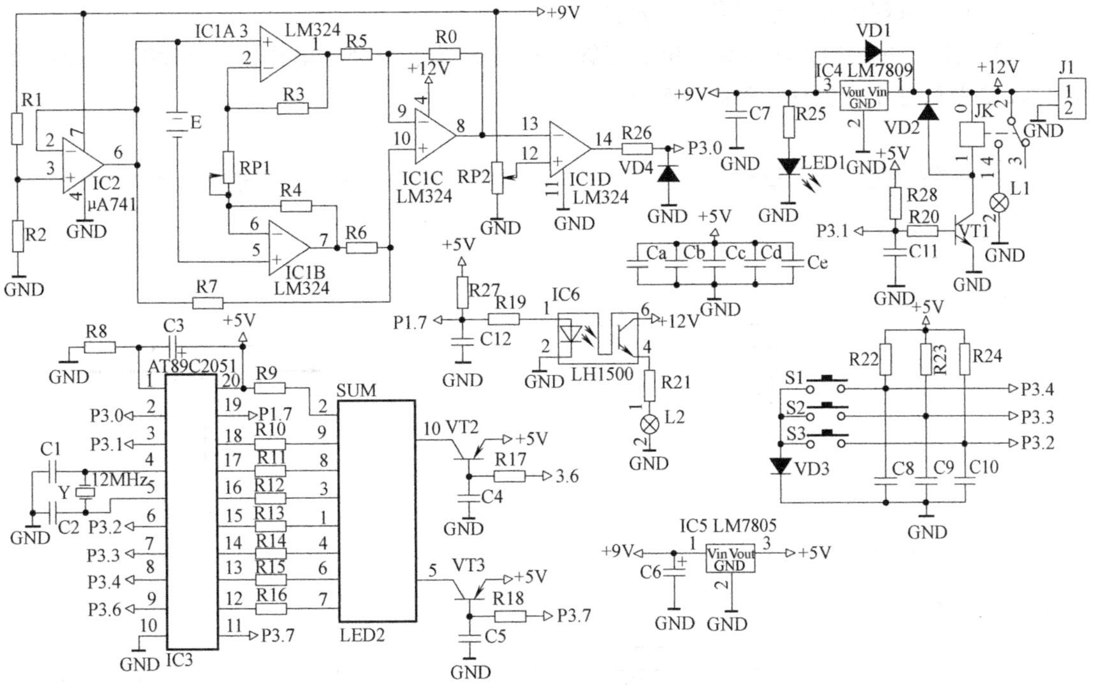

图 4-3 远近光灯控制电路原理图

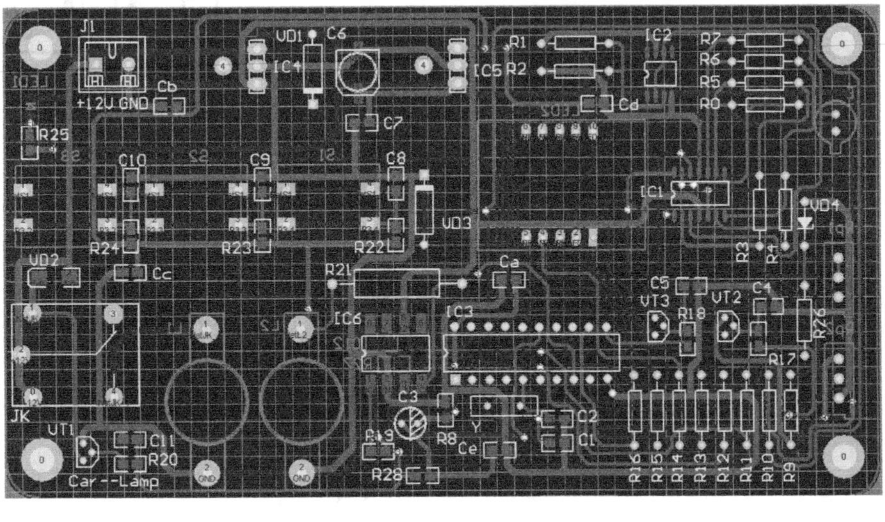

图 4-4 远近光灯控制 PCB 图

2）独立、熟练完成远近光灯控制电路原理图的绘制。

3）独立、熟练完成远近光灯控制电路双面 PCB 图的绘制。

任务导学

1. 知识链接：远近光灯控制电路图绘制指引

（1）创建项目文件

按照项目 1 的方法创建项目文件和原理图文件并保存。

（2）创建原理图库并绘制多个元器件

按照项目 2 介绍的方法绘制二位数码管、三端稳压器 7805、单片机 AT892051、光耦合器 GK152 及灯五个元器件，如图 4-5 所示。

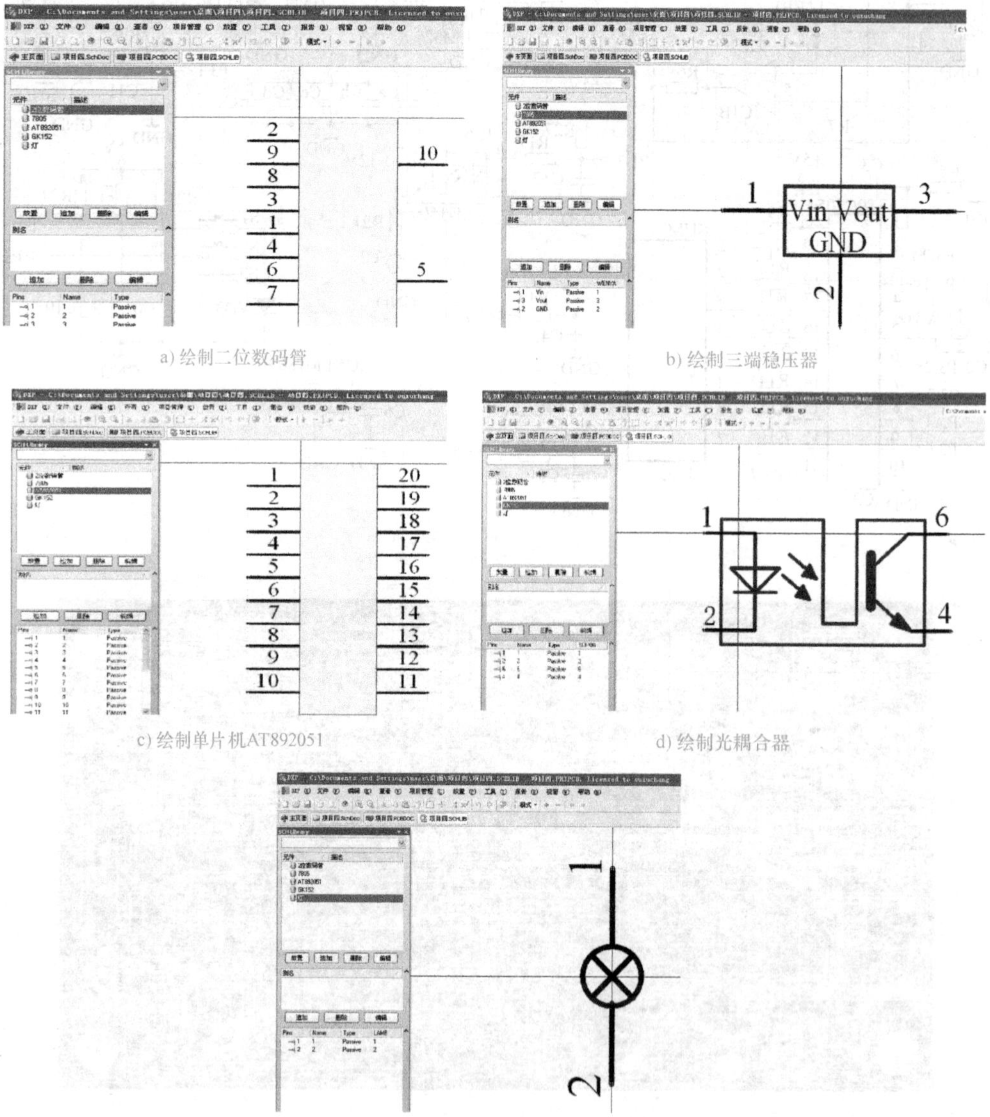

a) 绘制二位数码管　　b) 绘制三端稳压器

c) 绘制单片机AT892051　　d) 绘制光耦合器

e) 绘制小灯泡

图 4-5　绘制多个元器件

（3）创建 PCB 元器件封装库并绘制多个元器件封装

按照项目 3 介绍的方法根据实际尺寸绘制二位数码管、晶体管（8050）、按键（ANJIAN）、电解电容（CAP）、接口 J、继电器 JK、贴片集成一（SOP 8）、贴片集成二（SOP 8）、贴片集成三（SOP 14）、贴片电解电容（TDJPY）、普通二极管（VD）、稳压二极管（VD4）、灯、三端稳压器、贴片 LED 灯的封装，如图 4-6 所示。

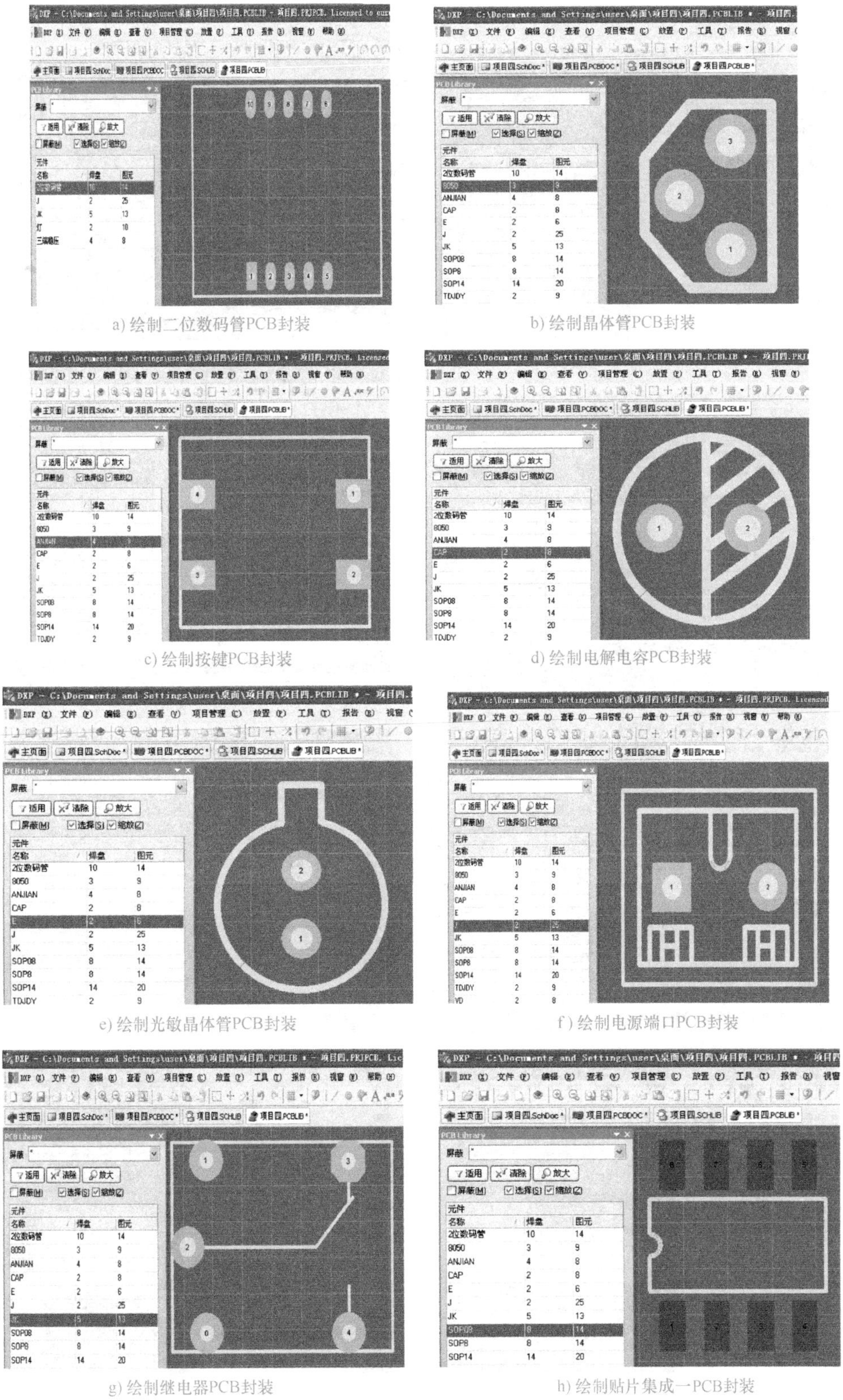

a) 绘制二位数码管PCB封装

b) 绘制晶体管PCB封装

c) 绘制按键PCB封装

d) 绘制电解电容PCB封装

e) 绘制光敏晶体管PCB封装

f) 绘制电源端口PCB封装

g) 绘制继电器PCB封装

h) 绘制贴片集成一PCB封装

图 4-6　绘制多个元器件的 PCB 封装

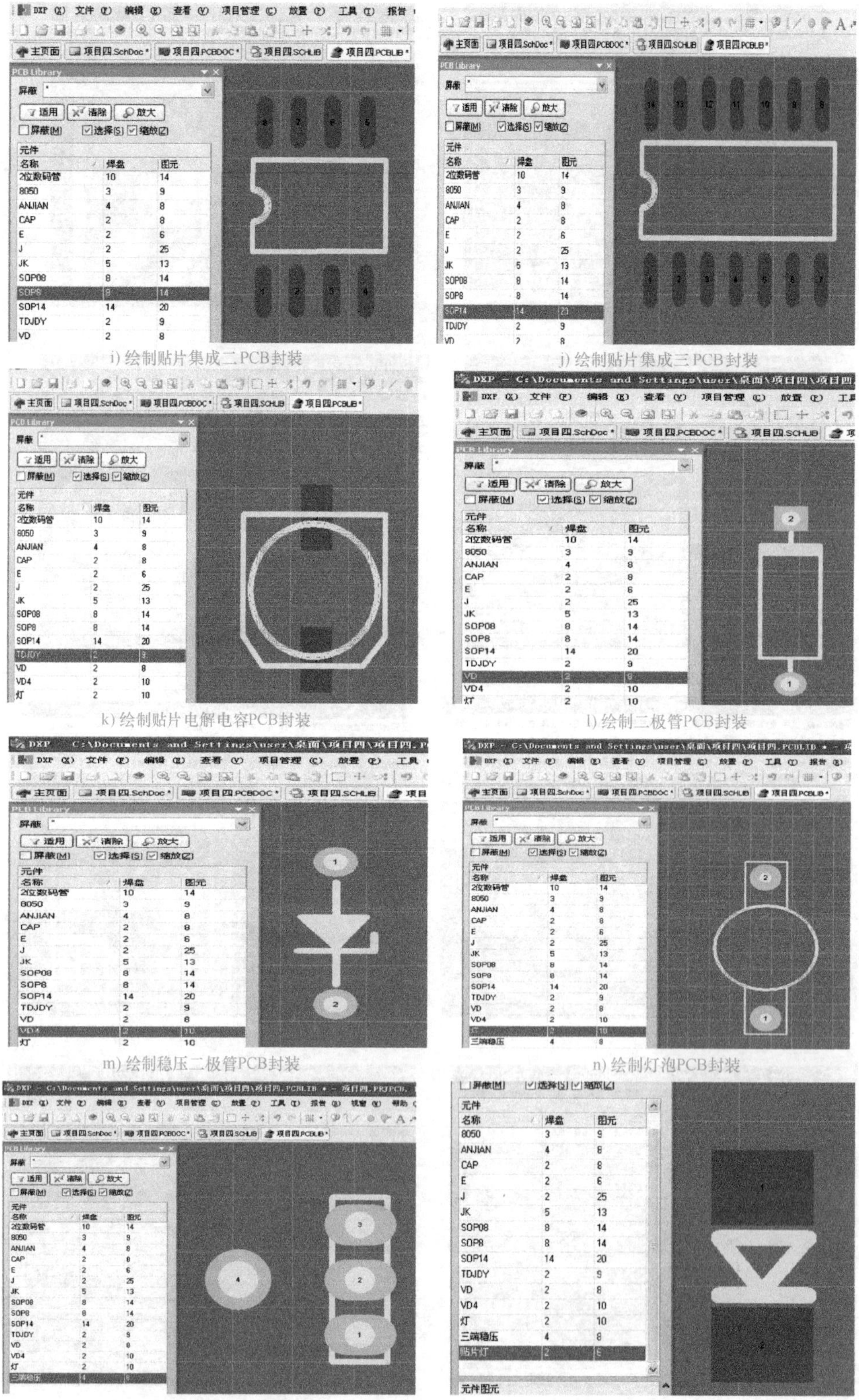

i) 绘制贴片集成二PCB封装
j) 绘制贴片集成三PCB封装
k) 绘制贴片电解电容PCB封装
l) 绘制二极管PCB封装
m) 绘制稳压二极管PCB封装
n) 绘制灯泡PCB封装
o) 绘制三端稳压器PCB封装
p) 绘制贴片LED灯PCB封装

图 4-6　绘制多个元器件的 PCB 封装（续）

（4）在原理图上放置元件和集成电路并连线

这次制作的是比较复杂的控制电路，并且是双面板。按照项目 3 的方法，根据表 4-1 绘制原理图和修改封装，并生成网络表。

表 4-1　元器件封装和封装库对应表

元器件型号	封装	封装库
R0～R7	AXILA-0. 3	Miscellaneous Devices. IntLib
R8	R2012-0805	Miscellaneous Devices. IntLib
R9～R16	AXILA-0. 3	Miscellaneous Devices. IntLib
R17～R20	R2012-0805	Miscellaneous Devices. IntLib
R21	AXILA-0. 9	Miscellaneous Devices. IntLib
R22～R24	R2012-0805	Miscellaneous Devices. IntLib
R25～R27	AXILA-0. 3	Miscellaneous Devices. IntLib
R28	R2012-0805	Miscellaneous Devices. IntLib
C1、C2、C5、C7～C12、Ca～Ce	R2012-0805	Miscellaneous Devices. IntLib
C3	CAP	项目 4. PCBLIB
C6	TDJDY	项目 4. PCBLIB
L1、L2	DENG	项目 4. PCBLIB
J1	J	项目 4. PCBLIB
JK	JK	项目 4. PCBLIB
VT1～VT3	8050	项目 4. PCBLIB
VD1、VD3	VD	项目 4. PCBLIB
VD2	DS0-C2/X2. 3	Miscellaneous Devices. IntLib
VD4	VD4	项目 4. PCBLIB
LED1	LED 灯	项目 4. PCBLIB
S1～S3	ANJIAN	项目 4. PCBLIB
E	E	项目 4. PCBLIB
Y	XTAL	Miscellaneous Devices. IntLib
RP1	VR5	Miscellaneous Devices. IntLib
RP2	VR5	Miscellaneous Devices. IntLib
IC1	SOP 14	项目 4. PCBLIB
IC2	SOP 8	项目 4. PCBLIB
IC3	DIP 20	项目 4. PCBLIB
IC4	7805	项目 4. PCBLIB
IC5	7805	项目 4. PCBLIB
IC6	SOP 8	项目 4. PCBLIB

2. 知识链接：PCB 图设计制作指引

（1）新建 PCB 文件

按照项目 1 的方法创建 PCB 文件并保存，规划尺寸为 120mm×80mm，加安装孔，如图

4-7 所示。

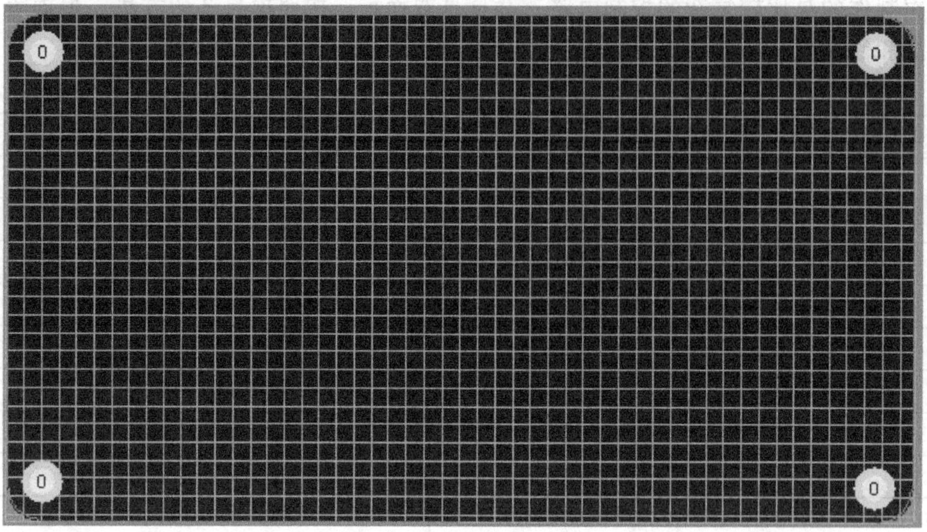

图 4-7　添加安装孔

（2）调入网络表和元器件封装

根据生成的网络表调出整个元器件封装和引脚之间的连接关系。

（3）元器件的布局

为了使电路板紧凑，节省材料，元器件采用双面布局。LED1、C15、R27、L1、L2、E、LED2、S1、S2、S3 要放在底层。具体操作如下：

双击要修改层的元器件，如 L1，在弹出的对话框中把【层】的“Top Layer”改成“Bottom Layer”，然后单击【确定】按钮，如图 4-8 所示。或在需要修改层的元器件上按住鼠标左键不放，然后按快捷键<Ctrl+L>组合键，也可以把顶层放置的元器件换到底层放置。

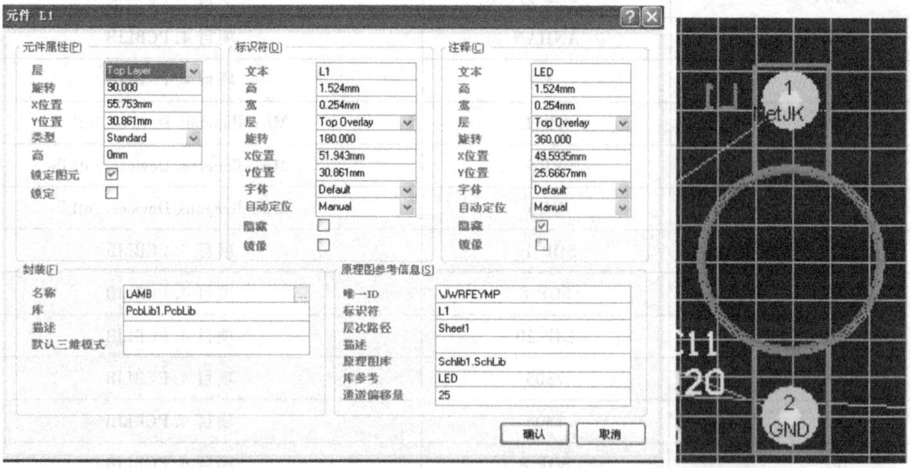

图 4-8　元器件底层放置对话框

其他元器件用同样的方法调整，并人工布局，如图 4-9 所示。

（4）自动布线和人工调整

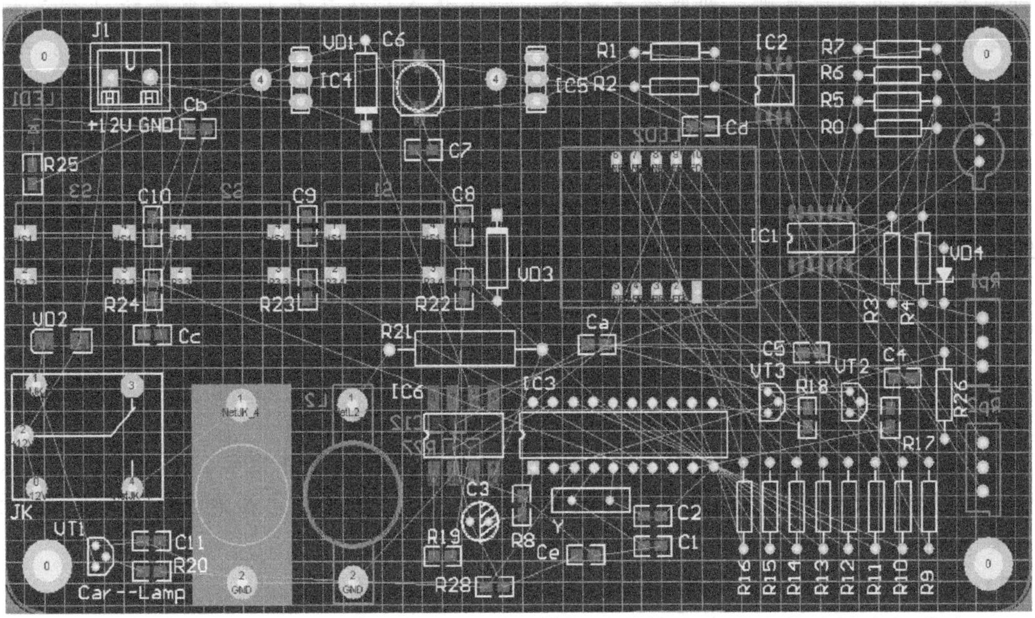

图 4-9　元器件布局图

按照项目 3 的方法，将布局好的 PCB 图进行自动布线和人工调整，布线导线宽度：电源为 0.9mm，GND 为 1mm，其他信号线为 0.5mm。如图 4-10 所示，完成整个电路的设计。

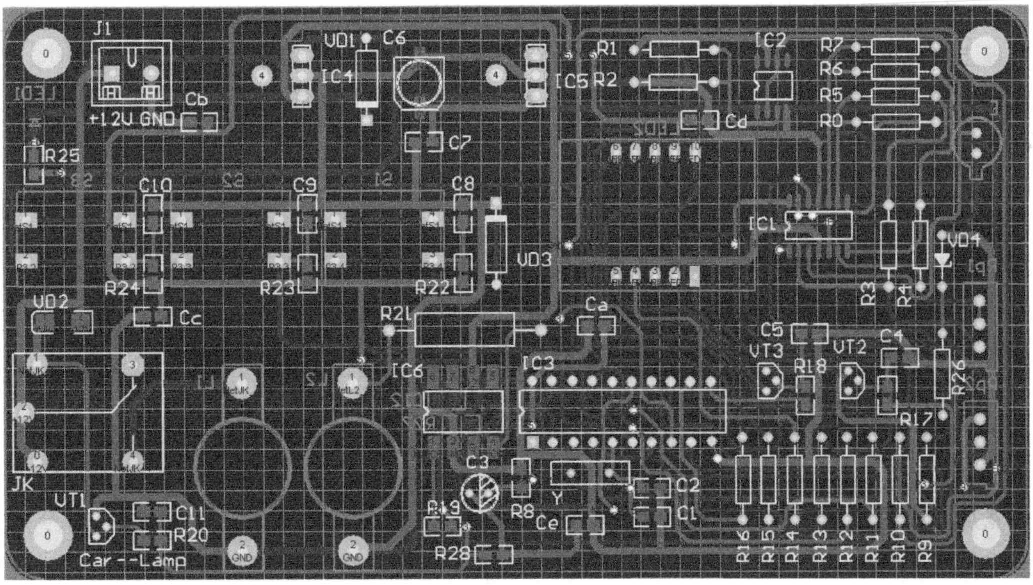

图 4-10　自动布线和人工调整布线

小词典：

1. 元件布局基本规则

1）按电路模块进行布局，实现同一功能的相关电路称为一个模块，电路模块中的元件应采用就近集中原则，同时数字电路（怕干扰又产生干扰）、模拟电路（怕干扰）和功率电路（干扰源）要分开；（如果不能采用地平面，则应采用星形联结策略。限制条件：①数字电流不能流过模拟区域；②高速电流不能流过低速电流区域）；数字信号以及高速信号可引起地平面电压的改变，影响模拟信号以及低速信号，高频信号与低频信号也要分开。

2）定位孔、标准孔等非安装孔周围1.27mm内不得贴装元器件，螺钉等安装孔周围3.5mm（对于M2.5）、4mm（对于M3）内不得贴装元器件。

3）卧装电阻、电感（插件）、电解电容等元件的下方避免布过孔，以免波峰焊后过孔与元器件壳体短路。

4）元器件的外侧距板边的距离为5mm。

5）贴装元件焊盘的外侧与相邻插装元件的外侧距离大于2mm。

6）金属壳体元器件和金属件（屏蔽盒等）不能与其他元器件相碰，不能紧贴印制线、焊盘，其间距应大于2mm。定位孔、紧固件安装孔、椭圆孔及板中其他方孔外侧距板边的尺寸大于3mm。

7）发热元件不能紧邻导线和热敏元件；高热器件要均衡分布。

8）电源插座要尽量布置在印制板的四周，电源插座与其相连的汇流条接线端应布置在同侧。特别应注意不要把电源插座及其他焊接连接器布置在连接器之间，以利于这些插座、连接器的焊接及电源线缆设计和扎线。电源插座及焊接连接器的布置间距应考虑方便电源插头的插拔。

9）其他元器件的布置：所有集成元器件单边对齐，有极性元器件极性标示明确，同一印制板上极性标示不得多于两个方向，出现两个方向时，两个方向互相垂直。

10）板面布线应疏密得当，当疏密差别太大时应以网状铜箔填充，网格大于8mil（或0.2mm）。

11）贴片焊盘上不能有通孔，以免焊膏流失造成元器件虚焊。重要信号线不准从插座脚间穿过。

12）贴片元件单边对齐，字符方向一致，封装方向一致。

13）有极性的元器件在同一板上的极性标示方向尽量保持一致。

14）元器件引脚尽量短，去耦电容引脚尽量短，并尽量接近IC引脚。

2. 元器件布线规则

1）画定布线区域距PCB板边≤1mm的区域内，以及安装孔周围1mm内，禁止布线。

2）先对电源进行布线，保证电器性能，在条件允许的范围内尽量做到加宽地线、电源线的宽度；一般而言，宽度为地线>电源线>信号线；电源线宽度不应低于18mil；信号线宽度不应低于12mil；CPU入出线不应低于10mil（或8mil）；线间距不低于10mil。

3）正常过孔外径不小于30mil。

4）注意电源线与地线应尽可能呈放射状，以及信号线不能出现回环走线，或者回环面积相当小。

5）对于一些关键的信号线（时钟线等）可以进行预先布线，同时上线两侧信号线尽量垂直，平行易产生寄生耦合。

6）石英晶体振荡器外壳要接地，用地线将时钟区圈起来，时钟线尽量短。并且时钟振荡电路下面要尽量加大地线的面积，并且不能走其他信号线，来减小干扰。

7）印制板尽量使用135°折线而不用90°折线布线，以减小高频信号对外的发射与耦合。

8）I/O驱动电路尽量接近印制板边，让其尽快离开印制板。对进入印制板的信号要加滤波，从高噪声区来的信号也要加滤波，同时用串终端电阻的办法（阻抗匹配）减小信号反射。

9）关键信号线要短而粗，尽量加地保护。

10）关键信号要预留监测点，方便生产和维修检测用。

3. 布线优化和丝印

在基本完成布线之后，对PCB图进行布线优化，使信号线之间距离尽量短、上下层信号尽量垂直等，使电器性能更加完善；优化后进行DRC检查，并对板子进行适当修改；进而对丝印层的器件的标识进行排列，使其方向一致，让焊接人员方便识别出元器件的位置；最后在PCB上标出板子的名称、版本以及绘制时间。

任务2 远近光灯控制电路PCB的制作

任务描述

根据设计的PCB图，用热转印法制作远近光灯控制电路的PCB。要求设计出PCB尺寸不超过140mm×80mm的双面板图，双层布线，布局符合国家标准。

任务目标

1. 总体目标

根据设计的PCB图用制板工具制作出成品的电路板。

2. 具体目标

知识方面：

1）能正确叙述较复杂PCB电路板的制作步骤及要点。

2）能正确叙述较复杂PCB电路板的品质管控及质量分析要点。

技能方面：

1）能通过小组合作，制作出较复杂的高品质的电路板。

2）会制作电路板的丝印图形符号。

任务导学

1. 知识链接：网上下单给公司制作电路板流程

有些电路板比较复杂，如比较复杂的双面电路板或其他多层电路板，由于学校的制板条件有限，制作不了，可以交给专门的电路板制作公司生产。下面以给某制作电路板公司下单为例进行介绍。

1）在某制作电路板公司网站注册一个账户，如图4-11所示，输入个人信息注册即可，得到一个账户名和密码。

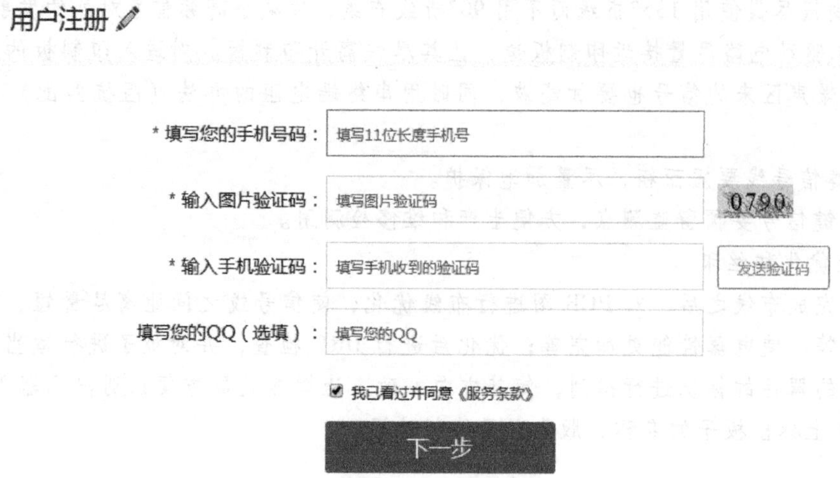

图 4-11　某制作电路板公司网站账号申请界面

2）利用注册得到的账户名和密码登录，登录后看到如图 4-12 所示的界面，单击【PCB 订单管理】→【在线下单】，弹出图 4-13 所示的界面，根据我们设计的 PCB 图的要求填写板子层数、板子宽度、长度和需要的数量，填好后，单击【保存】按钮。

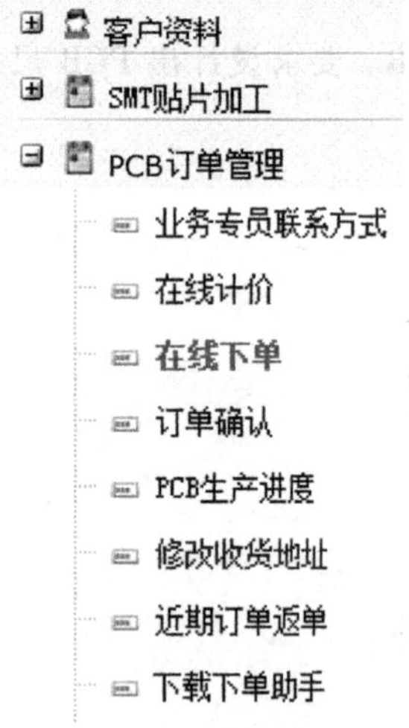

图 4-12　PCB 订单管理界面

图 4-13　PCB 在线下单

按要求填写工艺及收货信息等，如图 4-14 所示。填好后单击【保存计算总价并上传文件】按钮。

按要求上传 PCB 图文件，如图 4-15 所示，此公司要求上传的是压缩文件（如 rar、zip 文件），其他文件上传不了。下单完成后如图 4-16 所示，等待公司的审核，如图 4-17 所示。

图 4-14 工艺及收货信息的填写

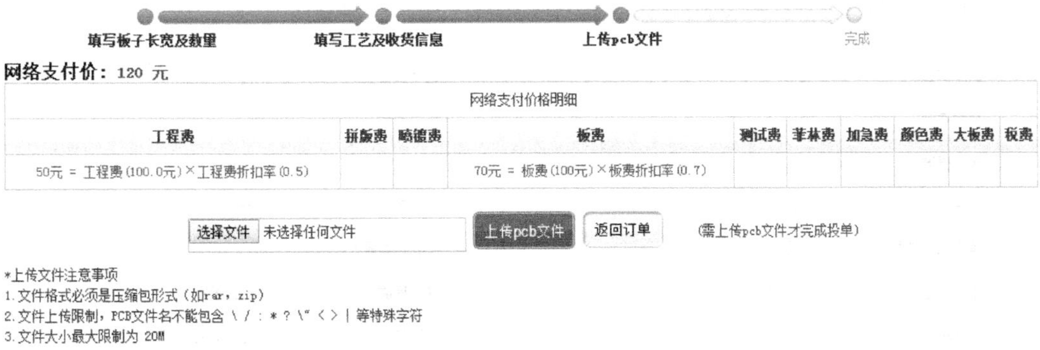

图 4-15 上传 PCB 图文件窗口

公司审核通过后，反馈回来的信息如图 4-18 所示，查看没有问题后，可以网上付款。付款后，就交由公司按要求生产了。生产过程中，客户也可以在该公司网站上观看生产流程，查看什么时间到了什么生产工艺。生产完成后，公司会把制作好的电路板快递给客户，客户收到电路板后，经检查无误，就可以直接使用了。公司生产的远近灯控制电路电路板如图 4-19 和图 4-20 所示。

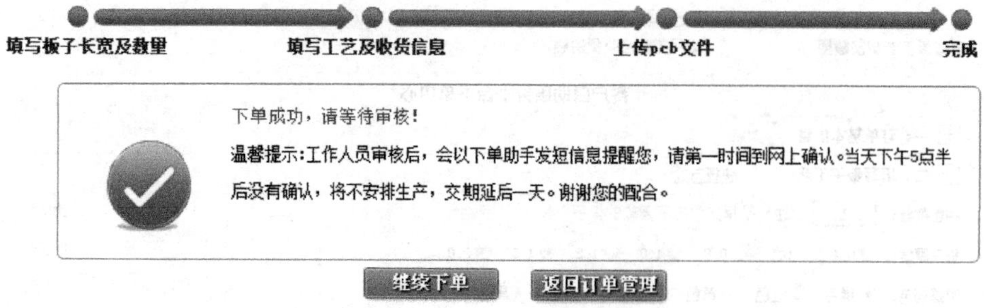

图 4-16　下单完成的窗口

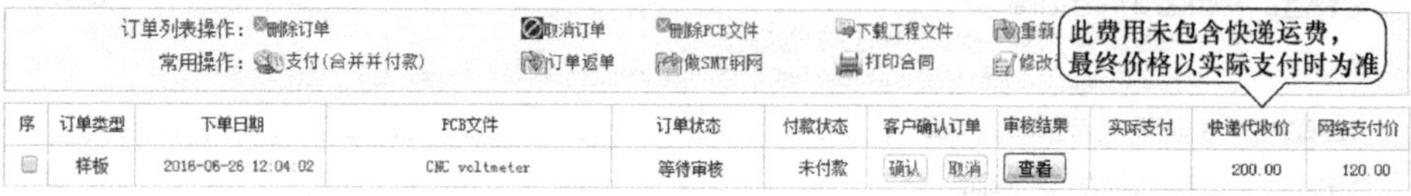

图 4-17　等待公司审核窗口

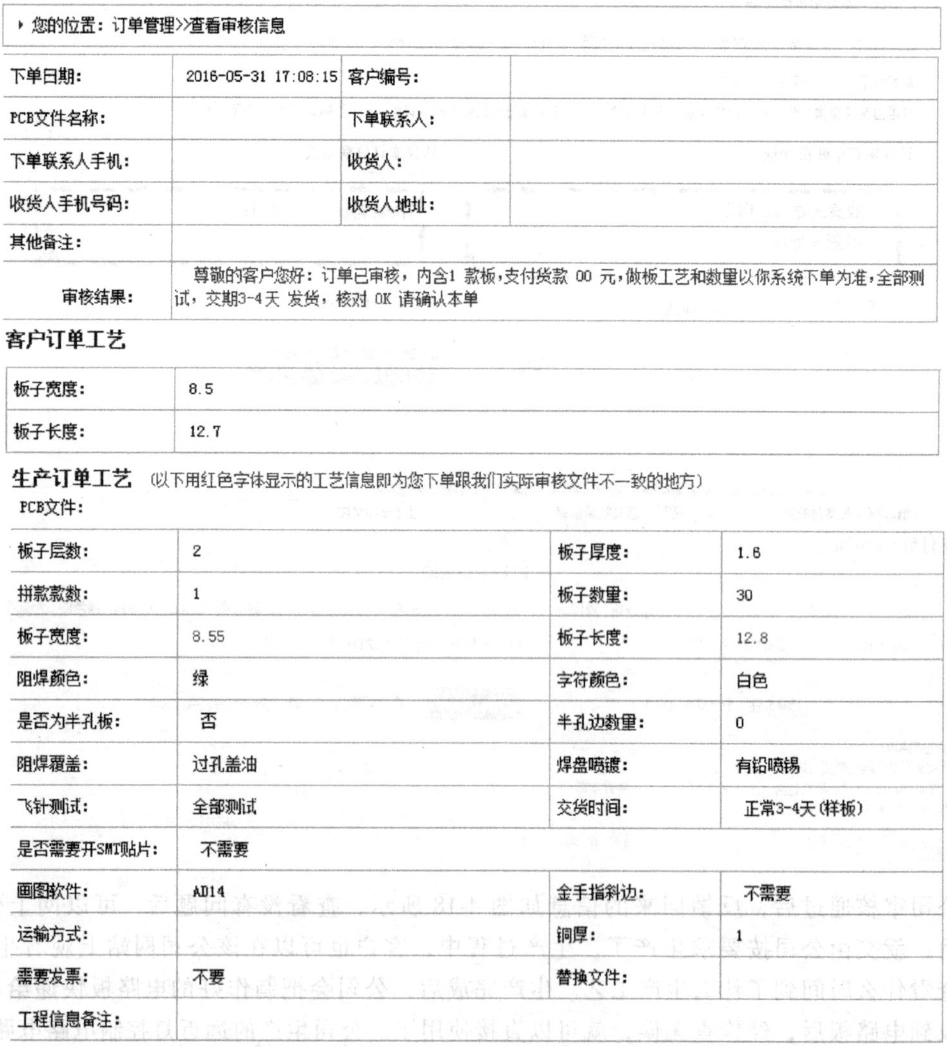

▸ 您的位置：订单管理>>查看审核信息

下单日期：	2016-05-31 17:08:15	客户编号：	
PCB文件名称：		下单联系人：	
下单联系人手机：		收货人：	
收货人手机号码：		收货人地址：	
其他备注：			
审核结果：	尊敬的客户您好：订单已审核，内含1 款板，支付货款 00 元，做板工艺和数量以你系统下单为准，全部测试，交期3-4天 发货，核对 OK 请确认本单		

客户订单工艺

板子宽度：	8.5
板子长度：	12.7

生产订单工艺　(以下用红色字体显示的工艺信息即为您下单跟我们实际审核文件不一致的地方)

PCB文件：

板子层数：	2	板子厚度：	1.6
拼款款数：	1	板子数量：	30
板子宽度：	8.55	板子长度：	12.8
阻焊颜色：	绿	字符颜色：	白色
是否为半孔板：	否	半孔边数量：	0
阻焊覆盖：	过孔盖油	焊盘喷镀：	有铅喷锡
飞针测试：	全部测试	交货时间：	正常3-4天(样板)
是否需要开SMT贴片：	不需要		
画图软件：	AD14	金手指斜边：	不需要
运输方式：		铜厚：	1
需要发票：	不要	替换文件：	
工程信息备注：			

图 4-18　公司审核通过的信息

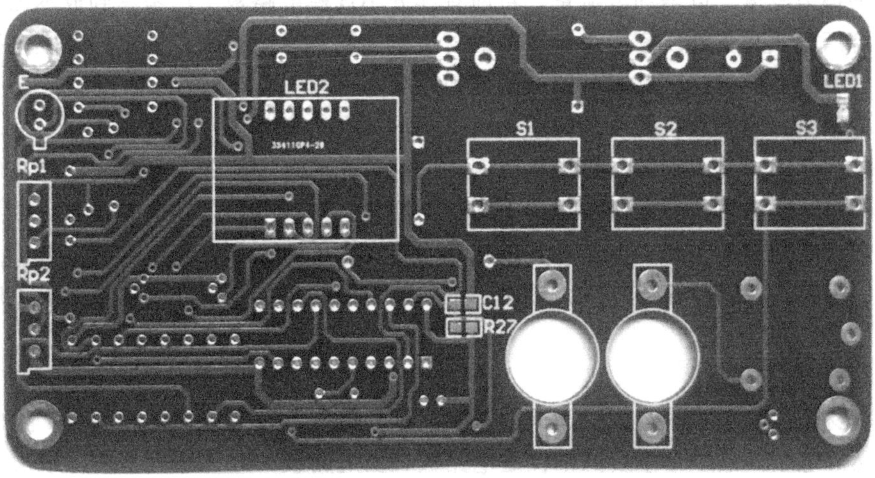

图 4-19　远近光灯控制电路板正面

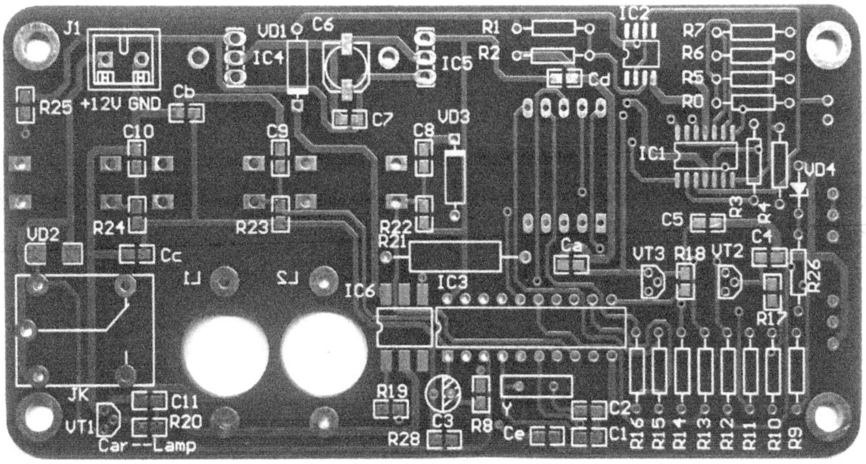

图 4-20　远近光灯控制电路板反面

2. 知识链接：PCB 的品质管控重点及品质分析

1）看得见的品质问题：阻焊、字符类的品质问题影响到外观，不会影响到板子性能。危害度：小。

2）能测量出的品质问题：开路、短路、过孔不通，此类品质问题在电子产品出货前可以发现，并且个别问题可以加以维修，即使无法维修，其造成的损失也是能估算的。危害度：中。

3）看不见的品质问题：线路、过孔的铜厚；微开、微短、板材材质。这类品质问题其实就是隐患，不知何时会发生，造成的损失无法估量。其中的问题在实际使用过程中才能发现，其影响极坏。危害度：大。

问题追踪：线路的铜厚即线路层铜箔的厚度，线路铜如果太薄则会影响电流、可焊接性。常规的板材基材的厚度是 17μm，但是在生产过程中，因为进行了沉铜、电铜，其铜箔已增厚到 34μm 左右。有经验的工程师在线路层大铜箔上开窗（特别是电源板）也就是为了增加线路的铜箔厚度，以增加电流量。目前有部分小规模电路板工厂考虑到成本因素，板材上采用杂牌厂家或是正牌厂家中级别较差的材质，其铜箔厚度将大大缩水，加上电镀工序的时间缩短或缺少品质管控，此时电路板的铜箔厚度不得而知。

过孔的铜厚：这一点很重要。国际上明确要求过孔内壁铜厚平均不得低于15μm。钻孔后的电路板其孔内壁是无铜的，需进行沉铜、电铜后孔内壁才能附上金属铜。产品使用过程中因铜厚不足，通电时孔在电流的作用下则自动断开，这对产品是致命的危害。因为有可能产品出厂前检测是没问题的，但送到客户处后问题发生了。而飞针测试及测试架都无法测出铜箔厚度，唯有进行切片检测。因此，对于某些较大的订单，客户应要求电路板工厂提供切片图。

3. 知识链接：不良板材的危害

不良板材是由偷工减料造成的，或是以次充好，性能不良可想而知，而所产生的危害也是理所当然。电子产品中最重要的部位是电路板，而电路板的好坏最大程度上取决于电路板材，电路板材不好，会产生这样或那样的危害，其主要表现在：

1）在焊接时，焊盘极容易掉脱，从而导致整板报废。

2）电路板经过一段时间运作，发生微变形，电路板的变形收缩从而导致性能的不稳定。

3）板材的变形会导致一个更严重的问题，就是使线路变形，让电路板处于完全不稳定的状态。

4）对于返修的，如果板材不行，焊盘容易脱落，则更是直接导致返修产品报废，导致严重的损失。

任务3　远近光灯控制电路组装

任务描述

采购相关电子元器件，根据所给电路图纸，分析电路的组成及工作过程，按电子产品工艺要求装配电路，并按要求对各项参数进行测试，检查是否能满足性能要求。

任务目标

1. 总体目标

按照工艺要求安装和调试远近光灯控制电路。

2. 具体目标

知识方面：

1）正确叙述电路中相关元器件的结构特点及作用，特别是光敏晶体管、数码管、运算放大器和单片机。

2）正确叙述光敏晶体管、数码管、运算放大器和单片机的基本工作原理。

3）正确叙述单片机工作三要素、条件及单片机的基本工作过程。

技能方面：

1）能正确检测、判断光敏晶体管、数码管、硅光电池等特殊元器件的质量。

2）能正确安装光敏晶体管、数码管等特殊元器件。

3）能独立完成整机电路的组装。

任务导学

1. 知识链接：元器件的识别与检测

(1) 运算放大器的识别

运算放大器是一种通用的集成电路，如图 4-21 所示，其应用范围很广，可以应用在放大、振荡、电压比较、阻抗变换、有源滤波等电路中，根据工作特性，运算放大器构成的电路主要有线性放大器与非线性放大器。

1）运算放大器的原理。

图 4-21　运算放大器

如图 4-22 所示，运放有两个输入端 a（反相输入端）、b（同相输入端）和一个输出端 o，也分别被称为倒相输入端、非倒相输入端和输出端。当电压 U_-加在 a 端和公共端（公共端是电压为零的点，它相当于电路中的参考节点）之间，且其实际方向从 a 端指向公共端时，输出电压 U 的实际方向则自公共端指向 o 端，即两者的方向正好相反。当输入电压 U_+加在 b 端和公共端之间时，U 与 U_+两者的实际方向相对公共端恰好相同。为了区别起见，a 端和 b 端分别用“-”和“+”号标出，但不要将它们误认为是电压参考方向的正负极性，电压的正负极性应另外标出或用箭头表示。图 4-21 是一个标准运算放大器的电路符号。

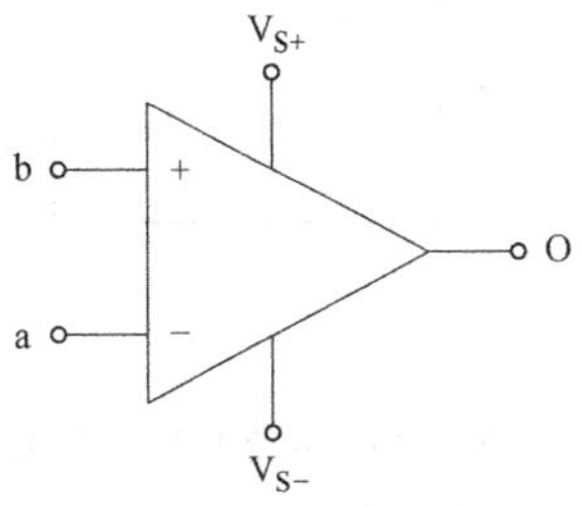

图 4-22　LM324 运算放大器

V_+：同相输入端；

V_-：反相输入端；

V_{out}：输出端；

V_{S+}：正电源端（也可以用 VDD、VCC 或 VCC+表示）

V_{S-}：负电源端（也可以用 VSS、VEE 或 VCC-表示）

运放的供电方式分双电源供电与单电源供电两种。对于双电源供电运放，其输出可在零电压两侧变化，在差动输入电压为零时输出也可置零。采用单电源供电的运放，输出在电源与地之间的某一范围变化。

2）常用运算放大器的简介。

① μA741 运算放大器的简介。μA741M、μA741I、μA741C（单运放）是高增益运算放大器，用于军事、工业和商业领域。这类单片硅集成电路器件提供输出短路保护和闭锁自由运作。μA741 的引脚图如图 4-23 所示。

1 脚：Offset　null　1；

2 脚：Inverting　input；

3 脚：Non-inverting　input；

4脚：VCC⁻；

5脚：Offset null 2；

6脚：Output；

7脚：VCC⁺；

8脚：NC。

1脚和5脚为偏置（调零端），2脚为正相输入端，3脚为反相输入端，4脚接地，6脚为输出，7脚接电源，8脚为空脚。

② LM324运算放大器的简介。LM324系列器件是带有差动输入的四运算放大器，引脚连接图如图4-24所示。它具有以下特点：

- 短路保护输出。
- 真差动输入级。
- 可单电源工作：3~32V。
- 低偏置电流：最大100mA。
- 每封装含四个运算放大器。
- 具有内部补偿的功能。
- 共模范围扩展到负电源。
- 行业标准的引脚排列。
- 输入端具有静电保护功能。

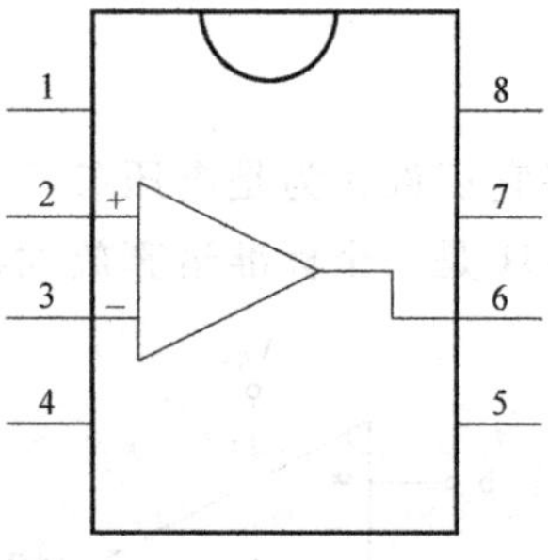

图4-23 μA741运算放大器

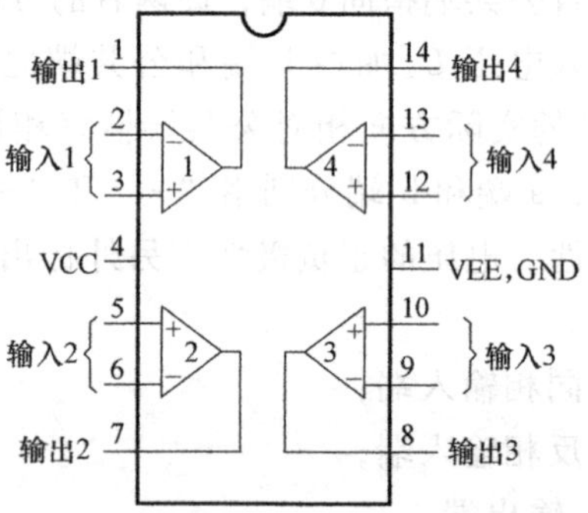

图4-24 LM324运算放大器的引脚连接图

（2）AT89C2051单片机的识别与检测

AT89C2051（见图4-25）是美国ATMEL公司生产的低电压、高性能CMOS 8位单片机，片内含2KB的可反复擦写的只读程序存储器（PEROM）和128B的随机数据存储器（RAM），器件采用ATMEL公司的高密度、非易失性存储技术生产，兼容标准MCS-51指令系统，片内置通用8位中央处理器和Flash存储单元。AT89C2051单片机在电子类产品中有广泛的应用。

1）单片机的原理与结构

AT89C2051是一个带有2KB闪速可编程可擦除只读存储器（EEPROM）的低电压、高性能8位CMOS微处理器。它采用ATMEL公司的高密非易失存储技术制造，

图4-25 AT89C2051单片机

并和工业标准 MCS-51 指令集和引脚结构兼容。通过在单块芯片上组合通用的 CPLI 和闪速存储器，ATMEL 公司的 AT89C2051 已成为一款强劲的微型处理器，它为许多嵌入式控制应用提供了高度灵活和成本低的解决办法。

AT89C2051 提供以下标准功能：2KB 闪速存储器，128B RAM，15 个 I/O 口，两个 16 位定时器，一个五向量两级中断结构，一个全双工串行口，一个精密模拟比较器以及两种可选的软件节电工作方式。空闲方式停止 CPU 工作，但允许 RAM、定时器/计数器、串行工作口和中断系统继续工作。掉电方式保存 RAM 内容但振荡器停止工作，并禁止有其他部件工作，直到下一个硬件复位。

2）AT89C2051 的引脚功能。

AT89C2051 的引脚图如图 4-26 所示。

① VCC：电源电压。

② GND：地。

③ P1 口：P1 口是一个 8 位双向 I/O 口。引脚 P1.2～P1.7 提供内部上拉电阻，P1.0 和 P1.1 要求接外部上拉电阻。P1.0 和 P1.1 还分别作为片内精密模拟比较器的同相输入（AIN0）和反相输入（AIN1）。P1 口输出缓冲器可吸收 20mA 电流并能直接驱动 LED 显示。当 P1 口引脚写入“1”时，其可用作输入端。当引脚 P1.2～P1.7 用作输入并被外部拉低时，它们将因内部的上拉电阻而流出电流。

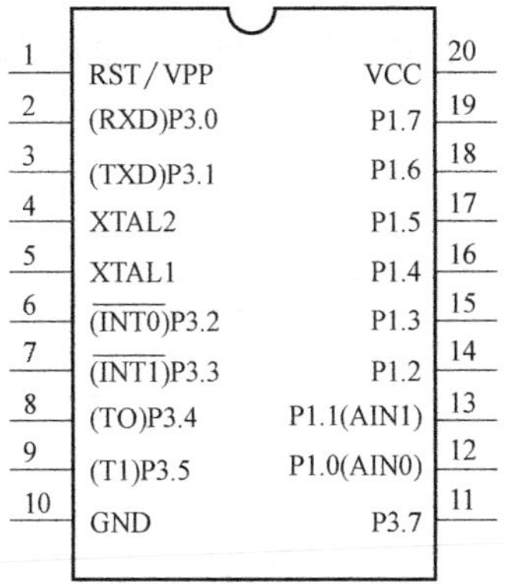

图 4-26　AT89C2051 单片机引脚图

④ P3 口：P3 口的 P3.0～P3.5、P3.7 是带有内部上拉电阻的七个双向 I/O 口引脚。P3.6 用于固定输入片内比较器的输出信号，并且它作为一个通用 I/O 引脚而不可访问。P3 口缓冲器可吸收 20mA 电流。当 P3 口写入“1”时，它们被内部上拉电阻拉高并可用作输入端。用作输入端时，被外部拉低的 P3 口将用上拉电阻拉高而流出电流。

P3 口还用于实现 AT89C2051 的各种第二功能，见表 4-2。

表 4-2　P3 口引脚的第二功能

引脚	功　能	引脚	功　能
P3.0	RXD 串行输入端口	P3.3	INT1　外中断 1
P3.1	TXD 串行输出端口	P3.4	T0 定时器 0 外部输入
P3.2	INT0　外中断 0	P3.5	T1 定时器 1 外部输入

P3 口还接收一些用于闪速存储器编程和程序校验的控制信号。

⑤ RST：复位输入。RST 一旦变成高电平，所有的 I/O 引脚就复位到“1”。当振荡器正在运行时，持续给出 RST 引脚两个机器周期的高电平便可完成复位。每一个机器周期需 12 个振荡脉冲周期或时钟周期。

⑥ XTAL1：作为振荡器反相器的输入和内部时钟发生器的输入。

⑦ XTAL2：作为振荡器反相放大器的输出。

3）单片机最小系统。

最小系统是指由单片机和一些基本的外围电路所组成的一个可以工作的单片机系统，一般来说，包括单片机、晶体振荡器电路和复位电路。

① 复位电路。

复位电路的基本功能是：系统上电时提供复位信号，直至系统电源稳定后，撤销复位信号。为可靠起见，电源稳定后还要经一定的延时才撤销复位信号，以防电源开关或电源插头分、合过程中引起的抖动而影响复位。图 4-27 为手动和单片机上电自动复位电路，高电平复位，S1 为手动复位开关，C1 为上电复位电容。

② 晶体振荡器电路。

单片机晶振的作用是为系统提供基本的时钟信号。晶体振荡器电路主要包括一个晶体振荡器和两个小容量电容。通常晶体振荡器的频率取值在 1. 2~12 MHz 之间，通常 C1 和 C2 取 30pF 左右。XTAL1 和 XTAL2 分别为主振荡电路的输入、输出端。其振荡电路有两种组成方式：片内振荡器和片外振荡器。片内振荡器如图 4-28 所示。

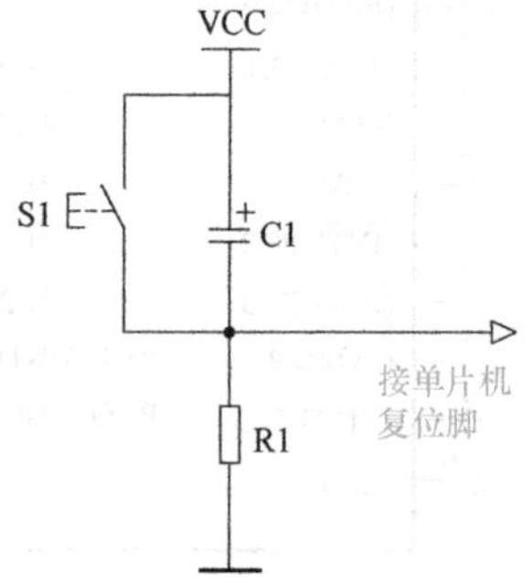

图 4-27　单片机常见的复位

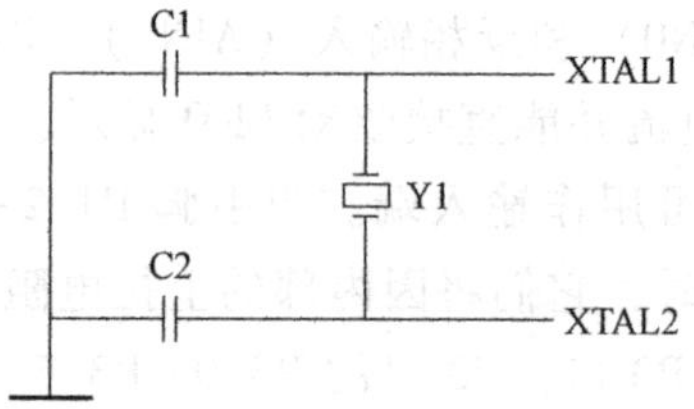

图 4-28　片内振荡器

③ 单片机的应用。

单片机已渗透到人们生活的各个领域，几乎很难找到哪个领域没有单片机的踪迹。导弹的导航装置，飞机上各种仪表的控制，计算机的网络通信与数据传输，工业自动化过程的实时控制和数据处理，广泛使用的各种智能 IC 卡，民用豪华轿车的安全保障系统，录像机、摄像机、全自动洗衣机的控制，以及程控玩具、电子宠物等，这些都离不开单片机，更不用说自动控制领域的机器人、智能仪表、医疗器械以及各种智能机械了。因此，单片机的学习、开发与应用将造就一批计算机应用与智能化控制的科学家、工程师。

单片机广泛应用于仪器仪表、家用电器、医用设备、航空航天、专用设备的智能化管理及过程控制等领域。

(3) 光耦合器的识别与检测

1) 光耦合器的原理。

光耦合器也称光电隔离器，简称光耦（见图 4-29）。它是以光主媒介来传输电信号的器件，通常把发光器（红外发光二极管）与受光器（光敏半导体管）封装在同一管壳内。当输入端加电信号时，发光器发出光线，受光器接收光线之后就产生光电流，从输出端流出，从而实现了“电-光-电”转换。光耦合器的内部结构如图 4-30 所示。

2) 光耦合器的应用。

光耦合器是一种把电子信号转换成光学信号，然后又恢复电子信号的半导体器件，从而

图 4-29　光耦合器

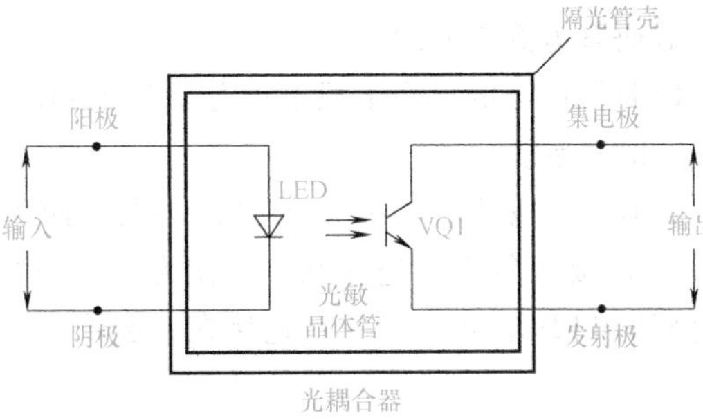

图 4-30　光耦合器内部结构

起到输入、输出、隔离的作用。由于光耦合器输入、输出间互相隔离，电信号传输具有单向性等特点，因而具有良好的电绝缘能力和抗干扰能力。光耦合器在电路中经常应用在电源稳压控制电路中。

3）光耦合器的检测。

由于光耦合器内部的发光二极管和光敏晶体管只是把电路前后级的电压或电流变化转化为光的变化，二者之间没有电气连接，因此能有效隔断电路间的电位联系，实现电路之间的可靠隔离。判断光耦合器的好坏，可通过在路测量其内部二极管和晶体管的正反向电阻来确定。更可靠的检测方法是以下三种。

① 比较法。

拆下疑似有问题的光耦，用万用表测量其内部二极管、晶体管的正反向电阻值，用其与好的光耦对应脚的测量值进行比较，若阻值相差较大，则说明光耦已损坏。

② 数字万用表检测法。

下面以 LH1500 光耦检测为例来说明数字万用表检测的方法，检测时将光耦内接二极管的+端“1”脚和-端“2”脚分别插入数字万用表的 HFE 档的 c、e 插孔内，此时数字万用表应置于 NPN 档；然后将光耦内接光敏晶体管 c 极“6”脚接指针式万用表的黑表笔，e 极“4”脚接红表笔，并将指针式万用表拨在“R×1k”档。这样就能通过指针式万用表指针的偏转角度——实际上是光电流的变化，来判断光耦的情况。指针向右偏转角度越大，说明光耦的光电转换效率越高，即传输比越高，反之越低；若表针不动，则说明光耦已损坏。

③ 光电效应判断法。

仍以 LH1500 光耦合器的检测为例，将万用表置于 R×1k 电阻档，两表笔分别接在光耦的输出端“6”“4”脚，然后用一节 1.5V 的电池与一只 50～100Ω 的电阻串接后，电池的正极端接 LH1500 的“1”脚，负极端碰接“2”脚，这时观察接在输出端万用表的指针偏转情况。如果指针摆动，说明光耦是好的；如果不摆动，则说明光耦已损坏。万用表指针摆动偏转角度越大，表明光电转换灵敏度越高。

（4）数码管的识别与检测

1）数码管的原理。

LED 数码管又名半导体数码管或 7 段数码管，是目前常用的显示器件之一。它是以发光二极管作为七个显示笔段并按照共阴或者共阳方式连接而成的。有时为了方便使用，就将多个数字字符封装在一起成为多位数码管，内部封装了多少个数字字符的数码管就叫作“×”

位数码管（×的数值等于数字字符的个数）。常用的数码管为1~6位（见图4-31），下面以一位数码管为例来介绍。

LED数码管的7个笔段电极分别为A~G，DP为小数点（见图4-32）。有些用小写字母a~g、dp表示。

LED数码管内部的LED有共阴与共阳两种连接方式，如图4-33所示。共阴就是指内部的LED阴极（负极）连接在一起作为一个公共端引出，阳极作为单独的引出端；共阳就是指内部的LED阳极（正极）连接在一起作为一个公共端引出，阴极作为单独的引出端。

图4-31 数码管

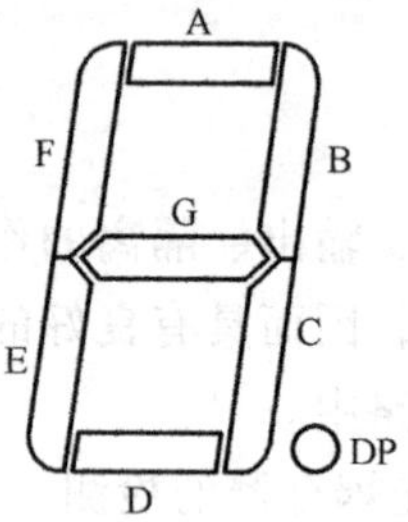

图4-32 数码管笔画

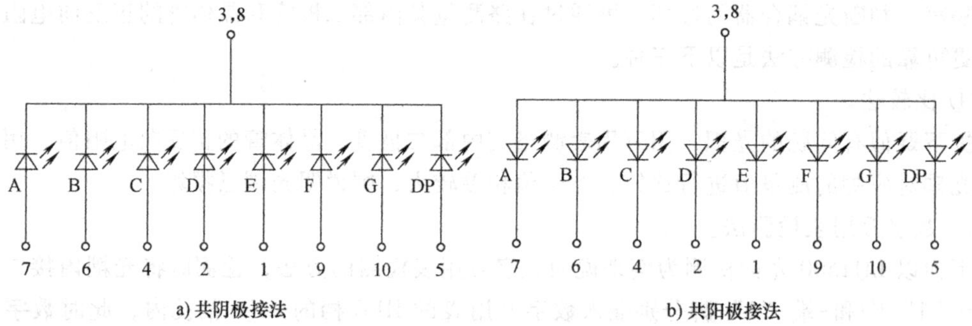

图4-33 数码管共阴、共阳的连接方式

LED数码管的引脚通常有两排，当字符面朝下、数字朝上时，右下角的引脚为第1脚，然后顺时针排列其他引脚。

2）数码管的类型的判别

怎样测量数码管引脚？怎么区分共阴和共阳？下面分别说明。

找公共阴极和公共阳极：首先找1个电源（3~5V）和1个1kΩ（几百欧的也行）的电阻，电源的正极VCC串接电阻后和电源的地GND接在任意2个脚上，组合有很多，但总有一个LED会发光的，找到一个就够了，然后GND不动，VCC（串电阻）逐个碰剩下的脚，如果有多个LED（一般是8个），那它就是共阴的了。相反VCC不动，GND逐个碰剩下的脚，如果有多个LED（一般是8个），那它就是共阳的。也可以直接用数字万用表判别，红表笔是电源的正极，黑表笔是电源的负极。

（5）三端稳压器的识别与检测

1）三端稳压器的简介。

固定三端稳压器（见图4-34）主要有78××系列正电压输出稳压器和79××系列负电压输

出稳压器。78××、79××系列固定三端稳压器，输出电压有5V、6V、9V、12V、15V、18V、24V等规格，最大输出电流为1.5A。这种稳压器内部含有限流保护、过热保护和过电压保护电路，采用噪声低、温度漂移小的基准电压源，工作稳定可靠。78××系列三端固定稳压器的1脚为输入端，2脚为接地端，3脚为输出端。79××系列稳压器除输入电压和输出电压均为负值外，其他参数和特点与78××系列集成稳压器相同。79××系列三端固定稳压器的1脚为接地端，2脚为输入端，3脚为输出端。

2）三端稳压器应用注意事项

三端集成稳压器具有较完善的过电流、过电压和过热保护装置。在满负荷使用时，稳压器必须加合适的散热片（见图4-35），并防止将输入与输出端接反，避免接地端（GND）出现接触不良故障。当稳压器输出端接有大容量电容时，应在电路输入端与电压输出端之前接一只保护二极管（二极管正极接电压输出端），以保护稳压块内部大功率调整管。

图4-34　三端稳压器

图4-35　三端稳压器安装散热片

（6）继电器的识别与检测

继电器是一种电子控制器件（见图4-36），具有控制系统（又称输入回路）和被控制系统（又称输出回路）。继电器可以使用一组控制信号来控制一组或多组电气接点开关，通常应用在自动控制电路中。继电器实际上是用较小的电流去控制较大电流的一种“自动开关”，故在电路中起着自动调节、安全保护及转换电路等作用。

1）继电器的工作原理

电磁继电器一般由铁心、线圈、衔铁、触点及簧片等组成。线圈是用漆包线在一个圆铁心上绕几百圈至几千圈。只要在线圈两端加上一定的电压，线圈中就会流过一定的电流，圆铁心就会产生磁场，该磁场产生强大的电磁力，吸动衔铁带动簧片，使簧片上的触点接通（常开）。当线圈断电时，铁心失去磁性，电磁的吸力也随之消失，衔铁就会离开铁心。由于簧片的弹性作用，故衔铁压迫而接通的簧片触点就会断开。因此，可以用很小的电流去控制其他电路的通断，达到某种控制的目的。继电器的工作示意图如图4-37所示。

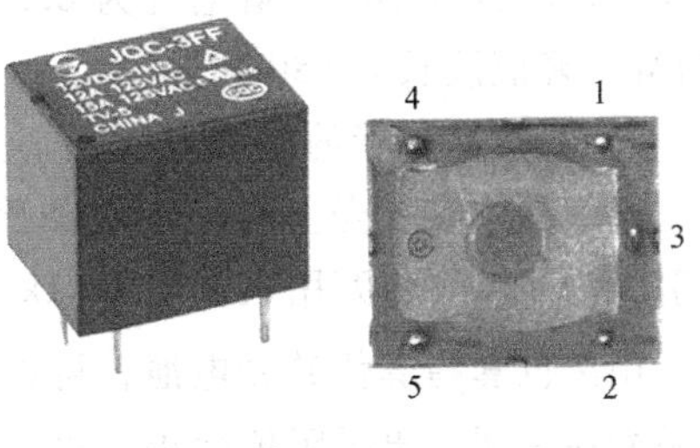

图4-36　继电器

1、2—线圈　3—触点公共端

4—常闭触点　5—常开触点

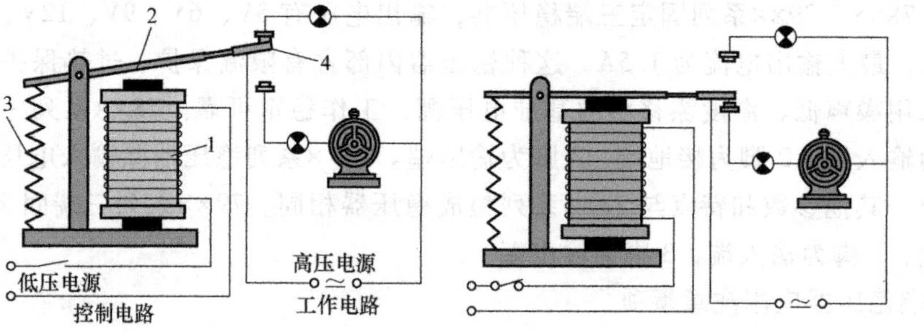

图 4-37 继电器工作示意图

1—电磁铁 2—衔铁 3—弹簧 4—触点

2）继电器的应用与分类。

继电器是具有隔离功能的自动开关元件，广泛应用于遥控、遥测、通信、自动控制、机电一体化及电力电子设备中，是最重要的控制元件之一。

继电器输入部分以直流电压驱动，一般规格有 5V、9V、12V、24V 等。输出部分接上负载与交流电源，在使用上需注意接点所能承受的电流与电压值，如 120V/2A，代表接点只能承受 2A 的电流，因此要视负载电路电流的大小，选用适当的继电器。

3）继电器的检测。

继电器在没有通电时，用万用表 R×10 档测量线圈的 1、2 脚电阻，大概是 100Ω；测量继电器的 3、4 脚电阻为 0Ω，说明常闭触点是闭合的；测量继电器的 3、5 脚电阻为∞，说明常开触点是断开的。继电器线圈接上相应的工作电压后，可以听到继电器发出清脆的“嘀”声，这时用万用表的电阻档测量继电器的 3、4 脚电阻为∞，常闭触点断开，测量继电器的 3、5 脚电阻为 0Ω，常开触点闭合。

（7）光敏晶体管的识别与检测

1）光敏晶体管的原理。

光敏晶体管是具有放大能力的光-电转换晶体管，如图 4-38 所示，广泛应用于各种光控电路中。当光信号照射其基极（受光窗口）时，光敏晶体管将导通，从发射极或集电极输出放大后的电信号。

本电路里面用的光敏晶体管型号是 3DU5C，反向击穿电压为 15V，最高工作电压为 10V，暗电流为 0.3μA，光电流为 0.5~1mA，功耗为 30mW，峰值波长为 880nm。

图 4-38 光敏晶体管

2）光敏晶体管的检测方法。

光敏晶体管外壳上有一小块凸出的位置对应的引脚为其 e 极，另一引脚为 c 极。将万用表调到 R×1k 档，黑表笔接 c 极，红表笔接在 e 极，用黑色套指套住硅光电池，可以看到其电阻阻值比较大，当去除套指时，可以看到其电阻慢慢往右摆，电阻阻值变小，可以判定其质量良好。若无此现象及电阻已经为 0 或∞，说明光敏晶体管已经损坏。

（8）石英晶体振荡器的识别与检测

石英晶体振荡器又称石英晶体谐振器，简称石英晶振或者晶振。晶振是一种用于稳定频率和选择频率的电子元件，是高精度和高稳定度的振荡器，被广泛应用在彩电、计算机、遥控器等各类振荡电路中。晶振一般用金属外壳封装，也有用玻璃壳、陶瓷或塑料封装的(见图 4-39)。金属外壳封装晶振的结构如图 4-40 所示。

图 4-39　晶体振荡器

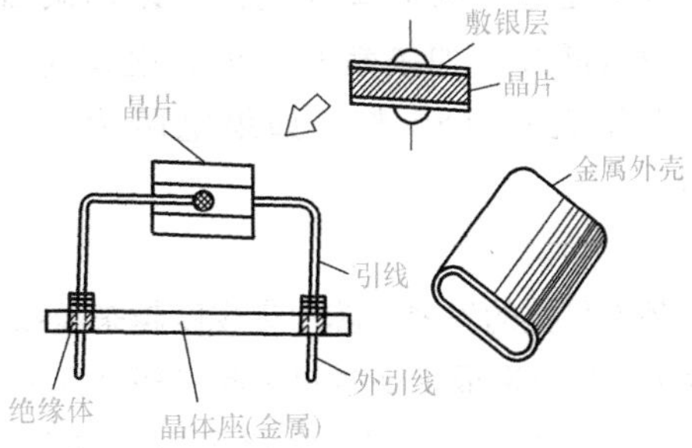

图 4-40　金属外壳封装晶振结构示意图

1）石英晶体振荡器的原理。

石英晶体之所以能做谐振器，是基于它的“压电效应”，从物理学中已知，若在晶体的两个极板间加一个电场，则会使晶体产生机械变形；反之，在极板间施加机械力，则又会在相应的方向上产生电场，这种现象称为压电效应。如在极板间所加的是交变电压，就会产生机械变形振动，同时机械变形振动又会产生交变电压。一般来说，这种机械振动的振幅是比较小的，但其振动频率则是很稳定的。但当外加交变电压的频率与晶片的固有频率（决定于晶片的尺寸）相等时，机械振动的幅度将急剧增大，晶体振动幅度达到最大，同时由于压电效应产生的交变电压也达到最大，因此这种现象称为“压电谐振”（见图 4-41)，与 LC 回路的谐振现象十分相似。谐振频率与晶片的切割方式、几何形状及尺寸等有关。

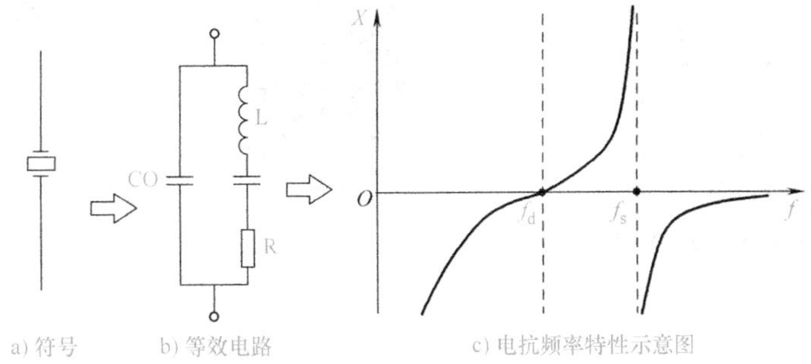

图 4-41　晶振的压电谐振现象的等效电路

2）石英晶体振荡器的检测。

一个质量完好的晶振，外观应该整洁、无裂纹、引脚牢固可靠，其电阻阻值应为∞。若用万用表测得阻值很小或为零，则可以断定晶振已损坏。但若用万用表测得阻值为∞，也不能完全断定晶振良好。此时应采用代换法，换一个同样型号的晶振测试；或接在电路中，然后通电工作，通过示波器观察其波形等。

(9）小灯泡的识别与检测

1）小灯泡的原理。

远近灯控制电路使用的小灯泡如图 4-42 所示，配灯座，方便拆卸。其结构和工作原理与项目 3 声光控楼道灯控制电路使用的灯泡是一样的，不过这里灯泡安装时是配灯座的，先把灯座焊接到电路板上，然后再把灯泡拧上去即可。

2）小灯泡的检测。

如果是透明的玻璃外壳，可以用眼直接看里面的钨丝有没有断开，如果断开，小灯泡肯定是损坏了。还可以用万用表的 R×1 档，如果电阻为 0，说明小灯泡是好的。

图 4-42　灯座与灯泡

2. 知识链接：贴片元件的焊接

随着科技的发展，芯片集成度越来越高，封装也变得越来越小，这也造成了许多初学者“望贴片 IC（集成）”兴叹了。常见的贴片元件如图 4-43 所示。拿着烙铁对着引脚间距不超过 0.5mm 的集成芯片，你是否觉得无从下手呢？在这里将介绍小封装（0805、0603 甚至更小）的分立元件、普通间距贴片集成元件、密引脚贴片集成元件的焊接方法。带贴片电阻、电容及集成封装的电路板如图 4-44 所示。

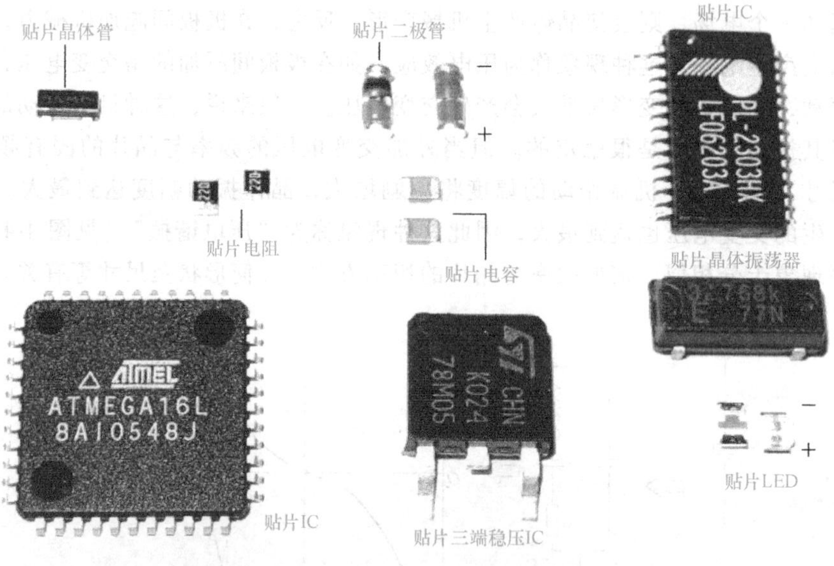

图 4-43　一些常见的贴片元件

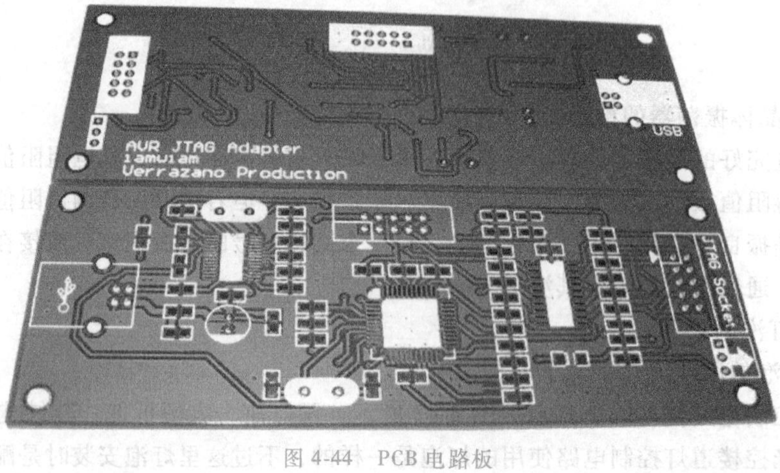

图 4-44　PCB 电路板

在一般的贴片电路板的焊接中，我们是按照先矮后高、先小后大的顺序来焊接的。因此，在一般的电路板上，先焊接的是贴片电阻、电容。下面先介绍贴片电阻、电容的焊接方法。

(1) 小封装分立元件的焊接方法

小封装分立元件的焊接步骤见表4-3。

表4-3　小封装分立元件的焊接步骤

步骤	动　作	图　　示
1	在电路板上，给电阻、电容的两个焊盘中的一个先上点儿焊锡，以帮助固定这些电阻和电容	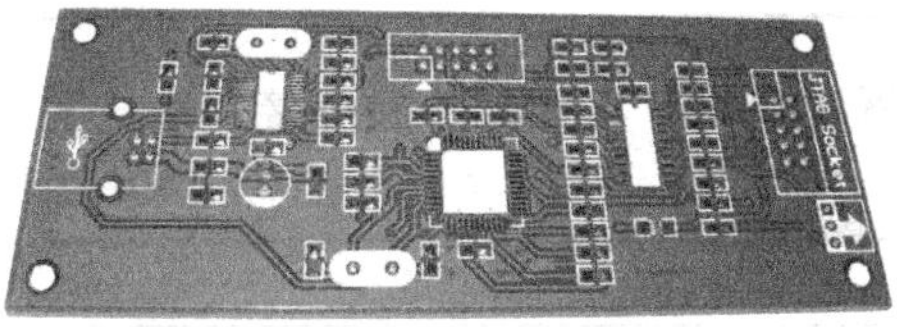
2	用镊子夹起一个贴片电阻（或电容）	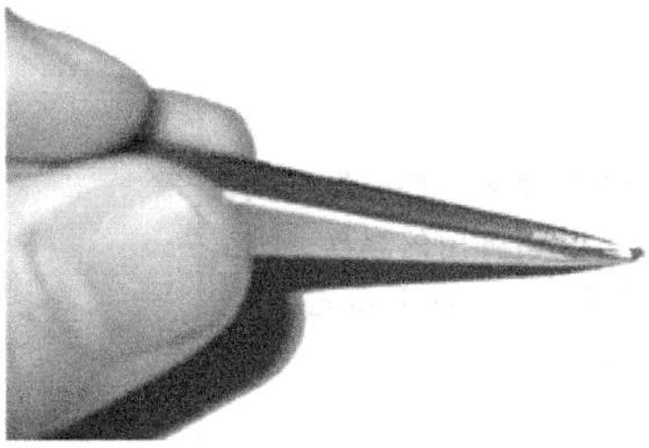
3	在焊盘上对好位置，将元件的一端固定在预先上过焊锡的那个焊盘上面	
4	用电烙铁把元件的一端和预先上了焊锡的焊盘焊接起来，固定元件	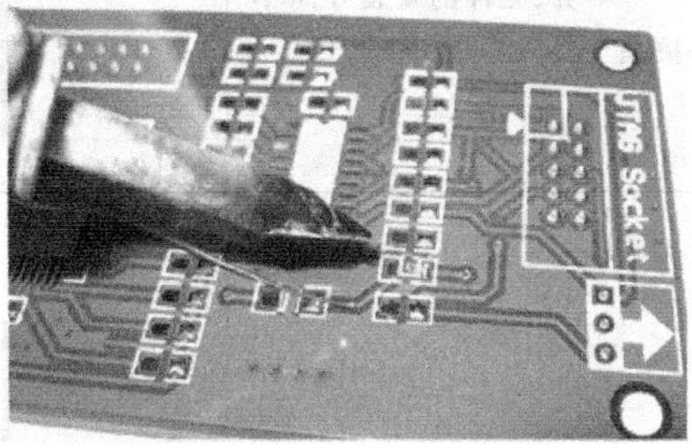
5	固定元件以后再焊接另外一端，并使两端都平滑、光亮	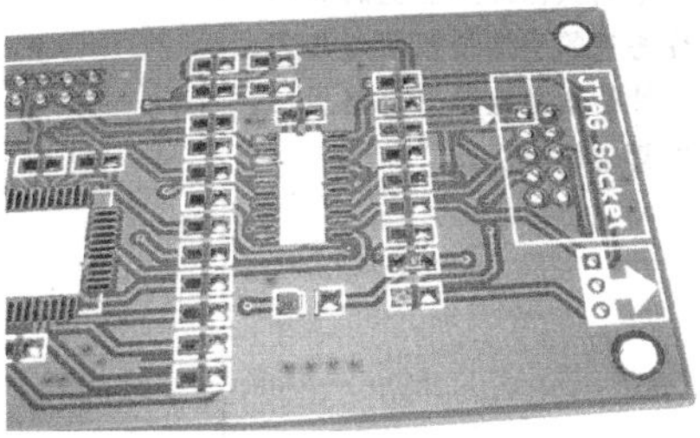

（续）

步骤	动 作	图 示
6	剩下的贴片电阻、电容焊接完成	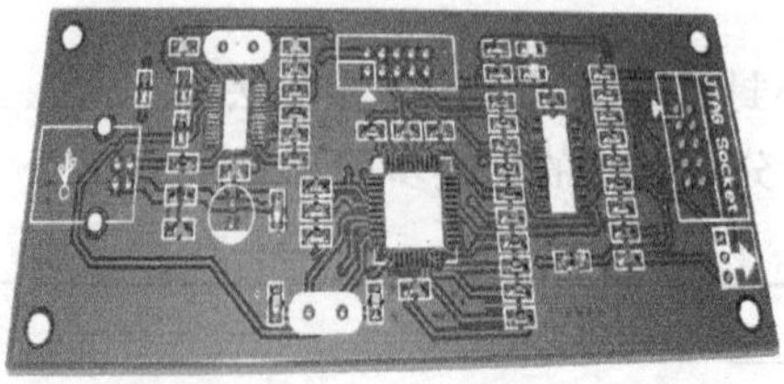

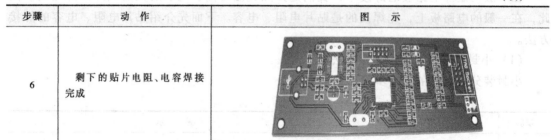

（2）稀引脚贴片集成元件的焊接方法（见表 4-4）

表 4-4 稀引脚贴片集成元件的焊接步骤

步骤	动 作	图 示
1	要焊接的集成元件的焊盘上，随便找一个引脚用的焊盘，并对该引脚对应的焊盘上预先上一点儿焊锡	
2	用镊子夹起集成元件；另一只手握住烙铁，像固定电阻、电容一样固定好集成元件，但这时还要特别注意的是，贴片集成元件的每个引脚必须跟它对应的焊盘一一对齐，元件的安装方向不要搞错	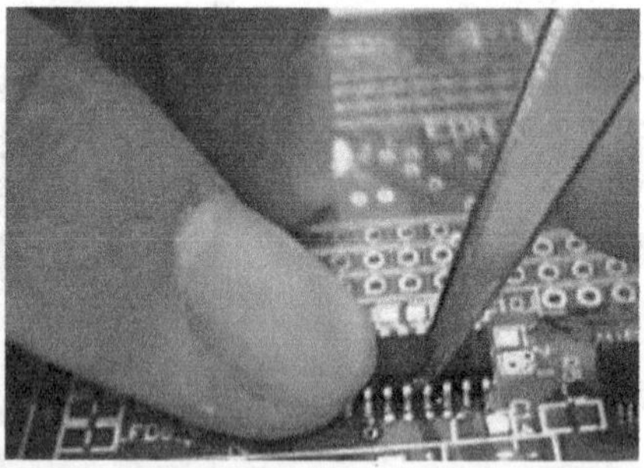
3	用电烙铁化开焊盘上的焊锡，压住芯片的手指稍稍用点儿力，让芯片能紧密地贴着电路板，这个引脚也就焊接好了	

（续）

步骤	动　作	图　　示
4	焊接芯片对角线另一端的那个引脚,固定住芯片	
5	接下来要做的事情就是一个脚一个脚地焊接贴片集成元件剩下的引脚。这样贴片集成元件也就焊完了	

（3）密引脚贴片集成元件的焊接方法（见表4-5）

表4-5　密引脚贴片集成元件的焊接步骤

步骤	动　作	图　　示
1	用镊子夹着芯片,对准焊盘	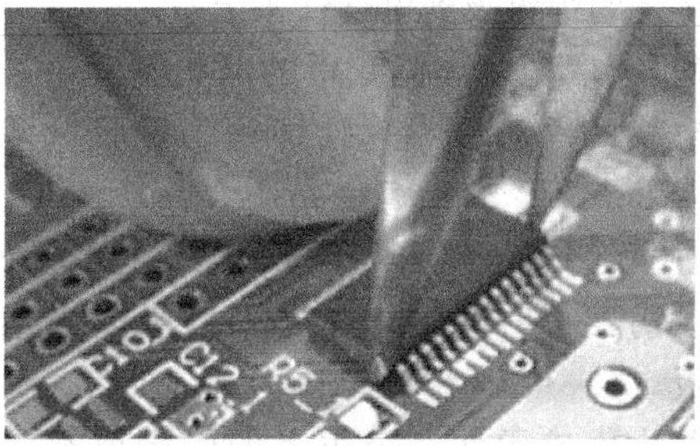
2	用拇指按住芯片	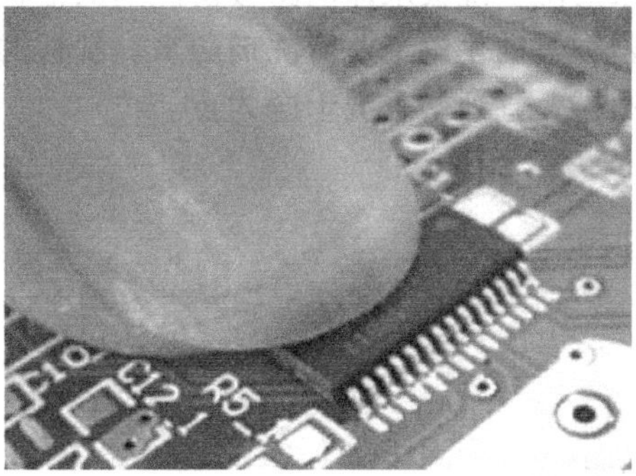

（续）

步骤	动 作	图 示
3	在进行下一步之前，一定要确认芯片已经对准焊盘且元件的方向没有装反，不然下一步做了以后再发现芯片没有对准或元件方向装反就比较麻烦了。左手拿焊锡放在焊盘上，右手拿电烙铁，往焊盘上加一小堆焊锡	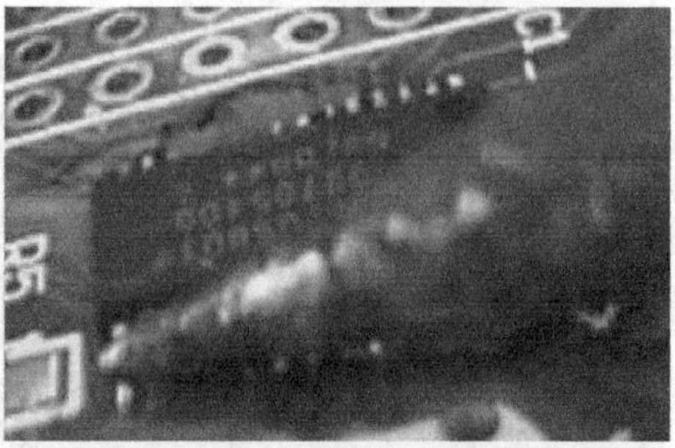
4	用电烙铁头上下来回拖曳的那一小堆焊锡，使每个引脚都能够分配到足够的焊锡来与焊盘粘结	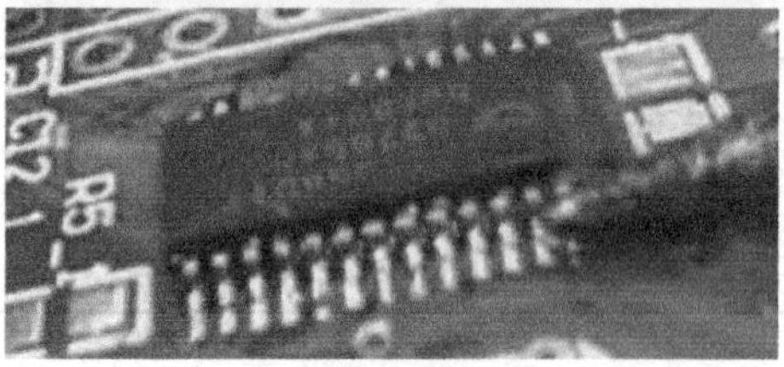

如果拖曳完以后焊盘上还剩下焊锡怎么办？有如下三种方法处理：

1）把电烙铁头原来的焊锡甩干净以后，再去把焊盘上多余的焊锡吸到电烙铁头上。

2）使用吸取多余焊锡专用的网状铜丝带，或者用一般电线的铜芯扎成一扎细铜线后吸取多余的焊锡。

3）使用吸锡器，如图 4-45 所示，但要分外小心，因为吸锡器有时会把焊盘也一同吸起来从而损坏电路板。

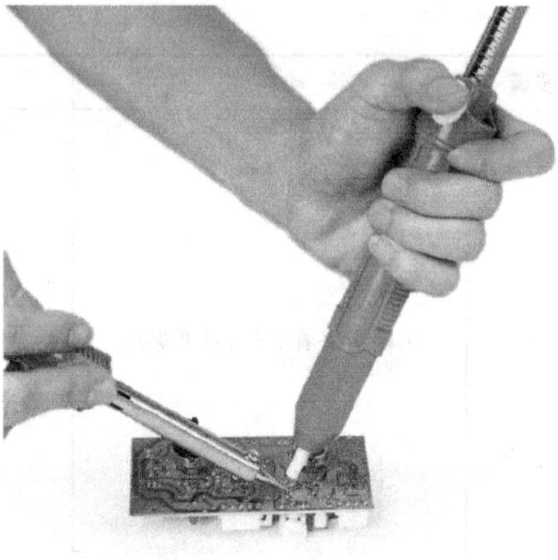

图 4-45　使用吸锡器吸焊锡

这样贴片集成元件一个边上的引脚就都焊接好了，另一边继续用相同的方法就可以。

如果电路板上有比较多的松香怎么办？可以采用洗板水清洗。洗板水即电路板清洗剂的俗称，是指用于清洗电路板焊接过后表面残留的助焊剂与松香等的化学工业清洗剂药水。洗板的方法是用镊子夹住棉花蘸上洗板水，在松香多的地方擦拭，直到松香洗干净为止。

任务 4　远近光灯控制电路调试及检验

任务描述

对所组装的远近光灯控制电路进行调试，并按电路功能及指标要求进行产品检验。

任务目标

1. 总目标

对电子产品进行调试、检验，使之达到出厂要求。

2. 具体目标

知识方面：

1）能正确分析整机电路工作原理。

2）能正确分析电路中光敏晶体管、数码管、硅光电池等特殊元器件的作用及检测、调试要点。

3）能正确叙述单片机和运算放大器的基本原理及工作过程。

4）能正确叙述较复杂电子产品质检的过程及要点。

技能方面：

1）能使用万用表、示波器等相关仪器仪表测量，并能按要求记录相关参数。

2）能对电路关键点参数进行调试，使其达到相关要求。

3）能正确检修电路的常见故障，并按要求写出检修报告。

任务导学

1. 知识链接：电路功能

适当调整RP1、RP2后，应能实现以下功能：

1）接上+12V电源，电源指示灯LED1亮。

2）按S1按键一次，远光灯L1常亮，同时数码管显示“L1”。连续按S1按键两次，电路进入应急状态，远光灯L1闪亮，同时数码管显示“L1”同步闪亮。

3）按S2按键一次，近光灯L2常亮，同时数码管显示“L2”。连续按S2按键两次，电路进入应急状态，远光灯L2闪亮，同时数码管显示“L2”同步闪亮。

4）按S3按键一次，电路进入自动感应状态，当传感器E感应到亮光时，近光灯L2常亮，同时数码管显示“L2”。当传感器E感应到暗光时（用黑胶管套把传感器E遮盖），远光灯L1常亮，同时数码管显示“L1”。

5）按S3按键两次，电路进入应急状态，当传感器E感应到亮光时，近光灯L2闪亮，同时数码管显示“L2”同步闪亮。当传感器E感应到暗光时（用黑胶管套把传感器E遮盖），远光灯L1闪亮，同时数码管显示“L1”同步闪亮。

2. 知识链接：远近光灯控制电路工作原理分析

1）电路组成

电路主要由集成IC1～IC6、晶体管VT1～VT3、继电器JK、数码管SUM4等组成。其中，IC1（LM324）为四运算放大器，IC2（μA741）为单运算放大器，IC3（AT89C2051）为单片机集成电路，IC4（78L09）是稳压值为9V的三端固定稳压集成块，IC5（LM7805）是稳压值为5V的三端固定稳压集成块，IC6（LH1500）是光耦合集成电路。该电路安装在汽车上，晚上两车相会时，在对方汽车灯光照射下，本车的远光灯、近光灯可以根据对方汽车光照的情况来进行转换。

2）接上+12V直流电源，两车相会时，当对方汽车灯泡发出的光照到本车光敏晶体管传感器 E 上时产生一个微小电动势，该信号经 IC1 的 A、B、C 三个运算放大器放大后，从 IC1 的“8”脚输出，加到 IC1 的 D“13”脚。RP1 用于调整放大器的放大倍数。

IC1 的 D“12”脚为基准电压端，该电压由可调电阻 RP2 调整，并与“13”脚上的电压进行比较，如果“13”脚电压大于“12”脚电压，IC1 的“14”脚输出低电平，送入单片机 IC3，单片机 IC3“3”脚输出低电平，使晶体管 VT1 截止，继电器 JK 失电，远光灯熄灭。单片机 IC3“19”脚输出高电平，经过 IC6 光耦合后，近光灯亮。可根据按键 S1~S3 的模式设定近光灯亮或闪亮。

如果对方车灯的灯光或环境光不强，经放大后加到 IC1 的“13”脚的电压小于“12”脚的电压，IC1 的“14”脚输出高电平，送入单片机 IC3，单片机 IC3“3”脚输出高电平，使晶体管 VT1 导通，继电器 JK 得电，远光灯亮。单片机 IC3“19”脚输出低电平，无信号经过 IC6，近光灯熄灭。可根据按键 S1~S3 的模式设定远光灯亮或闪亮。

3. 知识链接：远近光灯控制电路元器件清单

远近光灯控制电路元器件清单见表 4-6。

表 4-6 远近光灯控制电路元器件清单

序号	标称	名　称	规格	序号	标称	名　称	规格
1	C1、C2	电容器※	30pF	20	R25	电阻器※	2kΩ
2	C3	电解电容器	10μF/25V	21	R26	电阻器	1kΩ
3	C4、C5	电容器※	104	22	Rp1	电位器	10 kΩ
4	C6	电解电容器※	100μF/16V	23	Rp2	电位器	100 kΩ
5	C7~C12	电容器※	104	24	JK	继电器	DC12V
6	Ca~Ce	电容器※	0. 1μF	25	LED1	发光二极管	红色
7	S1~S3	轻触按键	10×10×4. 3	26	VT1	晶体管	8050
8	SUMG4	二位一体数码管	共阳	27	VT2~VT3	晶体管	8550
9	E	光敏晶体管	3DU5C	28	VD2	二极管※	4007
10	Y	晶体振荡器	12MHz	29	VD1、VD3、VD4	二极管	4148
11	L1~L2	灯泡(配座)	12V	30	VD4	二极管	IN4732
12	R0、R3~R7	电阻器	47kΩ	31	IC1	集成块※	LM324
13	R1、R2	电阻器	2. 2kΩ	32	IC2	集成块※	μA741
14	R8	电阻器※	1kΩ	33	IC3	集成块※	AT89C2051
15	R9~R16	电阻器※	200Ω	34	IC4	三端稳压器	78L09
16	R17、R18	电阻器※	5. 1kΩ	35	IC5	三端稳压器	LM7805
17	R19、R20、R27、R28	电阻器※	2. 2kΩ	36	IC6	集成块※	LH1500
18	R21	电阻器	51Ω/2W	37	CON2	电源插座(连线一套)	CON2
19	R22~R24	电阻器※	10kΩ	38		塑料长支架	4 粒

注：在表格中“名称”旁边标有※符号的元器件为贴片元器件。

4. 知识链接：电路调试指引

第一步：用万用表测量 IC4“1”脚的电压为（　　　）V，测量 IC5“1”脚的电压为（　）V。

第二步：测量 IC3 “20” 脚的电压为（ ）V；用仪器测量微处理器 IC2 的时钟脉冲的波形及周期、幅度，并记录在表 4-7 中。

表 4-7 测量结果

<table>
<tr><th>波 形</th><th>周 期</th><th>幅 度</th></tr>
<tr><td rowspan="3">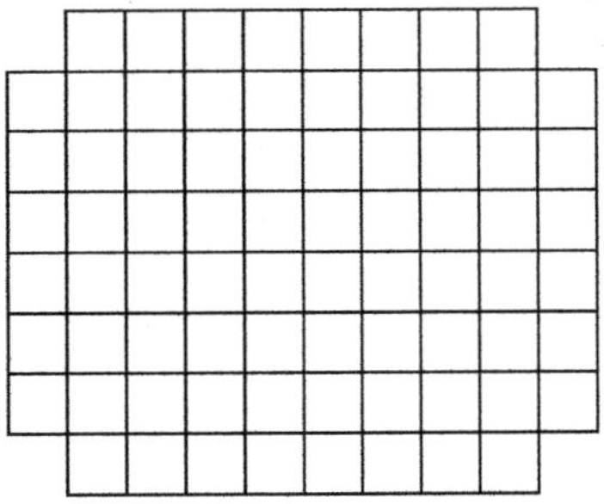</td><td>$T=$</td><td>$V_{P-P}=$</td></tr>
<tr><td>量程档位</td><td>量程档位</td></tr>
<tr><td>ns/div</td><td>V/div</td></tr>
</table>

第三步：光敏晶体管传感器 E 有光照时，调节 RP1、RP2，使 IC1 的“14”脚输出低电平；光敏晶体管传感器 E 无光照时，调节 RP1、RP2，使 IC1 的“14”脚输出高电平。

第四步：使用按键 S1～S3 设定各种模式。

第五步：检查数码管显示情况和远近光灯亮灭情况。

附录

附录 A 制板设备配置方案

1. 热转印制板——经济型（见图 A-1）

（1）热转印机

1）热转印机产品概述。

热转印机是利用静电成像原理，将打印在含树脂静电墨粉的热转印纸上的电路图，通过静电热转印机，在覆铜板上生成电路板图的防蚀图层，然后用蚀刻（腐蚀）液腐蚀经过热转印的电路板，最终生成所需的电路板。

2）热转印机主要特点：

① 可在30min内快速地制作出一块单面电路板；

② 线径宽度最小可达8mil（0.2mm）；

③ 制作简单，成功率高；

④ 制板仪包含完整的配置，可马上动手制作电路板；

⑤ 制板成本低廉；

⑥ 长期大量制板耗材备存，解决快速制板耗材后顾之忧；

⑦ 适合于简单的电子设计开发、大中专院校电子相关专业实验基本应用。

3）热转印主机技术参数介绍如下。

① 最大操作宽度：320mm；

② 最大操作长度：无限制；

③ 有效制作面数：单面；

④ 最小线宽、线隙：0.20mm（8mil）；

⑤ 控制方式：微程序控制；

⑥ 显示方式：4位LED；

⑦ 额定功率：1200W；

⑧ 工作电压：AC120～220V/50～60Hz；

⑨ 体积：500mm×320mm×130mm；

⑩ 净重：12kg。

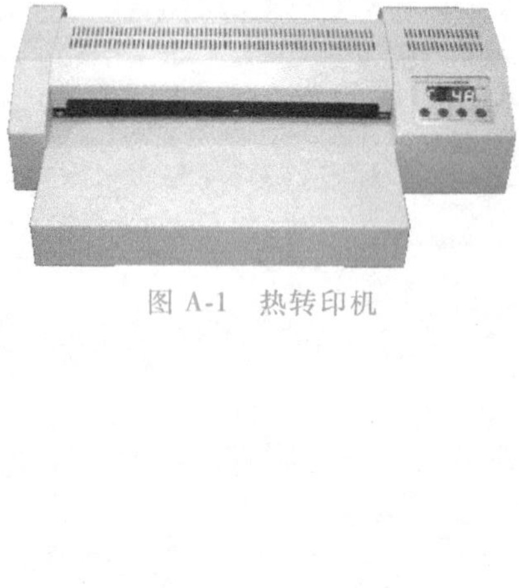

图 A-1 热转印机

（2）高精度微型钻床（见图 A-2）

① 操作模式：手动压杆；

② 转速：0~10000r/min；

③ 钻头材料：硬质合金钢；

④ 钻头尺寸：直径为 0.6~2mm；长度为 30~42mm；

⑤ 钻孔厚度：0~3mm；

⑥ 操作尺寸：200mm×150mm；

⑦ 电源：AC110~125V，60Hz；AC210~240V，50Hz；

⑧ 输入功率：50W；

⑨ 尺寸：120×100×180（mm）；

⑩ 重量：4kg。

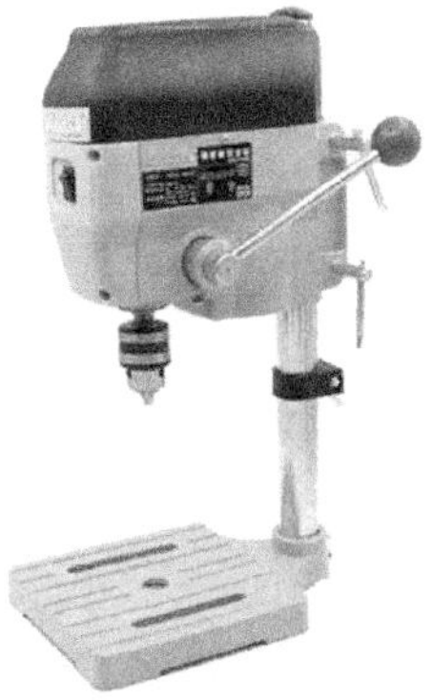

图 A-2 高精度微型钻床

（3）简易半自动腐蚀机（见图 A-3）

① 腐蚀槽：能腐蚀 $300\times200mm^2$ 大小的电路板；

② 腐蚀时间：一般不超过 30min；

③ 腐蚀槽容积：400×100×300；

④ 工作电压：220V/50Hz；

⑤ 工作功率：300W；

⑥ 外形体积：350×300×350。

图 A-3 简易半自动腐蚀机

（4）经济型制板设备配置清单（见表 A-1）

表 A-1 经济型制板设备配置清单

序号	设备名称	型号/规格	单位	数量
01	热转印主机		台	1
02	高精度微型钻床		台	1
03	简易半自动腐蚀机		套	1
04	单面覆铜板	$300\times150mm^2$	块	2
05	热转印纸	20 张	盒	1
06	钻头 1	ϕ0.80mm	支	3
07	钻头 2	ϕ0.95mm	支	1
08	钻头 3	ϕ3.00mm	支	1
09	$FeCl_3$	500g	罐	1
10	防腐手套		双	1
以上配置价格大约 5000 元(以 2012 年市场价为准)				
选配件				
1	台式计算机		台	1
2	激光打印机		台	1
3	切板机		台	1

2. 热转印制板——教学型

（1）将经济型方案中的简易半自动腐蚀机换成单槽腐蚀机

单槽腐蚀机外形如图 A-4 所示。

图 A-4　单槽腐蚀机

（2）教学型制板设备配置清单（见表 A-2）。

表 A-2　教学型制板设备配置清单

序号	设备名称	型号/规格	单位	数量
01	热转印主机		台	1
02	高速钻床		台	1
03	单槽腐蚀机		套	1
04	单面覆铜板	$300\times150mm^2$	块	5
05	热转印纸	20 张	盒	1
06	钻头 1	ϕ0.80mm	支	3
07	钻头 2	ϕ0.95mm	支	1
08	钻头 3	ϕ3.00mm	支	1
09	$FeCl_3$	500g	罐	1
10	防腐手套		双	1

附录 B　各项目学习指引与评价

B.1　项目 1 学习指引与评价

B.1.1　任务 1 学习指引

班级________　组别________　姓名________　成绩________

认真查阅教材等资料，结合实践操作，完成下列问题。

一、填空题（每空 5 分，第 10 题 15 分，共 80 分）

1）补全原理图设计流程图（见图 B-1）。

2）创建项目文件。

执行【文件】→【　　　　】→【项目】→【　　　　】命令。

3）保存项目。

在菜单栏上，执行【文件】→【　　　　】命令。

4）改变元件方向。

方法是：选中元件并按住不放，按（　　）可以改变元件的方向。

5）设置元件属性。

在放置元件的状态中，还未在绘图区单击定位时，按键盘上的（　　）键。

6）放置说明文字。

单击菜单栏上的【放置】→【　　　　】命令后按键盘上的<Tab>键。

7）删除对象。

方法：选中要删除的对象，按键盘上的<Delete>键或执行【编辑】→【　　　　】命令。

8）放置电源端口。

执行【放置】→【　　　　】命令。

9）新建 PCB 文件。

在项目下创建 PCB 文件，执行【文件】→【创建】→【　　】命令。

10）绘制一个 90mm×70mm 的电气边界。

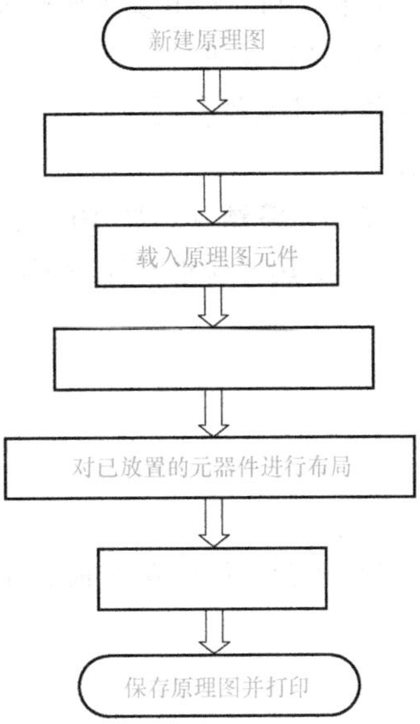

图 B-1　流程图

11）导入网络表及元件。

在 PCB 编辑状态下，执行【设计】→【　　　　】命令导入项目网络表。

二、问答题（20 分）

请简述集成 LM317 元件的搜索方法。

B.1.2　任务 2 学习指引

班级________　组别________　姓名________　成绩________

认真查阅教材等资料，结合实践操作，完成下列问题。

一、填空题（每题 10 分，共 20 分）。

1）简易热转印制板的操作步骤：

裁板下料→PCB文件编辑输出→(　　　　)→(　　　)→(　　　)→(　　　)。

2）打印设置。

执行【文件】/【　　　　　　】命令进行操作设定。打印时，只打印（　　　）层和孔。

二、问答题（每题10分，共80分）

1）裁热转印纸要注意哪些事项？

2）热转印纸贴覆铜板要注意哪些事项？

3）热转印机的使用：温度一般设置为多少？

4）在铜板的转印过程中要注意哪些事项？

5）什么情况下要用到修复笔？

6）用腐蚀设备腐蚀铜板的步骤有哪些？

7）用腐蚀设备腐蚀铜板的注意事项有哪些？

8）制板完成后，附在电路板上的碳粉如何处理？

B.1.3 任务3学习指引

班级________ 组别________ 姓名________ 成绩________

认真查阅教材等资料，结合实践操作，完成下列问题。

一、填空题（每题4分，共40分）

1）大单电子元器件的采购工作流程：____________、____________、____________、____________、____________、____________。

2）元器件的管理要做到“5S”，即____________、____________、____________、____________、____________。

3）电路中所用变压器的一次侧电阻是____________，二次侧电阻是____________。

4）电路中所用到的D1~D4其正向电阻是____________，反向电阻是____________。

5）电路中R1的色环是____________，阻值是____________，偏差是____________。R2的色环是____________，阻值是____________。

6）实测电路中电位器RP1，其阻值的调节范围是____________________________。

7）电路中C1的容量是____________，耐压是____________。C3的容量是____________，耐压是____________________。

8）电烙铁分____________热式和____________热式，按功率分有____________、____________、____________、45W、75W等多种。

9）手工焊接操作过程一般可以分成五个步骤：准备施焊、____________、____________、____________、移开电烙铁。

10）对焊点的要求：____________电气连接、____________机械强度、____________的外观。

二、问答题（60分）

1）万用表的工作原理及使用的注意事项是什么？（10分）

2）如何判断二极管的正、负极？（5 分）

3）如何判断发光二极管的正负极？（ 10 分）

通过观察判断：

通过测量判断：

4）如何判断电路中电容器的好坏及有无正负之分？如果有正负之分要如何判断？（10 分）

C1：

C3：

5）按表 B-1 测量 U1 的阻值并填表，对照资料数据判断其质量。（10 分）

表 B-1　U1 阻值测量

表笔位置		正常电阻值/kΩ
黑表笔	红表笔	LM317
U_i	ADJ	
U_o	ADJ	
ADJ	U_i	
ADJ	U_o	
U_i	U_o	
U_o	U_i	

6）为正确的焊接步骤排序，在图 B-2 中标出正确的顺序号。（5 分）

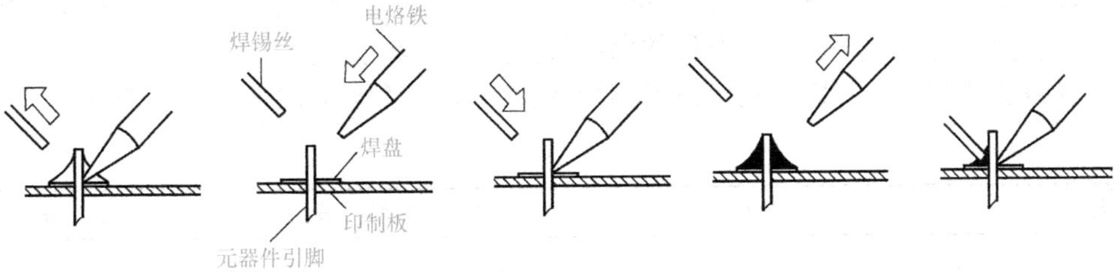

图 B-2 焊接步骤图

7）什么是虚焊？虚焊有什么危害？（10 分）

B.1.4 任务 4 学习指引与评价

班级________ 组别________ 姓名________ 成绩________

认真查阅教材等资料，结合实践操作，完成下列问题。

一、调试、维修（30 分）

注：电路安装好后，不要急着通电，经过自检、小组互检后，再找教师确认，教师同意后才能通电调试。

可调试直流稳压电源电路原理图如图 B-3 所示。

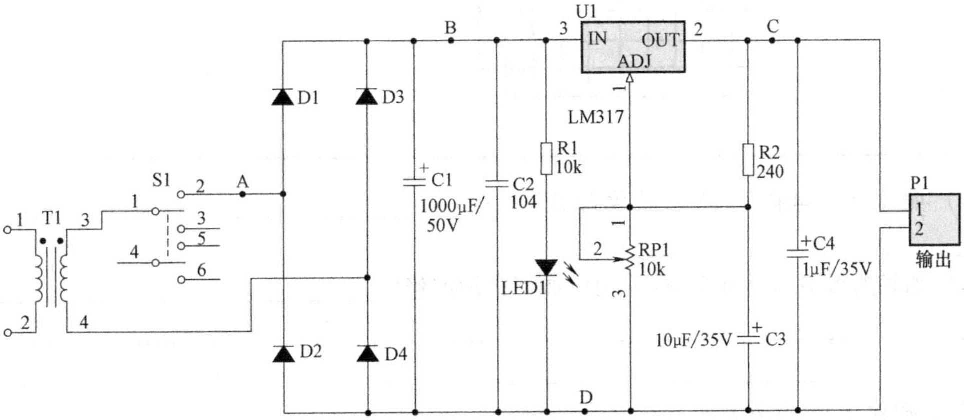

图 B-3 电路原理图

1）调节 RP1，D 点对地最小电压值是________V，最大电压值是________V。

2）将 D 点电压调至 12V，测得 AB 间的电压是________流________V，C 点对地的电压是________流________V，D 点对地的电压是________流________V。

3）将 D 点电压调至 12V，用示波器测量 A、C、D 三个点的波形，填入表 B-2。

表 B-2 记录表

测量点	波形（3 分）	频率（1 分）	幅度（1 分）
A			
B			
C			

4）如果 R1 电阻开路，则故障现象是________________________，原因是________________。

5）如果测得 D 点电压是 0V，则应如何检测维修？________________________________

____

____

二、检验（共 70 分）

可调式直流稳压电源电路设计评分标准见表 B-3。

表 B-3 评分标准

项目		评分标准	配分	得分
元器件	元器件选择	A 级:所焊接的元器件全部正确(10 分) B 级:所焊接的元器件有 1~2 个元器件错误(8 分) C 级:所焊接的元器件有 3~5 个元器件错误(5 分) D 级:所焊接的元器件有 6 个以上元器件错误(2 分)	10	
工艺	焊接工艺(非 SMT)	A 级:所焊接的元器件的焊点适中,无漏、假、虚、连焊,焊点光滑、圆润、干净,无毛刺,焊点基本一致,引脚加工尺寸及成形符合工艺要求;导线长度、剥头长度符合工艺要求,芯线完好,捻头镀锡(10 分) B 级:所焊接的元器件的焊点适中,无漏、假、虚、连焊,但个别(1~2 个)元器件出现下面现象:有毛刺,不光亮,或导线长度、剥头长度不符合工艺要求,捻头无镀锡(8 分) C 级:3~5 个元器件有漏、假、虚、连焊,或有毛刺,不光亮,或导线长度、剥头长度不符合工艺要求,捻头无镀锡(5 分) D 级:有严重(超过 6 个元器件以上)漏、假、虚、连焊,或有毛刺,不光亮,导线长度、剥头长度不符合工艺要求,捻头无镀锡(2 分)	10	
	装配工艺	A 级:印制板插件位置正确,元器件极性正确,接插件、紧固件安装可靠牢固,印制板安装对位;整机清洁无污物(10 分) B 级:缺少(1~2 个)元器件或插件;1~2 个插件位置不正确或元器件极性不正确;或元器件、导线安装及字标方向未符合工艺要求;1~2 处出现烫伤和划伤处,有污物(8 分) C 级:缺少(3~5 个)元器件或插件;3~5 个插件位置不正确或元器件极性不正确;或元器件、导线安装及字标方向未符合工艺要求;3~5 处出现烫伤和划伤处,有污物(5 分) D 级:有严重缺少(6 个以上)元器件或插件;6 个以上插件位置不正确或元器件极性不正确;或元器件、导线安装及字标方向未符合工艺要求;6 处以上出现烫伤和划伤处,有污物(2 分)	10	
电路效果		输出电压可调(0~32V)(30 分) 有输出电压,但调节范围不达标(20 分) 输出电压不可调(10 分) 输出电压,但 C 点对地有电压(5 分) LED 灯移动正常,有个别 LED 灯损坏(10 分)	30	
安全文明生产		装配、调试过程中遵守纪律,安全文明施工。仪器、工具正确放置,按正确的操作规程进行操作,操作过程中爱护仪器设备、工具、工作台,未出现安全事故	10	

B.1.5 项目 1 综合测试题

班级________ 组别________ 姓名________ 成绩________

一、填空题(每空 1 分,共 33 分)

1)某电位器标有“8K5”,其阻值是________。

2)创建项目文件的操作是:执行【文件】→________→【项目】→________命令。

3)保存项目文件的操作是:在菜单栏上,执行【文件】→________命令。

4）在放置元器件的状态中，还未在绘图区单击鼠标左键定位时，按键盘上的________键可以修改元器件的属性。

5）PCB 制板的操作步骤：裁板下料、__________、__________、__________、________、________。

6）打印的时候只打印________、________层和孔。

7）热转印机的使用：温度一般设置为________℃。

8）某电阻标有数字“102”，其电阻值是________。

9）四色环电阻第四位是银色，其偏差是________。

10）五色环电阻的颜色为“绿蓝红红金”，其电阻值是________。

11）某电容为“6n8”，其对应的容量应是________。

12）某电容标有数字“22”，其电容值是________。

13）某电容标有数字“104”，其电容值是________。

14）在可调式直流稳压电源电路中，变压器的作用是________；2200μF/35V 电容的作用是________；D1~D4 四个二极管的作用是________；C3 的作用是________。

15）手工焊接操作过程一般可以分成五个步骤：准备施焊、________、________、________、移开电烙铁。

16）元器件的管理要做到“5S”，即________、________、________、________、________。

二、选择题（每题 3 分，共 33 分）

1）在绘制一个 90mm×70mm 的电气边界的时候，选择的层是（　　）。

A. 顶层　　B. 底层　　C. 禁止布线层

2）在用腐蚀设备腐蚀铜板的操作中，下列错误的是（　　）。

A. 戴上手套　　B. 小心处理腐蚀液　　C. 盖子没放好就通电操作

3）某同学用万用表测量一个二极管，所测得的正、反向阻值接近无限大，则这个二极管（　　）。

A. 是好的　　B. 是坏的　　C. 不能确定

4）全波整流电路需要用（　　）。

A. 1 个二极管　　B. 2 个二极管　　C. 4 个二极管

5）桥式整流器需要用（　　）。

A. 1 个整流桥堆　　B. 2 个整流桥堆　　C. 4 个整流桥堆

6）电解电容器外壳所标注负极的引脚（　　）。

A. 必须将这个脚接低电位，另一个脚接高电位

B. 必须将这个脚接高电位，另一个脚接低电位

C. 没有（A）（B）点要求，两只脚随便连接即可

7）三端可调集成稳压器（LM317）的三个端子的名称（从器件左端脚数起）为（　　）。

A. 同名端、异名端、固定端

B. 集电极、基极、发射极

C. 调整端、输出端、输入端

8）在单相桥式整流电路中，如果某同学将一只整流二极管接反了，则该同学所做的整流电路在通电时（　　）。

A. 将引起电源短路
B. 将成为半波整流电路
C. 仍为桥式整流电路

9）下列用于计算机辅助设计电子电路图的软件是（　　）。

A. Photoshop　　B. Protel DXP 2004　C. Microsoft Word

10）欲新建一个电路原理图文件，应该执行何种操作？（　　）

A. File/New/Schematic　B. File/New/PCB　C. File/New/Schematic Library

11）在绘制电路原理图的过程中，由于缩小或放大电路原理图时，画面会存在一些残留的图案，欲消除这些残留的图案，应该按键盘上的（　　）键。

A. Home　　B. End　　C. Page Up

三、综合题（共 34 分）

1）在绘制电路图（见图 B-4）时，请写出集成 LM317 的搜索方法。（6 分）

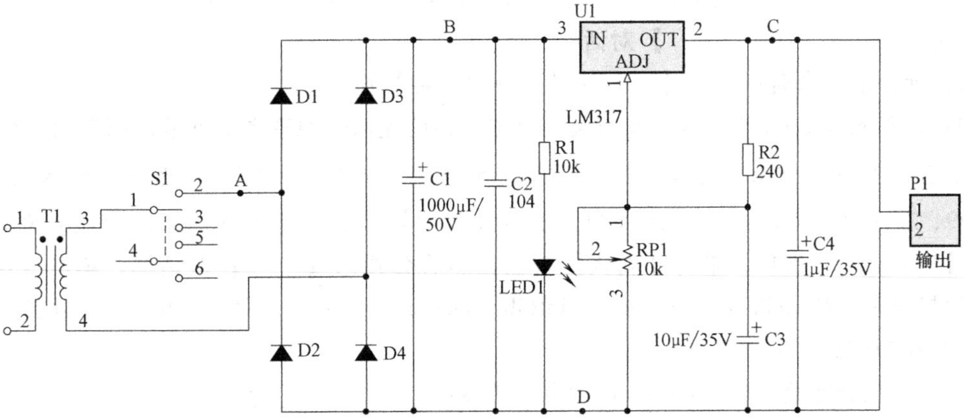

图 B-4　电路原理图

2）PCB 腐蚀完后，附在电路板的碳粉如何处理？（6 分）

3）看图回答问题（每题 7 分，共 14 分）

① 如果 R1 电阻开路，则故障现象是什么？请分析其原因。

② 如果测得 D 点电压是 0V，则应如何检测维修？

4）请列出热转印纸贴覆铜板要注意的事项。（8 分）

B.2　项目 2 学习指引与评价

B.2.1　任务 1 学习指引

班级________　组别________　姓名________　成绩________

认真查阅教材等资料，结合实践操作，完成下列问题。

一、填空题（每小题5分）

1）创建PCB项目的方法：执行【　　】→【　　】→【　　】→【　　】命令，创建项目。

2）如果【Projects】面板没有显示，可以单击工具面板底部的【　　】选项卡或执行【查看】→【　　】→【　　】→【　　】命令。

3）装载和卸载元件库的方法：单击【　　】按钮，弹出【　　】对话框，单击【　　】选项卡，该列表中显示的是已经加载的元件。

4）利用元件库的查找功能找出集成的方法：______________。

5）绘制原理图元件的新建：在菜单栏上，执行【文件】→【　　】→【　　】→【原理图库】命令，新建原理图库。

6）绘制矩形的工具是：______________。

7）设置元件属性参数的方法：在元件库编辑管理器面板上选中该元件，执行【　　】→【元件属性】命令，打开【　　】对话框。

8）元件重新命名：单击【　　】→【重命名元件】命令。

9）放置元件IC4069并设置其封装：单击左边的流水灯原理图文件返回原理图的编辑状态。单击按钮，弹出元件库，找到流水灯SCHLIB，放置IC4069，并改为U1。然后双击IC4069，在弹出的元件属性对话框中，单击【　　】按钮，弹出【加新的模型】对话框，选择【Foot print】选项，单击【确认】按钮，然后会弹出【　　】对话框。单击【浏览】按钮后找到库“Miscellaneous Devices，IntLib［Footprint View］”下的“DIP-14”封装，单击【确认】按钮完成封装的设置。

10）用快捷键绘制90mm×70mm的电气边界：______________
______________。

11）网络表及元件的调入：在PCB编辑状态下，执行【　　】→【　　】命令导入项目网络表，弹出工程变化订单的对话框，然后单击该对话框中的【变化生效】按钮。

12）为了热转印出来的效果较好，我们采用加大焊盘的方法。双击集成元件的焊盘，修改的参数有：______________。

13）PCB布线的设置有线宽、________、________等。

14）PCB布线分为______________和______________。

二、问答题（本题30分）

PCB布线的总体要求和规则有哪些？

B.2.2 任务2学习指引

班级________ 组别________ 姓名________ 成绩________

认真查阅教材等资料，结合实践操作，完成下列问题。

问答题（每题10分，共100分）

1）热转印制板的特点：

2）热转印制板的操作步骤：

3）打印设置：执行【文件】→【　　】命令，在弹出的页面设置对话框中单击“高级”选项。

4）在Top Layer层上单击鼠标右键。单击【删除】按钮把Top Layer层去掉，以此方法，只剩下____________________层，其他的都删除。

5）设置好后开始打印，执行【文件】→【　　　　】命令，检查设置无误后单击【　　　　】按钮完成PCB图的打印。

6）为什么要进行空白板处理?

7）转印机要达到什么温度才适合转印铜板?

8）在腐蚀设备腐蚀铜板的时候要注意哪些事项?

9）铜板腐蚀好后还要做哪些工作才可以进行安装?

10）请列举物理雕刻制板和化学腐蚀制板的优缺点。

B.2.3 任务3学习指引

班级________ 组别________ 姓名________ 成绩________

认真查阅教材等资料，结合实践操作，完成下列问题。

一、填空题（每题10分，共80分）

1）指针式万用表：

指针式万用表种类很多，面板布置不尽相同，但其面板上都有________、________、转换开关、________和表笔插孔。

2）数字式万用表：

转换开关周围的“Ω”“DCA”“ACA”“ACV”“DCV”符号分别表示电阻档、________、________、________和________档。

3）使用万用表注意事项：

① 测电流、电压时，不能________换量程。②选择量程时，要先选________的，后选________的，尽量使被测值接近于量程。③测电阻时，不能________测量。因为测量电阻时，万用表由内部电池供电，如果带电测量则相当于接入一个额外的电源，可能损坏表头。④用毕，应使转换开关在________上。⑤注意在欧姆表改换量程时，需要进行________调零，无需机械调零。

4）万用表欧姆档的使用：

使用万用表欧姆档测量电阻时，应选择合适的量程，尽可能使测量值位于刻度盘________。注意：万用表的电阻档由于内部内阻比较小，如果用电阻档测电压，就会烧坏内部元件；又由于电阻档内部所用的电阻功率小，加上表头此时的满偏电流也很小，如果用电阻档测电流，可能使内部一些电阻和表头烧坏。

5）数字电路CD4017是________________________，它的内部由计数器及译码器两部分组成，由译码输出实现对脉冲信号的分配，整个输出时序就是Q_0、Q_1、Q_2、…、Q_9依次出现与时钟同步的________电平，宽度等于________周期。

6）CD4069是________集成电路，由六个COS/MOS反相器电路组成，此器件要用作通用反相器。它的主要功能就是当输入为________电平时，则输出为________电平；当输入为高电平时，则输出为________电平。

7）电烙铁是焊接的基本工具，主要由烙铁头、烙铁心和手柄组成，分________式和________式。

使用电烙铁的基本操作步骤如下：

步骤一：准备施焊；

步骤二：____________________；

步骤三：____________________；

步骤四：____________________；

步骤五：____________________。

8）一般来说，造成虚焊的主要原因是：________质量差；助焊剂的还原性不良或用量不够；被焊接处表面未预先清洁好，镀锡不牢；烙铁头的温度________，表面有氧化层；焊接时间掌握不好，________；焊接中焊锡尚未凝固时，松动了焊接元件。

二、问答题（20分）

虚焊产生的原因及其危害有哪些？

B.2.4 任务4学习指引与评价

班级________ 组别________ 姓名________ 成绩________

认真查阅教材等资料，结合实践操作，完成下列问题。

一、调试、维修（30分）

注：电路安装好后，不要急着通电，经过自检、小组互检后，再找教师确认，教师同意后才能通电调试。

流水灯电路原理图如图B-5所示。

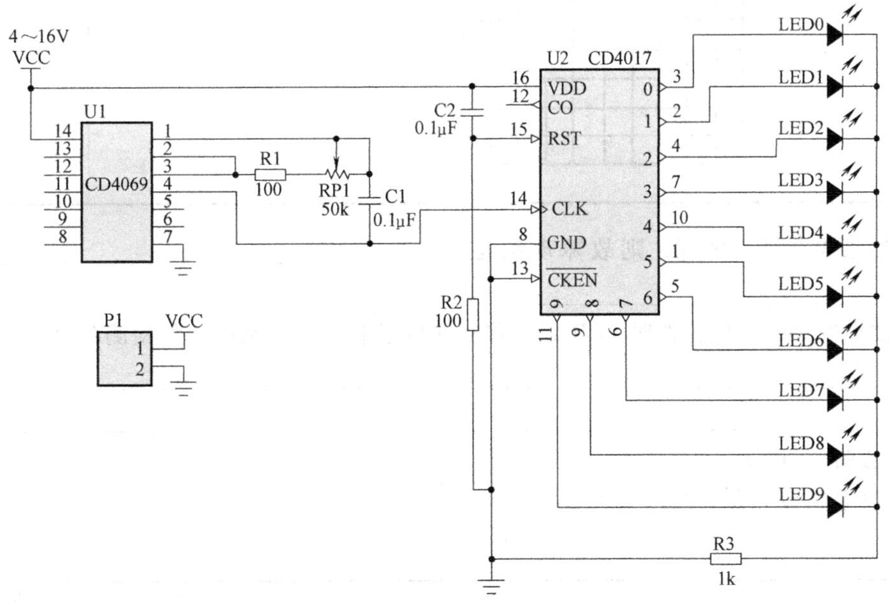

图B-5 电路原理图

1）测量CD4069的14脚的电压值是________V，CD4017的16脚电压值是________V。

2）向左转动电位器，6个LED灯移动的速度变________。

3）任意转动电位器三次，用示波器分别测量三次 U2 的 14 脚的波形并记录，见表 B-4。

表 B-4　记录表

次数	波形(3 分)	频率(1 分)	幅度(1 分)
1	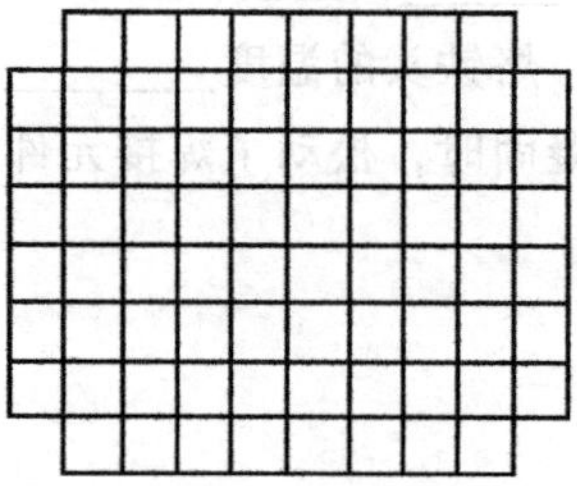		
2	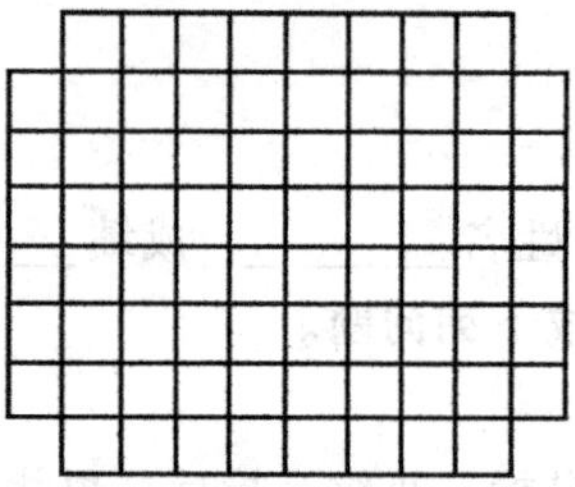		
3	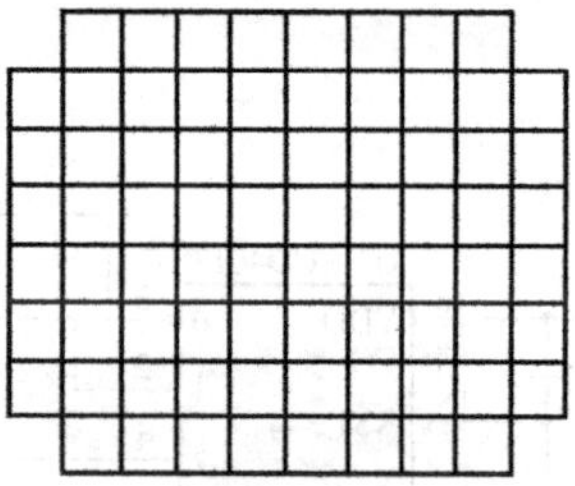		

4）如果电容 C1 虚焊，则故障现象是____________________________，原因是____________________。

5）如果发现转动电位器时 LED 灯的移动速度没有变化，则应如何检测维修____

二、检验（70 分）

流水灯电路设计评分标准见表 B-5。

表 B-5　评分标准

项目		评分标准	配分	得分
元器件	元器件选择	A 级：所焊接的元器件全部正确（10 分） B 级：所焊接的元器件有 1~2 个元器件错误（8 分） C 级：所焊接的元器件有 3~5 个元器件错误（5 分） D 级：所焊接的元器件有 6 个以上元器件错误（2 分）	10	

（续）

项目		评分标准	配分	得分
工艺	焊接工艺（非 SMT）	A 级：所焊接的元器件的焊点适中，无漏、假、虚、连焊，焊点光滑、圆润、干净，无毛刺，焊点基本一致，引脚加工尺寸及成形符合工艺要求；导线长度、剥头长度符合工艺要求，芯线完好，捻头镀锡（10 分） B 级：所焊接的元器件的焊点适中，无漏、假、虚、连焊，但个别（1~2 个）元器件出现下面现象：有毛刺，不光亮，或导线长度、剥头长度不符合工艺要求，捻头无镀锡（8 分） C 级：3~5 个元器件有漏、假、虚、连焊，或有毛刺，不光亮，或导线长度、剥头长度不符合工艺要求，捻头无镀锡（5 分） D 级：有严重（超过 6 个元器件以上）漏、假、虚、连焊，或有毛刺，不光亮，导线长度、剥头长度不符合工艺要求，捻头无镀锡（2 分）	10	
	装配工艺	A 级：印制板插件位置正确，元器件极性正确，接插件、紧固件安装可靠牢固，印制板安装对位；整机清洁无污物（10 分） B 级：缺少（1~2 个）元器件或插件；1~2 个插件位置不正确或元器件极性不正确；或元器件、导线安装及字标方向未符合工艺要求；1~2 处出现烫伤和划伤处，有污物（8 分） C 级：缺少（3~5 个）元器件或插件；3~5 个插件位置不正确或元器件极性不正确；或元器件、导线安装及字标方向未符合工艺要求；3~5 处出现烫伤和划伤处，有污物（5 分） D 级：有严重缺少（6 个以上）元器件或插件；6 个以上插件位置不正确或元器件极性不正确；或元器件、导线安装及字标方向未符合工艺要求；6 处以上出现烫伤和划伤处，有污物（2 分）	10	
电路效果		LED 灯移动正常，转动电位器有明显的变化（30 分） LED 灯移动正常，转动电位器速度变化不大（20 分） LED 灯移动正常，有个别 LED 灯损坏（10 分）	30	
安全文明生产		装配、调试过程中遵守纪律，安全文明施工。仪器、工具正确放置，按正确的操作规程进行操作，操作过程中爱护仪器设备、工具、工作台，未出现安全事故	10	

B. 2. 5 项目 2 综合测试题

班级________ 组别________ 姓名________ 成绩________

一、填空题（每空 1 分，共 34 分）

1）指针式万用表：

指针式万用表种类很多，面板布置不尽相同，但其面板上都有________、________、转换开关、________和表笔插孔。

2）数字式万用表：

转换开关周围的“Ω”“DCA”“ACA”“ACV”“DCV”符号分别表示电阻档、________、________、________档和________档。

3）网络表及元件的调入：在 PCB 编辑状态下，执行【________】→【________】命令导入项目网络表，弹出工程变化订单的对话框。然后单击该对话框中的【变化生效】按钮。

4）示波器是可以显示________随________变化波形的一种观测仪器，在电路检修中起着重要的作用。示波器种类、型号很多，功能也不同。数字电路实验中使用较多的是________或者________的双踪示波器。

5）物理雕刻制板的工艺流程是：

裁板下料→________→数控钻孔→金属化孔→________→________。

6）创建 PCB 项目的方法：执行________→________→________→________命令。

7）PCB 布线的设置有线宽、________、____________等。

8）PCB 布线分为________和________。

9）新建绘制原理图元件：在菜单栏上，执行【文件】→________→________→【原理图库】命令，新建原理图库。

10）在页面设定的操作中，单击菜单【文件】→________，在弹出的对话框中单击“高级”按钮。

11）一般来说，造成虚焊的主要原因是：________质量差；助焊剂的还原性不良或用量不够；被焊接处表面未预先清洁好，镀锡不牢；烙铁头的温度________，表面有氧化层；焊接时间掌握不好，________；焊接中焊锡尚未凝固时，焊接元件松动。

12）CD4069 是________集成电路，由六个 COS/MOS 反相器电路组成，此器件要用作通用反相器。它的主要功能就是当输入为________电平时，则输出为________电平；当输入为高电平时，则输出为________电平。

二、选择题（每题 3 分，共 33 分）

1）以下哪种不是晶体管的工作状态？（　　）

A. 放大　　B. 饱和　　C. 截止　　D. 单向导电

2）CD4017 是五位的（　　）。

A. 译码器　　B. 计数器　　C. 编码器

3）不属于 QFP/PFP 封装特点的是（　　）。

A. 适用于 SMD 表面安装技术在 PCB 电路板上安装布线

B. 适合低频使用

C. 操作方便，可靠性高

D. 芯片面积与封装面积之间的比值较小

4）在页面设定的打印设置操作中，我们应该选择的是（　　）。

A. 单色打印　　B. 灰色打印　　C. 彩色打印

5）为了热转印出来的效果较好（方便元器件焊接），我们采用的是（　　）。

A. 减小焊盘的尺寸　　B. 加大焊盘的尺寸　　C. 不用焊盘

6）在单面 PCB 进行板面布线的操作中，应该在哪个层进行布线？（　　）

A. Top Layer　　B. Bottom Layer　　C. Keep-Out Layer

7）在绘制 90mm×70mm 电气边界的操作中，采用的工具是（　　）。

A. 矩形工具　　B. 圆弧工具　　C. 直线工具

8）用集成 CD4069 和 RC 产品的波形振荡器是（　　）。

A. 三角波　　B. 方波　　C. 正弦波

9）发光二极管的两个管脚，长一点儿的脚是（　　）。

A. 集电极　　B. 负极　　C. 正极

10）在对制作好的流水灯电路板通电时，发现发光 LED 不亮，用手摸集成芯片感觉发热，这是什么原因造成的？（　　）

A. 电源没有接通　　B. 电源的正负极接反了

C. 集成芯片没有插紧　　D. 其他原因

11）下列关于 PCB 布线的说法，不正确的是（　　）。

A. 可以布圆弧线　　B. 可以布直角线　　C. 可以布钝角线

三、综合题（共 33 分）

1）请简述热转印制板的工艺流程。（6 分）

2）请简述使用电烙铁的基本操作步骤。（6 分）

3）根据项目 2 图 2-2 回答：

① 如果电容 C1 虚焊，则故障现象是什么？试分析其原因。（7 分）

② 如果发现转动电位器时 LED 灯的移动速度没有变化，则应如何检测维修？（8 分）

③ 如果其中一个 LED 灯是坏的，会影响其他的 LED 灯吗？请说明原因。（6 分）

B.3　项目 3 学习指引与评价

B.3.1　任务 1 学习指引

班级________　组别________　姓名________　成绩________

认真查阅教材等资料，结合实践操作，完成下列问题。

填空题（每题 5 分，共 100 分）

1）新建绘制原理图元件：在菜单栏上，执行【文件】→【　　】→【　　】→【原理图库】命令，新建原理图库。

2）放置引脚的工具是：____________。

3）设置元件属性参数的方法：在元件库编辑管理器面板中选中该元件，执行【 】→【元件属性】命令，打开【 】对话框。

4）元件重新命名：执行【 】→【重命名元件】命令。

5）光敏电阻原理图库的绘制，箭头的画法：先单击【工具】→【文档选项】，取消勾选【 】；再通过键盘的【 】键改变画直线的方向。

6）新建一个 PCB 元件封装库：执行【文件】→【创建】→【库】→【 】命令，改名并保存。

7）修改 PCB 元器件封装名称：

执行【工具】→【 】命令，将弹出元器件属性对话框，将元器件改名。

8）放置 PCB 元器件焊盘：执行【放置】→【 】命令，这时鼠标指针会出现一个大十字符和一个带有数字的焊盘，在放置焊盘前按<Tab>键，则打开焊盘属性对话框并进行修改。

9）绘制直线时，按________键可以切换直线方式，分别有水平垂直方式、45°角方式、任意倾角方式。

10）制作电阻的 0805 贴片封装

执行【工具】→【 】命令，为其命名为“0805”。放焊盘时要做些修改，然后放置第一个焊盘。第二个焊盘距离第一个焊盘 90mil。

11）绘制 PCB 元器件封装外形：

先选择 PCB 元器件封装界面下方的【 】层，用【直线】工具绘制直线，注意线条颜色默认为黄色，单击工具栏上的【 】按钮，这样名为“0805”的 PCB 元器件封装就制作好了。

12）为晶闸管追加封装“VT1”：

双击晶闸管 VT1，在弹出的对话框中单击【 】，再单击【浏览】铵钮，选中“VT1”，然后单击【确认】按钮就追加完毕。

13）生成网络表：

执行【设计】→【 】→【protel】命令完成网络表的生成。

14）导入网络表及元件：

在 PCB 编辑状态下，执行【 】→【Import Changes From 声光控楼道灯 . Prjpcb】命令导入项目网络表，弹出工程变化订单的对话框，然后单击该对话框中的【变化生效】按钮。

15）PCB 布线：

执行【设计】→【 】命令，弹出对话框，展开【Routing】结点，再单击【Routing Width】，在 Width 处单击鼠标右键新建两个 Width。我们制作的是双面板，“GND”的线宽为 1mm，“VDD”的线宽为 0. 8mm，其他线宽为 0. 7mm。

16）自动布线：执行【自动布线】→【 】命令，然后单击【Route All】按钮完成布线。

17）放置安装孔：执行【编辑】→【设定】→【 】命令，在图的左下角设置原点，然后执行【放置】→【 】命令，用同样的方法设定右下角为原点，在坐标（-5，5）上放第二个安装孔，再设定右上角为原点，在坐标（-5，-5）上放第三个安装孔，再设定左上角为原点，再坐标（5，-5）上放第四个安装孔，完成四个安装孔。

18）电容C1、C2、C3的封装要根据实际________而定。

19）从实际出发，R1~R7的封装用的是自制的________。

20）晶闸管的封装也是根据________自制的。

B.3.2 任务2学习指引

班级________ 组别________ 姓名________ 成绩________

认真查阅教材等资料，结合实践操作，完成下列问题。

问答题（每题10分，共100分）

1）双面板热转印制板的特点：

2）双面板热转印制板的操作步骤：

3）打印设置：要打印顶层和底层两张图，并且打印顶层是要采用________打印。

4）执行【文件】→【　　】命令，在弹出的对话框中单击“高级”。

5）底层打印：在Top Layer层上单击鼠标右键，然后单击【删除】按钮把Top Layer层去掉，按此方法操作，只剩下____________________层，其他的都删除。

6）顶层打印：在Bottom Layer层上单击鼠标右键。然后单击【删除】按钮把Bottom Layer层去掉，勾选镜像复选框，按此方法操作，只剩下____________________层，其他的都删除。

7）面板的对齐要怎么处理？

8）热转印机要达到什么温度才适合转印铜板？

9）腐蚀设备腐蚀铜板时要注意哪些事项？

10）腐蚀好后还要做哪些工作才可以进行安装？

B.3.3 任务3学习指引

班级________ 组别________ 姓名________ 成绩________

认真查阅教材等资料，结合实践操作，完成下列问题。

一、填空题（每题10分，共80分）

1）驻极体传声器的极性判别：

将万用表拨至“R×1k”档，黑表笔接任一极，红表笔接另一极。再对调两表笔，比较两次测量结果，阻值较小时，黑表笔接的是________，红表笔接的是________。

2）光敏电阻的识别与检测：

检测光敏电阻器时，应将万用表的电阻档档位开关根据光敏电阻的亮电阻阻值大小拨至合适的档位（通常在20kΩ或者200kΩ档均可）。测量时可以先测量光敏电阻器在有光照时的电阻值，然后用一块遮光的厚纸片将光敏电阻器覆盖严密。若光敏电阻器是正常的，则就会因无光照而阻值________。

3）晶闸管的识别与检测：

晶闸管管脚的判别可用下述方法：先用万用表R×1k档测量三脚之间的阻值，阻值小的两脚分别为门极和阴极，所剩的一脚为阳极。再将万用表置于R×10k档，用手指捏住阳极和另一脚，且不让两脚接触，黑表笔接________，红表笔接剩下的一脚，如表针向右摆动，说明红表笔所接为________，不摆动则为________。

4）桥堆的识别与检测：

大多数的整流全桥上，均标注有“+”“-”“~”符号（其中“+”为整流后输出电压的________，“-”为输出电压的________，“~”为交流电压输入端），很容易确定出各电极。检测时，可通过分别测量“+”极与两个“~”极、“-”极与两个“~”极之间各整流二极管的正、反向电阻值（与普通二极管的测量方法相同）是否正常，即可判断该全桥是否已损坏。若测得全桥内4只二极管的正、反向电阻值均为0或均为无穷大，则可判断该二极管________。

5）集成元件CD4011有14个脚，双列直插式封装，内部包含________个与非门的CMOS电路，每个与非门有2个输入端、一个输出端。当两输入端有一个输入为0时，输出就为________。只有当输入均为1时，输出才为________。

6）灯泡的外面是玻璃，里面有________，然后加些导线材料与绝缘材料的组合，还有的里面充有N_2（氮）气或其他的一些气体，如氖灯充有氖气，当然特殊的灯泡还充有其他各种特殊气体。导线的里面是________，外面是绝缘橡胶。玻璃内充的气体是绝缘体，铜导线、钨丝是导体。

7）基本操作步骤：

步骤一：准备施焊；

步骤二：____________；

步骤三：____________；

步骤四：____________；

步骤五：____________。

8）一般来说，造成虚焊的主要原因是：________质量差；助焊剂的还原性不良或用量不够；被焊接处表面未预先清洁好，镀锡不牢；烙铁头的温度________，表面有氧化层；焊接时间掌握不好，________；焊接中焊锡尚未凝固时，焊接元件松动。

二、问答题（每题10分，共20分）

1. 虚焊产生的原因及其危害有哪些？

2. 请写出贴片集成元件的焊接方法。

B.3.4 任务4学习指引与评价

班级________ 组别________ 姓名________ 成绩________

认真查阅教材等资料，结合实践操作，完成下列问题。

一、调试、维修（每题5分，共35分）

注：电路安装好后，不要急着通电，经过自检、小组互检后，再找教师确认，教师同意后才能通电调试。

声光控楼道灯电路原理图如图B-6所示。

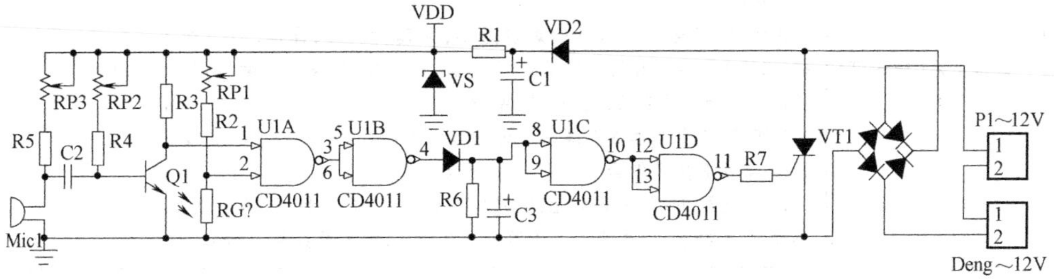

图B-6 电路原理图

1）测量CD4011的14脚的对地电压值是________V，稳压管VS的负极对地电压值是________V。

2）用黑色的盖子把光敏电阻盖好，对传声器吹气，看灯是否亮，如果不亮应调节________。

3）对传声器吹气，用示波器测量集成元件CD4011的1脚的波形：

4）对传声器吹气，调节可调电阻RP2和RP3，用示波器测量集成元件CD4011的1脚的波形：

5）把光敏电阻的盖子拿开，用示波器测量集成元件 CD4011 的 2 脚的波形：

6）如果电容 VD2 虚焊，则故障现象是____________________，原因是________________。

7）如果对传声器吹气，灯不会亮，则应如何检测维修？____________________

____

____

二、检验（65 分）

声光控楼道灯电路设计评分标准见表 B-6。

表 B-6 评分标准

项目		评分标准	配分	得分
元器件	元器件选择	A 级：所焊接的元器件全部正确（10 分） B 级：所焊接的元器件有 1~2 个元器件错误（8 分） C 级：所焊接的元器件有 3~5 个元器件错误（5 分） D 级：所焊接的元器件有 6 个以上元器件错误（2 分）	10	
工艺	焊接工艺（非 SMT）	A 级：所焊接的元器件的焊点适中，无漏、假、虚、连焊，焊点光滑、圆润、干净，无毛刺，焊点基本一致，引脚加工尺寸及成形符合工艺要求；导线长度、剥头长度符合工艺要求，芯线完好，捻头镀锡（10 分） B 级：所焊接的元器件的焊点适中，无漏、假、虚、连焊，但个别（1~2 个）元器件出现下面现象：有毛刺，不光亮，或导线长度、剥头长度不符合工艺要求，捻头无镀锡（8 分） C 级：3~5 个元器件有漏、假、虚、连焊，或有毛刺，不光亮，或导线长度、剥头长度不符合工艺要求，捻头无镀锡（5 分） D 级：有严重（超过 6 个元器件以上）漏、假、虚、连焊，或有毛刺，不光亮，导线长度、剥头长度不符合工艺要求，捻头无镀锡（2 分）	10	
	装配工艺	A 级：印制板插件位置正确，元器件极性正确，接插件、紧固件安装可靠牢固，印制板安装对位；整机清洁无污物（10 分） B 级：缺少（1~2 个）元器件或插件；1~2 个插件位置不正确或元器件极性不正确；或元器件、导线安装及字标方向未符合工艺要求；1~2 处出现烫伤和划伤处，有污物（8 分） C 级：缺少（3~5 个）元器件或插件；3~5 个插件位置不正确或元器件极性不正确；或元器件、导线安装及字标方向未符合工艺要求；3~5 处出现烫伤和划伤处，有污物（5 分） D 级：有严重缺少（6 个以上）元器件或插件；6 个以上插件位置不正确或元器件极性不正确；或元器件、导线安装及字标方向未符合工艺要求；6 处以上出现烫伤和划伤处，有污物（2 分）	10	
电路效果		声光控开关正常（25 分） 只有一个控制功能正常（15 分） 其他 0 分	25	
安全文明生产		装配、调试过程中遵守纪律，安全文明施工。仪器、工具正确放置，按正确的操作规程进行操作，操作过程中爱护仪器设备、工具、工作台，未出现安全事故	10	

B.3.5 项目3综合测试题

班级________ 组别________ 姓名________ 成绩________

一、填空题（每空1分，共30分）

1）设置元件属性参数的方法：在元件库编辑管理器面板中选中该元件，执行________→【元件属性】命令，打开________对话框。

2）绘制直线时，按________键可以切换直线方式，分别有水平垂直方式、45°角方式、任意倾角方式。

3）放置PCB元器件焊盘：执行【放置】→________命令，这时鼠标指针会出现一个大十字符和一个带有数字的焊盘，在放置焊盘前按________键，则打开焊盘属性对话框进行修改。

4）晶体管有三个极，分别是________、________和________。按其内部结构分为________和类型。其对应的图形符号为________和________。

5）单级放大电路的输入、输出耦合电容的作用为：隔________通交流。

6）硅晶体管各电极的电流分配关系为：I_E=________。

7）单级放大电路的输入信号电压为0.2V，输出电压为2V，则该放大器的放大倍数为________。

8）与非门的逻辑关系可以简单地表述为：全高出________，见低出高。

9）整流电路是将交流电变为单向脉动的直流电，整流电路有半波整流电路、全波整流电路、____________和桥式整流电路。

10）双面板的制作在打印顶层的时候要采用____________打印。

11）在驻极体传声器的极性判别过程中，将万用表拨至R×1k档，黑表笔接任一极，红表笔接另一极。再对调两表笔，比较两次测量结果，阻值较小时，黑表笔接的是____________，红表笔接的是____________。

12）在晶闸管管脚的判别过程中，先用万用表R×1k档测量三脚之间的阻值，阻值小的两脚分别为门极和阴极，所剩的一脚为阳极。再将万用表置于R×10k档，用手指捏住阳极和另一脚，且不让两脚接触，黑表笔接____________，红表笔接剩下的一脚，如表针向右摆动，说明红表笔所接为____________，不摆动则为____________。

13）大多数的整流全桥上，均标注有“+”“-”“~”符号（其中“+”为整流输出电压的________，“-”为输出电压的________，“~”为交流电压输入端），很容易确定出各电极。检测时，可通过分别测量“+”极与两个“~”极、“-”极与两个“~”极之间各整流二极管的正、反向电阻值（与普通二极管的测量方法相同）是否正常，即可判断该全桥是否已损坏。若测得全桥内某只二极管的正、反向电阻值均为0或均为无穷大，则可判断该二极管________。

14）集成元件CD4011有14个脚，双列直插式封装，内部包含____________个与非门的CMOS电路，每个与非门有两个输入端、一个输出端。当两输入端有一个输入为0时，输出就为____________。只有当输入均为1时，输出才为____________。

15）灯泡的外面是玻璃，里面有____________，然后加些导线材料与绝缘材料的组合，还有的里面充有N_2（氮）气或其他的一些气体，如氖灯充有氖气，当然特殊的灯泡还充有其他各种特殊气体。导线的里面是____________，外面是绝缘橡胶。

二、选择题（每题 3 分，共 33 分）

1）晶体管的开关作用是指该管工作时处于（　　）。

A. 饱和状态　　B. 截止状态　　C. 放大状态　　D. 饱和或截止状态

2）下列哪个不是晶体管的电极？（　　）。

A. 集电极　　B. 阳极　　C. 发射极　　D. 基极

3）驻极体传声器的工作原理是（　　）。

A. 将声信号转变成电信号　　B. 将电信号转变成声信号

4）欲新建一个电路原理图元件库文件，应该执行何种操作？（　　）。

A. File/New/Schematic　　B. File/New/PCB

C. File/New/Schematic Library

5）改变元器件在图上的方向应该用键盘上哪个键？（　　）

A. 箭头键　　B. Tab 键　　C. 空格键

6）在页面设定的打印设置操作中，应该选择的是（　　）。

A. 1∶1 打印　　B. 1∶(1.2) 打印　　C. 1∶(0.9) 打印

7）在双面 PCB 进行板面布线的操作中，不应该在哪个层进行布线？（　　）。

A. Top Layer　　B. Bottom Layer　　C. Keep-Out Layer

8）集成元件 CD4011 是由多少个与非门组成的？（　　）

A. 2　　B. 4　　C. 6　　D. 8

9）在对制作好的声光报警电路板通电时，接的电源是（　　）。

A. 交流 12V　　B. 直流 12V　　C. 直流 24V

10）在对制作好的声光报警电路板通电时，还没吹传声器，灯就亮了，应该调节的是（　　）。

A. RP1　　B. RP2　　C. RP3

11）单向晶闸管 VT1 的门极为（　　）。

A. A 极　　B. K 极　　C. G 极

三、综合题（共 37 分）

1）虚焊产生的原因及其危害有哪些？（9 分）

2）请说出晶体管的极性的判断方法。（8 分）

3）根据项目 3 图 3-2 回答问题：

① 如果二极管 VD2 虚焊，则会产生什么故障现象？请说明原因？（10 分）

② 如果对传声器吹气，灯不会亮，则应如何检测维修？（10 分）

B.4 项目 4 学习指引与评价

B.4.1 任务 1 学习指引

班级________ 组别________ 姓名________ 成绩________

认真查阅教材等资料，结合实践操作，完成下列问题。

填空题（前 4 小题每题 10 分，后面 10 小题每题 6 分，共 100 分）

1）新建一个 PCB 元器件封装库：执行【文件】→【　　】→【　　】→【　　】命令，改名并保存。

2）修改 PCB 元器件封装名称：执行【工具】→【　　】命令，将弹出元器件属性对话框，将元器件改名。

3）放置 PCB 元器件焊盘：执行【　　】→【　　】命令，这时鼠标指针会出现一个大十字符和一个带有一个数字的焊盘，在放置焊盘前按<Tab>键，则打开焊盘属性对话框并进行修改。单击【　　】选项卡，该列表中显示的是已经加载的元件。

4）绘制直线时，按____键可以切换直线方式，分别有水平垂直方式、45°角方式、任意倾角方式。

5）新建绘制原理图元件：在菜单栏上，执行【　　】→【　　】→【　　】→【　　】命令，新建原理图库，绘制两位数码管、光耦合器 GK152。

6）绘制圆的工具是：____。

7）设置元件属性参数的方法：在元件库编辑管理器面板中选中该元件，执行【　　】→【元件属性】命令，打开【　　】对话框。

8）元件重新命名：执行【　　】→【重命名元件】命令。

9）放置元件 AT892051 并设置其封装方法是：____。

10）用快捷键绘制 120mm×80mm 的电气边界：____。

11）贴片电解电容封装的画法：____。

12）PCB 布线的设置有线宽、（　　）、（　　）等。

13）双面板布线的规则是：____。

14）人工布线的基本要求有：____。

B.4.2 任务2学习指引

班级________ 组别________ 姓名________ 成绩________

认真查阅教材等资料，结合实践操作，完成下列问题。

一、填空题（每题12分，共60分）

1）电路板看得见的品质问题：________、字符类的品质问题影响到外观，不会影响到板子性能。危害度：________。

2）能测量得出的品质问题：________、________、过孔不通，此类品质问题在电子产品出货前可以发现，并且个别问题可以加以维修，即使无法维修，其造成的损失也是能估算的。危害度：________。

3）看不见的品质问题：________、________；微开、微短、板材材质。这类的品质问题其实就是隐患，不知何时会发生，造成的损失无法估量。其中的问题在实际使用过程中才能发现，其影响极坏，危害度：________。

4）线路的铜厚即线路层铜箔的厚度，线路铜如果太薄则会影响________、可焊接性。常规的板材基材的厚度是________，即大家说的17μm，但是在生产过程中，因为进行了沉铜、电铜，其铜箔已增厚到34μm左右。

5）过孔的铜厚：此点很重要，国际上明确要求过孔内壁铜厚平均不得低于________μm。钻孔后的电路板其孔内壁是无铜的，需进行沉铜、电铜后孔内壁才能附上金属铜。

二、问答题（40分）

1）不良板材的危害有哪些？

2）PCB电路板的品质管控中看不见的品质问题有哪些？

B.4.3 任务3学习指引

班级________ 组别________ 姓名________ 成绩________

认真查阅教材等资料，结合实践操作，完成下列问题。

一、填空题（每空5分，共85分）

1）指针式万用表

指针式万用表种类很多，面板布置不尽相同，但其面板上都有________、________、转换开关、________和表笔插孔。

2）数字式万用表：

转换开关周围的“Ω”“DCA”“ACA”“ACV”“DCV”符号分别表示电阻档、________、________、________档和________档。

3）运算放大器是一种通用的集成电路。其应用范围很广，可以应用在________、振荡、电压比较、________、有源滤波等电路中，根据工作特性，运算放大器构成的电路主要有线性放大器与非线性放大器。

4）集成运放 μA741 是________________，用于军事、工业和商业应用。这类单片硅集成电路器件提供输出短路保护和闭锁自由运作。

5）AT89C2051 是一个________________ 8 位 CMOS 微处理器。它采用 ATMEL 公司的高密非易失存储技术制造，并和工业标准 MCS-51 指令集和引脚结构兼容。通过在单块芯片上组合通用的 CPLI 和闪速存储器，ATMEL 公司的 AT89C2051 已成为一款强劲的微型处理器，它对许多嵌入式控制应用提供了高度灵活和成本低的解决办法。

6）光耦合器是一种把电子信号转换成__________，然后又恢复电子信号的半导体器件，从而起到输入、输出、隔离的作用。由于光耦合器输入、输出间互相隔离，电信号传输具有单向性等特点，因而具有良好的电绝缘能力和抗干扰能力。光耦合器在电路中经常应用在__________。

7）电磁继电器一般由__________、__________、衔铁、触点及簧片等组成。

8）光敏晶体管具有________，广泛应用于各种光控电路中。当光信号照射其基极（受光窗口）时，光敏晶体管将导通，从发射极或集电极输出放大后的电信号。

9）石英晶体振荡器又称石英晶体谐振器，简称石英晶振或者晶振。晶振是一种用于________________的电子元件，是高精度和高稳定度的振荡器。

二、问答题（15 分）

1）在一般的贴片电路板的焊接中，遵循的顺序是：

2）密引脚贴片集成元件的焊接方法是：

3）如果电路板有多余的松香，怎么办呢？

B.4.4 任务 4 学习指引与评价

班级________ 组别________ 姓名________ 成绩________

认真查阅教材等资料，结合实践操作，完成下列问题。

一、调试、维修（30 分）

注：电路安装好后，不要急着通电，经过自检、小组互检后，再找教师确认，教师同意后才能通电调试。

远近光灯控制电路原理图如图 B-7 所示。

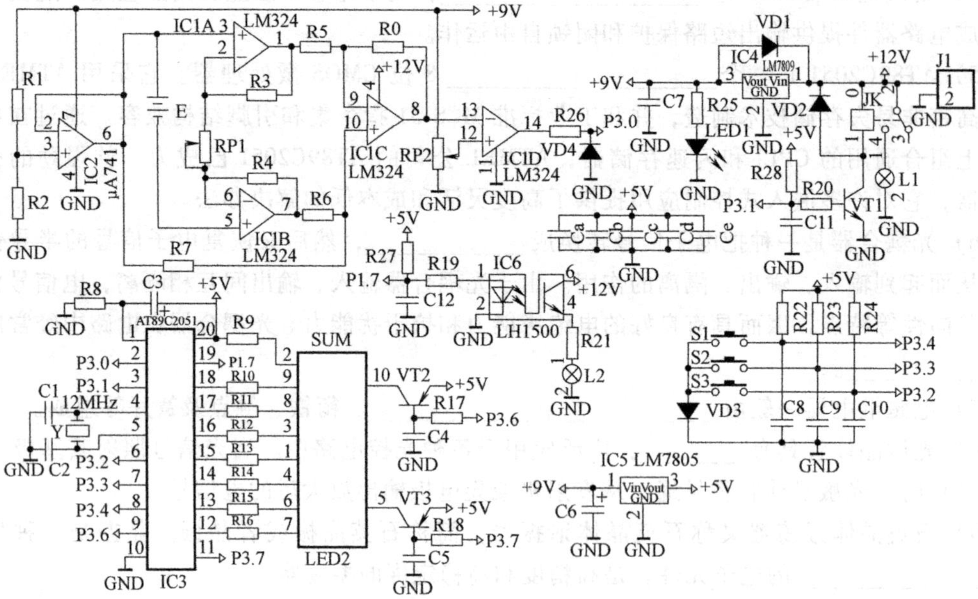

图 B-7 远近光灯控制电路原理图

1）测量 AT89C2051 的 20 脚的电压值是________V，集成运放 LM324 的 4 脚电压值是________V。

2）测量 IC3 的“9”脚和“11”脚的信号波形，并记录在表 B-7 中。

表 B-7 记录表

	波形(6分)	频率(2分)	幅度(2分)
引脚 9			
引脚 11			

3）根据电路图（见图 B-7）和所测量出的信号波形，简述 IC3 的“9”脚和“11”脚

输出的信号在电路中的作用________________。

4）如果电容 C3 断路，则故障现象是________________________，原因是________________。

二、检验（70 分）

远近光灯控制电路设计评分标准见表 B-8。

表 B-8 评分标准

项目		评分标准	配分	得分
元器件	元器件选择	A 级:所焊接的元器件全部正确(10 分) B 级:所焊接的元器件有 1~2 个元器件错误(8 分) C 级:所焊接的元器件有 3~5 个元器件错误(5 分) D 级:所焊接的元器件有 6 个以上元器件错误(2 分)	10	
工艺	焊接工艺(非 SMT)	A 级:所焊接的元器件的焊点适中,无漏、假、虚、连焊,焊点光滑、圆润、干净,无毛刺,焊点基本一致,引脚加工尺寸及成形符合工艺要求;导线长度、剥头长度符合工艺要求,芯线完好,捻头镀锡(10 分) B 级:所焊接的元器件的焊点适中,无漏、假、虚、连焊,但个别(1~2 个)元器件出现下面现象:有毛刺,不光亮,或导线长度、剥头长度不符合工艺要求,捻头无镀锡(8 分) C 级:3~5 个元器件有漏、假、虚、连焊,或有毛刺,不光亮,或导线长度、剥头长度不符合工艺要求,捻头无镀锡(5 分) D 级:有严重(超过 6 个元器件以上)漏、假、虚、连焊,或有毛刺,不光亮,导线长度、剥头长度不符合工艺要求,捻头无镀锡(2 分)	10	
	装配工艺	A 级:印制板插件位置正确,元器件极性正确,接插件、紧固件安装可靠牢固,印制板安装对位;整机清洁无污物(10 分) B 级:缺少(1~2 个)元器件或插件;1~2 个插件位置不正确或元器件极性不正确;或元器件、导线安装及字标方向未符合工艺要求;1~2 处出现烫伤和划伤处,有污物(8 分) C 级:缺少(3~5 个)元器件或插件;3~5 个插件位置不正确或元器件极性不正确;或元器件、导线安装及字标方向未符合工艺要求;3~5 处出现烫伤和划伤处,有污物(5 分) D 级:有严重缺少(6 个以上)元器件或插件;6 个以上插件位置不正确或元器件极性不正确;或元器件、导线安装及字标方向未符合工艺要求;6 处以上出现烫伤和划伤处,有污物(2 分)	10	
电路效果		(1)接上+12V 电源,电源指示灯 LED1 亮(5 分) (2)按 S1 按键一次,远光灯 L1 常亮,同时数码管显示“L1”。连续按 S1 按键两次,电路进入应急状态,远光灯 L1 闪亮,同时数码管显示“L1”同步闪亮(5 分) (3)按 S2 按键一次,近光灯 L2 常亮,同时数码管显示“L2”。连续按 S2 按键两次,电路进入应急状态,远光灯 L2 闪亮,同时数码管显示“L2”同步闪亮(5 分) (4)按 S3 按键一次,电路进入自动感应状态,当传感器 E 感应到亮光时,近光灯 L2 常亮,同时数码管显示“L2”。当传感器 E 感应到暗光时(用黑胶管套把传感器 E 遮盖),远光灯 L1 常亮,同时数码管显示“L1”(5 分) (5)按 S3 按键两次,电路进入应急状态,当传感器 E 感应到亮光时,近光灯 L2 闪亮,同时数码管显示“L2”同步闪亮。当传感器 E 感应到暗光时(用黑胶管套把传感器 E 遮盖),远光灯 L1 闪亮,同时数码管显示“L1”同步闪亮(10 分)	30	

（续）

项目	评分标准	配分	得分
安全文明生产	装配、调试过程中遵守纪律，安全文明施工。仪器、工具正确放置，按正确的操作规程进行操作，操作过程中爱护仪器设备、工具、工作台，未出现安全事故	10	

B.4.5 项目4综合测试题

班级________ 组别________ 姓名________ 成绩________

一、填空题（每空1分，共32分）

1）创建项目文件的操作是：执行【文件】→________→【项目】→________命令。

2）运算放大器的作用主要有________、________和________。

3）数码管根据公共端接地或接电源，可分为________和________。

4）在绘制光耦合器的箭头时要通过________键来改变箭头的方向。

5）在放置元器件的状态中，还未在绘图区单击定位时，按键盘上的________键可以修改元器件的属性。

6）在绘制PCB元器件封装外形的过程中，要先选择PCB元器件封装界面下方的________层。

7）在双面板的布线中，一般而言先对电源进行布线，保证电气性能，在条件允许的范围内尽量做到加宽________、________的宽度；一般而言宽度为：地线>________>信号线。

8）新建一个PCB元器件封装库：执行【文件】→【　　】→【　　】→【　　】命令，改名并保存。

9）放置PCB元器件焊盘：执行________→________命令，这时鼠标指针会出现一个大十字符和一个带有一个数字的焊盘，在放置焊盘前按<Tab>键，则打开焊盘属性对话框并进行修改。单击________选项卡，该列表中显示的是已经加载的元件。

10）绘制直线时，按<　　>键可以切换直线方式，分别有水平垂直方式、45°角方式、任意倾角方式。

11）设置元件属性参数的方法：在元件库编辑管理器面板中选中该元件，执行【　　】→【元件属性】命令，打开【　　】对话框。

12）电路板看得见的品质问题：________、字符类的品质问题影响到外观，不会影响到板子性能。危害度：________________。

13）能测量得出的品质问题：________、________、过孔不通，此类品质问题在电子产品出货前可以发现，并且个别问题可以加以维修，即使无法维修，其造成的损失也是能估算的。危害度：________________。

14）看不见的品质问题：________、________；微开、微短、板材材质。这类品质问题其实就是隐患，不知何时会发生，造成的损失无法估量。其中的问题在实际使用过程中才能发现，其影响极坏。危害度：________。

15）光耦合器是一种把电子信号转换成________，然后又恢复电子信号的半导体器件，从而起到输入、输出、隔离的作用。由于光耦合器输入、输出间互相隔离，电信号传输具有单向性等特点，因而具有良好的电绝缘能力和抗干扰能力。光耦合器在电路中经常应用在________________。

二、选择题（每题 3 分，共 33 分）

1）一个质量完好的晶振，外观应该整洁、无裂纹、引脚牢固可靠，其电阻阻值应为（　　）。

A. 0Ω　　B. 100Ω　　C. ∞

2）光敏晶体管是具有放大能力的光-电转换晶体管，广泛应用于各种光控电路中。当光信号照射其基极（受光窗口）时，光敏晶体管将（　　）。

A. 导通　　B. 截止　　C. 高阻

3）LM324 系列器件是带有差动输入的四运算放大器，它的工作电源为（　　）。

A. 双电源　　B. 正电源　　C. 负电源

4）欲新建一个电路 PCB 文件，应该执行何种操作？（　　）

A. File →New →Schematic　　B. File →New →PCB

C. File →New →Schematic Library

5）某电容标有数字“105”，其电容值为（　　）。

A. 105μF　　B. 15μF　　C. 1μF

6）在绘制电路原理图的过程中，由于缩小或放大电路原理图时，画面会存在一些残留的图案，欲消除这些残留的图案，应该按键盘上的哪个键？（　　）

A. Home　　B. End　　C. Page Up

7）光耦合器是实现（　　）的转换。

A. 电-光-电　　B. 电-光-光　　C. 光-电-光

8）远近光灯电路板中的 LED 数码管内部的 LED 连接方式是（　　）。

A. 共阴　　B. 共阳　　C. 不分阴阳

9）三端稳压器 7805 输出的电压为（　　）V。

A. 15　　B. 5　　C. -5

10）继电器在电路中起着自动调节、安全保护及转换电路等作用，它的工作原理是（　　）。

A. 小电流控制大电流

B. 大电流控制小电流

C. 高电压控制低电压

11）LM324 系列器件带有差动输入的运算放大器有多少个？（　　）

A. 2　　B. 4　　C. 8

三、综合题（35 分）

1）请列出人工布线的基本要求。（6 分）

2）PCB 电路板的品质管控中看不见的品质问题有哪些？（6 分）

3）根据项目 4 的图 4-3 回答下列问题：

① 单片机 AT89C2051 在电路中起什么作用？（8 分）

② 如果电容 C3 断路，则故障现象是什么？请分析其原因。（8 分）

4）请画出共阳极数码管的内部结构图。（7 分）

参考文献

[1] 李关华，聂辉海. 电子产品装配与调试项目实训 [M]. 2版. 北京：高等教育出版社，2014.

[2] 聂辉海，何杰锋. 电子产品装配及检测训练指南 [M]. 北京：机械工业出版社，2014.

[3] 杨亭，等. 电子 CAD 职业技能鉴定教程 [M]. 广州：广东人民出版社，2014.